中国世界遗产全记录丛书

COMPLETE RECORDS OF CHINA'S WORLD HERITAGE SERIES

中国世界自然遗产及自然与文化双遗产全记录

Complete Records of China's World Natural Heritage & Cultural-Natural Heritage

主　编／于海广　副主编／张　卡

齊魯書社

·济南·

图书在版编目（CIP）数据

中国世界自然遗产及自然与文化双遗产全记录 / 于海广主编. -- 济南：齐鲁书社, 2022.7
ISBN 978-7-5333-4562-4

Ⅰ. ①中… Ⅱ. ①于… Ⅲ. ①自然遗产－中国－普及读物②文化遗产－中国－普及读物 Ⅳ. ①S759.992-49 ②K203-49

中国版本图书馆CIP数据核字(2022)第064717号

策划编辑　傅光中
责任编辑　贺　伟
责任校对　王其宝　赵自环
装帧设计　刘羽珂

中国世界自然遗产及自然与文化双遗产全记录
ZHONGGUO SHIJIE ZIRAN YICHAN JI ZIRAN YU WENHUA SHUANGYICHAN QUANJILU
于海广　主编　张卡　副主编

主管单位　山东出版传媒股份有限公司
出版发行　齊魯書社
社　　址　济南市市中区舜耕路517号
邮　　编　250003
网　　址　www.qlss.com.cn
电子邮箱　qilupress@126.com
营销中心　（0531）82098521　82098519　82098517
印　　刷　山东临沂新华印刷物流集团有限责任公司
开　　本　720mm × 1020mm　1/16
印　　张　20
插　　页　3
字　　数　245千
版　　次　2022年7月第1版
印　　次　2022年7月第1次印刷
标准书号　ISBN 978-7-5333-4562-4
定　　价　88.00元

序 言

在《中国世界自然遗产及自然与文化双遗产全记录》一书的各篇写作完成后，再综观各篇文字，总感觉到有些内容会影响读者的阅读和理解，那就是书中涉及有关地质学、地理学、动物学、植物学的一些专业术语，以及有关自然保护区、濒危动植物保护的概念和相关知识，这往往会给非专业读者带来认识上的模糊或理解上的偏差。为了解决这一问题，帮助读者避免这方面的麻烦和困难，我觉得有必要在前面做些概括性的解释和说明，作为一个铺垫。

在地质学研究中，经常会提及地质地层、地质年代，这是地质学的学科术语，几乎与地质学所有问题都密切相关。地质学研究成果告诉我们，地球有46亿年的历史，今天人们能识别的最古老的岩石有38亿年。地质地层表达的是地球构成和层位排列顺序，是指在地球存在的某一时段，地球内因岩浆活动及沉积形成的岩体地层的总称。概括地说，在地球结构方面，不同岩石根据岩性的不同，地质专家将其区分为沉积岩、岩浆岩和变质岩等；不同的地层在年代上也有老有新（先后），由此形成年代早晚的概念。地质年代是讲地球演化过程中某一时间阶段的划分方法。中国地质学会采用国际社会通用的“宇、界、系、统、阶、亚阶”六个地层单位体系，这种地层结构级次是逐层细化的，即宇下分界、界中分系、系里分统、统再分阶、阶又细分出亚阶，由此概括出地球结构的基本框架。每个地层单位的形成年代就是地质年代，地质年代是以“宙、代、纪、世、期、亚期”六个地质年代的阶次划分的。例如地史分为三个宙，以显生宙为界标，之前的元古宙、太古宙尚没有出现生命，进入显生宙之后地球上才有了生命迹象。显生宙分为五个代（太古代、元古代、古生代、中生代和新生代），其中古生代分为寒武纪、奥陶纪、志留纪、泥盆纪、石炭纪、二叠纪；中生代分为白垩纪、侏罗纪、三叠纪；新生代分为古近纪、新近纪、第四纪。我们生活的时代就属第四纪。所以每一个地质地层，它都是地质结构的一个组成部分，同时也具有时间范畴的意义。

世间万物，静止是相对的，运动则是绝对的，我们生活的地球当然也是这样。地球在宇宙空间中，除了自转和公转外，其内部结构也在时刻不停地活动，我们能看到或感受到的如火山爆发、地震等现象，就是地球剧烈运动的一种表现，这是地球内部由不平衡到平衡的一种自身调节方式。地震是由于地球不停运动和变化，逐渐积累了巨大的能量，在地壳某些脆弱地带，造成岩层突然发生断裂或错位而引发的；火山爆发是地震的一种表现形式，是地球内部的高温岩浆，在地壳脆弱地带喷发出来而产生的。实际上随着地球体内不同的运动，震动是随时存在的，只是由于震动程度低，人们在地表上感觉不到，只有当剧烈活动产生地表颤动或岩浆喷发时，人们才能感受到而已。地球内部的活动对地球表面产生了巨大影响，地质板块、岩层在运动中形成高山（岩层抬高）、沟壑（岩层下降）。地质学家在研究地质现象时，按学科术语，经常提到造山运动、断裂系统、岩石挤压、岩石碰撞、岩石褶皱以及节理、劈理、刨蚀等，这类现象在本书中也将被经常提及。

在动物学研究中，首先要对各动物类别进行命名和归类。目前动物界的分类框架是以门、纲、目、科、属、种为体系的，如动物界从大的框架来看，分为脊索动物门、无脊索动物门两大系统，每个门下还分若干亚门、纲下分亚纲、目下分亚目、科下分亚科、属内分亚属、种内分亚种，以此种方法进行更细致的划分。如猫和虎同属动物界、脊索动物门、哺乳纲、食肉目、猫科，我们常见的猫在猫科中属于猫属、猫种；而虎在猫科中为豹属、虎种。在动物界，还有一种细分的方式，共43个门，涵盖了已知的所有动物品种。至于动物名称来源，它有一个逐渐认识和识别的过程。在我国，甲骨文中已有动物的象形字出现，在早期传世文献中，从《春秋》《诗经》《尚书》到《本草纲目》，已记录有400多种动、植（草药）物的名称。

在植物学领域，现已知世界各地共有植物50万种以上，所以对不同植物进行分类、鉴定和命名是重要的基础研究内容。在分类方面，有人为分类方法和自然分类方法两种，人为分类法是以人们习惯的认识，从几种熟悉的种类入手，对相同、相近的种类进行归纳；自然分类法则是专业研究的规范方法，如同动物的分类，植物界以下分为门、纲、目、科、属、种几个阶次，每个阶次还可进行更细小的划分，即亚纲、亚目、亚科等，由此形成植物类别体系。例如松树在植物分类中属植物界、种子植物门、裸子植物亚门、松柏纲、松柏目、松科、松属、松种。

前面我们简述了有关地质学、动物学和植物学的基础知识，那么在本书中它们之间有什么关联呢？首先在各遗产地，几乎每篇都涉及遗产地现状、地貌特征、现存的动植物类别等内容，它们是遗产构成的重要部分；另外，不管是动物还是植物类别，它们都有一个产生、发展、淘汰、转化的过程。被淘汰的种属，其实体已经不复存在了，但它们的“印迹”有的被保留下来，那就是地质地层中的动植物化石。众所周知，伟大的生物学家查尔斯·罗伯特·达尔文是生物进化论的奠基人，他最有代表性的著作是1859年出版的《物种起源》，其核心是提出了生物是在遗传、变异、斗争和自然选择中，由简单到复杂、由低等到高等发展变化的，由此推翻了当时盛行的“上帝创物说”，从而摧毁了唯心主义的“神创论”和“物种不变论”，达尔文的进化论被列为19世纪最重要的三大发现之一。达尔文和当时的研究者，在研究生物进化时，除了观察现生种属，还要探寻已经灭绝的生物种属，他们的依据中就有地质地层中的化石。古代的动植物，在它们死亡后，如果埋藏在适宜的地方，如潮湿或有水流的地方，随着原体的腐朽，其内部物质逐渐被水中的钙质等所替代，大约经过一万年的时间，其形体就变成石质的了，经过这一石化过程，原来的动植物就以化石的形式保留下来。地质学家、动物学家、植物学家在田野调查中，所采集到的各类化石就是珍贵的研究标本，而在某一个地质地层中，其动植物群就是当时存在的共生生物群，这既是古生物生存时代的证据，也是探寻当时气候环境的依据。由此可见，地质地层中的古生物化石具有重要研究价值。科学发展到今天，许多研究单位都有庞大的物种标本库，收集有大量标本和资料，这为研究动植物种属的产生和演变打下了坚实的科学基础，为新种属的比对、命名、归属提供了条件。目前学术界公认细菌和藻类最早出现于太古宙，距今4000百万—1500百万年；无脊椎动物出现于元古宙，距今2500百万—1930百万年；鱼类最早出现于显生宙古生代志留纪，距今438百万—28百万年；松柏类出现于显生宙古生代二叠纪，距今290百万—40百万年；而人类的祖先出现于显生宙新生代第四纪，有学者认为最早可距今500百万—400万年。我国最早的古人类化石发现于云南元谋，被称为“元谋人”，距今170万年。这些成果是地质学、古生物学、古人类学、考古学综合研究所得。

由于大自然的鬼斧神工，各遗产地的地形地貌形成各种奇异美景，这些区域内保存了许多珍贵的地质地层，保存有大量的动物和植物，这不仅是今天人们旅游观光的胜地，也是研究地质学、动物学、植物学等学科的宝地。但是，现代文明的推进，对这些区域的环境以及其中的各类动植物，带来了诸多危害，例如对资源的无计划开采，对动物的盗猎，对树木的乱砍滥伐，不文明或超容量旅游等，都对这些宝贵的遗产产生了威胁。如何加强对遗产地的保护，使其更好地为人类服务，就成为世人的一大义务和责任。多年来，联合国教科文组织遗产委员会以及各国政府、团体，采取了一系列措施，颁布了许多法律法规，投入了大量的人力、物力和财力，对各遗产地进行有效的保护和合理利用，本书的撰写，目的也是为此尽一点微薄之力。

我们国家对文化类遗产制定了保护方针，对物质文化遗产是“保护为主，抢救第一，合理利用，加强管理”；对非物质文化遗产是“保护为主，抢救第一，合理利用，传承发展”。这对自然遗产和自然文化双遗产的保护也是适用的，只是针对不同的对象，采用不同的措施而已。对自然遗产类遗产地，国际社会采用自然保护区制度。自然保护区是为了保护珍贵和濒危动植物以及各种典型的生态系统，保护珍贵的地质剖面，为自然保护教育、科学研究和宣传活动提供场所，并在指定的区域内开展旅游和生态活动而划定的特殊区域的总称。自然保护区分为生态系统类型保护区、生物物种保护区、自然遗产保护区三大类。为了加强对这些遗产的保护管理，我国除参与国际社会有关组织，遵从国际社会相关公约、条例外，还陆续制定和颁布了一系列完善的法律法规及管理条例，例如《中华人民共和国自然保护区条例》《中华人民共和国野生动物保护法》《国家重点保护野生动物名录》《全国生态保护“十三五”规划纲要》《中国生物多样性保护战略与行动计划（2011—2030年）》等。经过二十多年的探索，现在我国已划定各级保护区达2750个，其中国家级自然保护区474个，列入世界自然保护区名录的已有14个。自然保护区占国土陆域面积18％以上，已提前实现联合国《生物多样性公约》中所提出的到2020年达到17％的目标。在动植物保护级别上，我国也实行了保护级别的制度——动物类分为三级，植物类分为两级。

在对自然保护区的管理探索中，我国参考国际社会的经验，近年来又提出建立国家公园的管理模式。2015年由国家发改委牵头，联合国家林业部等13个部门，印发了《建立国家公园体制试点方案》，国内已先后建立了10个国家公园体制试点。如东北虎豹国家公园、大熊猫国家公园，就是专门针对某种珍稀动物、濒危动物而建立的国家公园，从保护、研究到展示利用，各方面更加规范和科学。由于有了一系列的法律法规及管理制度，加上有针对性的管理措施，对各种珍稀、濒危物种的保护力度大大加强，在国际遗产保护界，我国各级自然保护区（包括国家公园），已成为最有成效的保护手段之一。

在自然保护区，尤其是高山峡谷类遗产地，在不同的海拔高度区，气候明显不同，所以本书在介绍遗产地气候或存在不同动植物类别时，还经常提到温度带、垂直气候带，这与常规的地球气温带的含义不同。在地球表面温度带划分的研究中，科学家以各个地区活动积温的多少为标准，按农业生产所需要的热量指标来划分温度带。国际通行的方法是把地球划分为五个气候带，即热带、南温带、北温带、南寒带、北寒带。其具体分法是，从赤道到南北回归线间是热带，北回归线到北极圈是北温带，南回归线到南极圈是南温带，北极圈到北极是北寒带，南极圈到南极是南寒带。两个相邻温度带会有过渡性区域，如热带边缘区的亚热带，温带边缘区的寒温带、暖温带。我国的大部分地区属北温带，少部分地区属热带。而高山地区，则是当地所属气候带的特殊地点，气候要素随着海拔高度的变化而发生显著变化，导致高山地带具有明显的垂直地带性。为了区分因海拔高度和纬度因素影响的气候，也因高山气候仅限于局部范围，所以高山气候单列为一大类。

上述叙述，尽管对相关学科领域的介绍挂一漏万，但如能有助于读者理解，就算达成了我们的初衷。

在写作过程中，本书作者团队各位成员，努力克服因疫情带来的不便，以及其他各个方面的困难，付出了大量的心血。作为该项目的主要承担者，我深为感动，在此向各位作者成员致以诚挚的谢意和敬意！

于海广

目 录 CONTENTS

国泰民安山，五岳独尊地

——世界自然与文化双遗产泰山

泰山古称“大山”“太山”，又称岱山、岱岳、岱宗、泰岳、东岳，位于神州大陆的东方、山东省的中部，绵亘于泰安、济南、淄博三市之间，山体呈东北西南走向，作为世界遗产保护地的泰山风景名胜区面积为426平方千米，主峰玉皇顶在泰安市境内，海拔1532.7米。泰山的基底岩石之古老，自然山体之博大，形象之雄伟，地貌景观之奇特，生态环境之美妙，历史文化之灿烂，蕴含精神之深邃，不仅在中国的名山峻岳中绝无仅有，即使在世界范围内也极为罕见。它自古有着“五岳独尊”的美誉、“国泰民安”的意蕴，1987年被联合国教科文组织列为中国首例世界自然与文化双重遗产。

由岱庙遥望泰山
张卡 摄

一、稀有的自然遗产

大自然的鬼斧神工和优越的地理位置，造就了巍峨壮美的泰山，孕育了深厚的泰山文化。追根溯源，泰山的形成经历了一个漫长而又复杂的地质演化过程。大约在新太古代初期，即距今28亿年左右，古老陆台裂开，产生巨大的凹陷带（海槽），形成了巨厚的泰山岩群。在距今25亿年前后，鲁西地区发生强烈造山运动——泰山运动，原先形成的岩层褶皱隆起，形成巨大的山系，古泰山耸立在海平面之上。随着地壳运动，海陆演化，泰山时沉时浮。受喜马拉雅运动的影响，沿泰前断裂带大幅提升，于距今3000万年的新生代中期，形成了今日泰山的基本轮廓。泰山的海拔高度并不算太高，但相对高差显著，故有拔地通天之势，在远古人的心目中它是一座比“大”还大的大山——“太山”。孔子编订的《诗经·鲁颂·闷宫》中就有“泰山岩岩，鲁邦所詹”的赞语。相传汉武帝刘彻曾面对泰山发出“高矣、极矣、大矣、特矣、壮矣、赫矣、骇矣、惑矣”的感叹。明太祖朱元璋也曾评价：“岱山高兮，不知其几千万仞；根盘齐鲁兮，不知其几千百里；影照东海兮，巍然而柱天。”

拱北石　任宪芬 摄

泰山地质以

花岗岩为主，其地形地貌特征，雄、奇、险、秀、幽、奥、旷皆有之。宏观泰山，“势压齐鲁”“雄峙天东”，有“群峰拱岱”之威，明代查秉彝诗赞：“天连北极千山拱，云拥黄河一线来。”再看岱顶上的“拱北石”“仙人桥”“舍身崖”“一线天”，还有那“天烛峰”“扇子崖”“仙人掌”“醉心石”，诠释了什么叫奇，什么叫险。李白有一首写极顶山石的诗：“日观东北倾，两崖夹双石。海水落眼前，天光遥空碧。千峰争攒聚，万壑绝凌历。缅彼鹤上仙，去无云中迹。长松入云汉，远望不盈尺。山花异人间，五月雪中白。终当遇安期，于此炼玉液。”看来，李白也陶醉于岱顶的山石之美！

雄伟的泰山因雨水丰沛而又增加了诸多灵性。据《春秋公羊传》（僖公三十一年）记载，泰山为云水发生之地，“触石而出，肤寸而合，不崇朝而遍雨乎天下者，唯泰山尔”。作家李健吾有篇散文名曰《雨中登泰山》，很有情趣：“山没有水，如同人没有眼睛，似乎少了灵性。我们敢于在雨中登泰山，看到有声有势的飞泉流布，倾盆大雨的时候，恰好又在斗母宫躲过，一路行来，有雨趣而无淋漓之苦，自然也就格外感到意兴盎然。”泰山沟壑纵横，瀑布飞流，湖澄潭清，泉井遍布。举荦荦大者，发源于山顶或山间的溪流有黄溪河、梳洗河、桃花峪等。桃花峪源自桃花源，水峪两侧桃树甚多，每逢阳春三月，桃花次第开放，红成一片，故又称“红雨川”。元代炼师张志纯咏道：“流水来天洞，人间一脉通。桃源不知远，浮出落花红。”乾隆皇帝也曾游览过桃花峪，并写下“春到桃花无处无，峪名盖学武陵乎”的诗句。特别值得一提的是桃花峪中段的彩石溪，溪底如彩石铺就，一条石纹五彩纷呈，在阳光照耀下，弯弯曲曲的溪水像五彩的飘带。泰山之阳山势陡峭，极易形成瀑布，自古有名者达56处，最著名的当属龙潭瀑布、云步桥瀑布和三潭叠瀑。云步桥瀑布在泰山中路的御帐坪下，水从坪崖飞出直落涧底，巍峨壮观。有诗赞曰："百丈崖高锁翠烟，半空垂下玉龙涎。天晴六月常飞雨，风静三更自奏弦。"泰山的湖潭中水面较大者有龙潭湖、虬龙湖、碧霞湖等，袖珍而知名者有黑龙潭、白龙池等，古人常因天旱而到此祈雨。泰山泉井难记其数，谓有名者72眼之多，泰山一带流传的一首《名泉》诗："云泉雾泉白鹤泉，青泉龙泉护驾泉，醴泉双泉大众泉，石乳肝花戏珠泉，圣泉福泉广生泉，香泉神泉王母泉，马跑明堂万福泉，大珠小珠落玉盘。"泰山井泉由山岩裂隙之水汇集而成，聚天地之灵气，得日月之精华，水质优良，清冽甘甜，饮之有养生涤虑之妙。泰安民谣曰："泰山有三美：白菜、豆腐、水。"最为奇妙者是位于泰山之巅的玉女泉，据说当年宋真宗登封泰山还至御帐，洗手于泉池，有一石人浮出水面，洗涤干净后发现它竟然是玉女，于是命有司建祠安奉，封天仙玉女碧霞元君。

泰山气象万千，瞬息万变。且不说杜甫笔下的"阴阳割昏晓"，仅仅岱顶就有六大自然奇观：旭日东升、云海玉盘、晚霞夕照、黄河金带、碧霞宝光和隆冬雾凇。泰山之巅的日出胜景最为迷人：拂晓，天晴气朗，万壑收冥，东方一线晨曦由灰暗变淡黄，又由淡黄变橘红，继而，天空云朵赤紫交杂，满天彩霞与地平线上的茫茫雾气连成一体，随风而动，如同浩淼接于天际的大海，随后，日轮掀开云带，冉冉升起，宛如飘荡着的宫灯，升腾再升腾，顷刻间，金光四射，群峰尽染，极为壮观。千百年来，无数游人为之欢呼，无数骚客为之咏叹。唐人丁春泽谓"日之升也，浴海而丽天"；李白讲"海色动远山，天鸡已先鸣"；再看近现代才子徐志摩笔下的泰山日出："起……起……用力，用力，纯焰的圆颅，一探再探的跃出了地平，翻登了云背，临照在天空……”于是，徐大才子激动地“歌唱呀，赞美呀，这是东方之复活，这是光明的胜利”。

泰山的生态环境极佳，适宜于动植物的生长。在陆栖野生脊椎动物中，泰山有哺乳类37种，鸟类200多种，爬行类14类，两栖类6种。螭霖鱼为泰山特有的稀有鱼种，一般生存在海拔270—800米的泰山溪水之中，有昼伏夜游的生活习性，虽形体较小，但全身是宝，《泰山药物志》称其为“世间无双品，乃泰山之精英”。泰山自古就是一座绿山。司马迁在其史书中记述泰山“茂林满山，合围高木不知有几”，“朱樱满地，古木参天”；杜甫赞美泰山“青未了”。据近年监测，泰山植被覆盖率97%，森林覆盖率96%，维管植物1136种，其中树木有200多种。泰山上下的

泰山日出　宫正 摄（载于赵迎新主编：《中国世界遗产影像志》，中国摄影出版社2014年8月版，第500页）

古树名木甚多，其中树龄百年以上者9810株，1000年以上树龄者53株，2000年以上树龄者6株。不少古树名木特别是泰山松柏被赋予深邃的文化内涵，如“秦松挺秀”“汉柏凌寒”“宁死不屈”，等等。元朝人王奕的《汉柏》诗云：“肤剥心枯岁月深，孙枝已解作龙吟。烈风吹起孤高韵，犹作峰头梁甫音。”特别是现代京剧《沙家浜》中那段气势磅礴的唱词：“要学那泰山顶上一青松，挺然屹立傲苍穹。八千里风暴吹不倒，九千个雷霆也难轰！”突显和弘扬了泰山松柏精神。泰山还是一座中草药的宝库，据民国年间泰安名医高宗岳撰写的《泰山药物志》记载，泰山有中草药材500余种，其中有“十二大特产”，何首乌、紫草、黄精和四叶参，被誉为泰山“四大名药”。

二、积淀厚重的文化遗产

以泰山为重要地理标志的海岱地区是远古人类的发祥地和中华文明的起源地之一，考古学界称之为海岱文化区或曰泰山文化圈，成为泰山文化的滥觞。泰沂山系的“沂源人”距今40万年；“新泰智人”距今5万余年；8000年前冰河期的结束导致华北平原汪洋一片，唯有泰山成为“孤岛”，就是这个“孤岛”救生灵于涂炭，留住了我们的“根”，于是有了北辛文化、大汶口文化、龙山文化和岳石文化，逐渐积淀形成了泰山文化区。距今大约6400—4500年，新石器时代的大汶口遗址位于泰山脚下，大汶口文化陶尊上有图像文字自下而上由“山、火、日”组成，意为借泰山之高，在泰山顶上燎祭于天（日），与天帝对话。可以说这是泰山封禅的源头。由此说明，至少在5000年前，泰山地区不仅出现了文明的曙光，而且产生了早期的山岳崇拜，泰山逐步成为人们心目中的一座神山、圣山。神爵元年（前61）汉宣帝刘询下诏确立五岳礼制，把泰山排在五岳之首。自此，泰山为五岳之首的地位成为定论。

帝王是古代国家的最高统治者，“溥天之下，莫非王土；率土之滨，莫非王臣”，而泰山是历代帝王封禅告祭之所。帝王封禅文化是泰山文化主要内涵之一，它具有很强的政治性。据古史传说，早在先秦时期，就有黄帝、炎帝、尧、舜、禹等72代君王到泰山祭祀。进入封建社会，秦始皇、汉武帝、汉光武帝、唐高宗与武则天、唐玄宗、宋真宗及清康熙、乾隆等12位帝王到泰山封禅或祭祀，形成了世界上独有的数千年不断的封禅文化。“封禅”的“封”就是指在泰山顶上筑坛祭天，报天帝之功；“禅”就是指在泰山下小山上祭地，报大地厚德。泰山是天之骄子与天地对话的地方，只有到泰山举行过封禅大典的帝王才算得上是真正的帝王，帝王借泰山封禅表明其统治的合法性，而泰山因帝王封禅升格为国家的象征。汉武帝刘彻一生八次到泰山封禅，为此不仅在泰山东麓兴建了一座明堂，而且还专门铸造了一尊大鼎，上有铭文曰：“登于泰山，万寿无疆，四海宁谧，神鼎传芳。”按封建礼制，女性是不能参加封禅典礼的，但武则天与众不同，她不仅随夫君李治到泰山封禅，而且还主持了亚献典礼，这为后来亲政做皇帝做了政治准备。清圣祖康熙三次朝泰山谒岱庙，清高宗乾隆皇帝先后十一次到泰安，六次登上山顶。康熙皇帝曾撰写过一篇俗称《泰山龙脉论》的文章，论证东北的长白山与山东的泰山是一个龙脉，其核心要义是满汉一体，表达“我不仅是满人的皇帝，也是汉人的皇帝”。对此，郭沫若在其《读随园诗话札记》中有一段精彩的论述：“所谓东方主生，帝出乎震，于是泰山便威灵赫赫了。自秦汉以来，历代帝王封禅，也就是向泰山朝拜。比帝王还要更高一等，因而谁也不敢藐视泰山了。”

随着帝王封禅祭祀活动的兴起，道、佛、儒在泰山不断发展并相互融合，三教合流成为泰山鲜明的文化现象。秦汉时期就有许多著名方士如安期生、张巨君、崔文子等在泰山修炼。魏晋时，佛教传入泰山，竺僧朗在岱阴创建朗公寺；北魏僧意在泰山、徂徕山创建谷山玉泉寺和光华寺。唐宋时，泰山道、佛两教进入鼎盛时期，寺庙声震齐鲁。唐德宗时，宰相、史学家李吉甫把泰山灵岩寺与天台国清寺、江陵玉泉寺、南京栖霞寺并称为“域中四绝”。灵岩寺千佛殿内40尊彩塑罗汉像，塑技精湛，比例适中，线条流畅，神态逼真，被梁启超誉为“海内第一名塑”，国画大师刘海粟亦赞之曰“灵岩名塑，天下第一，有血有肉，活灵活现”，有道是“海岱间山水之秀，无出其右者”；明代学者王世贞则说，灵岩为泰山背幽绝处，“游泰山不至灵岩不成其游也”。元明时期，先后有日本僧邵元、高丽僧满空等与泰山结下一段因缘。据泰山普照寺《重开山记》碑记载，明永乐年间，高丽僧满空禅师航海而来，受到大明中央政府有关部门的热情接待，后奉圣旨、持度牒来到泰山，先修竹林寺，又修普照寺，驻锡禁足二十余年，使“伽蓝焕然一新”。随着明代以后大规模群众性泰山朝拜活动的兴起，泰山宗教由此进入一个新的阶段。

在老百姓心目中，泰山的神明是“有求必应”的善神。泰山崇拜由原始的山岳崇拜和太阳神崇拜，逐步演变形成对泰山神东岳大帝和碧霞元君的崇拜，并形成独特的泰山石敢当信仰。东岳大帝主生亦主死，后来演变成冥府惩恶扬善的领袖，泰山之蒿里山也就成了“落叶归根”之所。《后汉书·乌桓传》所谓“中国人死者魂神归岱山”意即言此。明《五岳真形之图》碑刻言：“东岱岳泰山，乃天帝之孙，群灵之府也。”“岱岳者，主于世界人民官职及定生死之期，兼注（主）贵贱之分，长短之事也。”泰山女神的道教封号是碧霞元君，民间则尊称为泰山娘娘、泰山奶奶、泰山老奶奶，有道是：元君能为众生造福如其愿，贫者愿富，疾者愿安，耕者愿岁，贾者愿息，祈生者愿年，未子者愿嗣，子为亲愿，弟为兄愿，亲戚交厚，靡不交相愿，而神亦靡诚弗应。明万历年间内阁首辅王锡爵在其《东岳碧霞宫碑记》中这样记载：“自碧霞宫兴，而世之香火东岳者咸奔走元君，近数百里，远即数千里，每岁办香岳顶，数十万众。”北方的碧霞元君是与沿海地区的妈祖齐名的两大女神之一。泰山石敢当最初的文化内涵是灵石可抵挡一切，文字记载最早见于西汉史游的《急就篇》，后演化为见义勇为、扶正压邪的英雄。唐大历五年（770）的石敢当碑铭说：“石敢当，镇百鬼，厌灾殃，官吏福，百姓康，风教盛，礼乐张。”明清时期，石敢当信仰扩展到大半个中国，通衢要冲立“泰山石敢当”，民居官府嵌“泰山石敢当”，镇妖拿邪乃至为人治病请“泰山石敢当”。早在清雍正年间泰山石敢当信仰就传到了日本，至今东亚、东南亚以及海外其他华人居住区都有石敢当信仰。“泰山石敢当习俗”已于2006年被国务院公布为首批国家级非物质文化遗产。

古今无数文人墨客被泰山所折服，登于斯，吟于斯，感山水，抒情志，留下了数以万计的名篇佳作。曾有作家说：“这是我们古老的中华民族文学宝库中的瑰宝，更是研究我国，特别是中原文化、历史的宝贵资料。”被誉为缔造世界文化“四大圣哲”之一的孔子，一生多次登临泰山，他到泰山发出了“苛政猛于虎”的千古警言；他还以泰山自喻：“泰山其颓乎？梁木其坏乎？哲人其萎乎？”据此，儒家学派的集大成者孟子概括为孔子“登泰山而小天下”，也就是说，泰山是孔子思想升华的地方。后人又把泰山与孔子等同起来，认为“孔子圣中之泰山，泰山岳中之孔子”。至今泰山上下有孔子庙、瞻鲁台、孔子登临处、虎山等名胜古迹。诗仙李白的“天门一长啸，万里清风来”，诗圣杜甫的“会当凌绝顶，一览众山小”，郭沫若、季羡林等现代文学泰斗有关泰山的诗文华章等，都具有极高的文学艺术价值。如季羡林晚年著有长诗《泰山颂》，诗赞：“巍巍岱宗，众山之巅。……国之魂魄，民之肝胆。”中国古典文学名著如《水浒传》《西游记》《金瓶梅》《红楼梦》《老残游记》等，也都有关于泰山景物及其人文传说的描写。

先人们的聪明才智和辛勤劳动，为我们留下了弥足珍贵的物质文化遗产。泰山人文景观以古建筑和石刻为主体。泰山的古建筑群至今保护较为完好的有26组，总建筑面积达14万多平方米，其最突出的特点就是对地理环境的科学利用。春秋时期的“齐长城”横亘于泰山直达东海，是中国最古老的长城。岱庙始建于秦

岱庙天贶殿 张卡 摄

汉，后经不断拓建，占地达10万平方米，主体建筑宋天贶殿形象巍峨，与北京故宫的太和殿、曲阜孔庙的大成殿一并被誉为中国传统的三大宫殿式建筑。碧霞祠始建于宋代，布局合理，结构严谨，铜瓦覆盖，作为高山建筑，堪称奇绝。泰山盘道辟建于2000多年前的汉代，特别是南天门下的“十八盘”，自古以“峰兀秀耸”著称，正是因为它的陡峭险峻，才能显示出攀登者的精神状态。当年乾隆皇帝曾体验攀登“十八盘”，并赋诗一首：“犹记昔登十八盘，坦途高架丈余宽。曾因过费饬方伯，率为趋平奉大安。今度挥鞭吟马上，不教仿栈辟云端。石梯拾级千层迴，却喜峣峰本色看。”十八盘的顶端是“南天门”，以石砌拱门作为通道，顶为城楼重檐歇山。门之两侧石刻楹联：“门辟九霄，仰步三天胜迹；阶崇万级，俯临千嶂奇观。”

泰山上下石刻遍布，2200余年延续不断，为天下名山所仅见。这些石刻，时代之连续，风格、流派之多样，艺术之精湛，构景之巧妙，都堪称一绝。秦刻石出自秦丞相李斯之手，是秦始皇书同文的实物证据；无字碑为汉武帝刘彻所立，形体高大，厚重朴拙，意为功德卓著，难以用文字表达。东汉时期的《衡方碑》《张迁碑》是汉隶的代表作，在中国书法史上占有极重要的地位。经石峪《金刚经》刻于1500多年前的北齐，占地2064平方米，字径50厘米，以其形制雄伟、气势磅礴、书法遒劲，被誉为“大字鼻祖”“榜书之宗”。《纪泰山铭》巨型摩崖石刻为唐玄宗李隆基御笔撰书，洋洋大观。

三、“天人合一”的典范

世人都说泰山美，那么它的美学价值何在呢？当年来华考察

泰山十八盘　侯贺良 摄

泰山“申遗”的联合国教科文组织世界遗产专家卢卡斯先生认为：“泰山把自然与文化独特地结合在一起，并使人们在人与自然的概念上开阔了眼界，这是中国对世界人类的巨大贡献。”诚哉斯言！季羡林先生就认为泰山是“天人合一”的典范。

自然之泰山，犹如一个小宇宙，或峰或谷，或峦或嶂，或池或泉，或潭或湖，或巨岩或奇石，自然天成。还有那“咬住青山不放松”的植被、生存其间的生灵等，和谐至极。大自然的鬼斧神工造就了泰山的高大以及雄浑稳重，“高而可登，雄而可亲；松石为骨，清泉为心；呼吸宇宙，吐纳风云”，可谓美妙无穷！

大美泰山大而不傲。早在2200年前，秦人李斯在其《谏逐客书》中就曾讲“太山不让土壤，故能成其大”。即使汉代皇帝把泰山封为五岳之首，它也从未自吹自擂为老大，而是把“包容”二字视为美德并推而广之，此诚如民国年间邱山宁所言：“泰山何其雄，万象都包容。泰山何其大，万物都归纳。……一切宇宙事，皆作如是观。”儒、道、释等传统文化在泰山不仅能和谐相处，而且还能打破门户之见，相互借鉴吸收营养，体现出“以出世的精神干入世的事业”。

大美泰山有天下情怀。皇帝到泰山封禅祭祀的主要目的是祈求国祚永年，泰山神明的主要功能是护国佑民，泰山石敢当有时还充当“国际警察”到国外去除妖镇邪。清康熙年间，泰山普照寺住持元玉所著《国泰民安铭》，深刻揭示了泰山的胸襟：“愿天下人泰，泰山始是泰；愿天下人安，泰安始是安。若是一人不安，便是泰安不安；若是一人不泰，便是泰山不泰。”

泰山人与自然和谐相处，犹如兄弟。自古以来，无论是帝王将相、才子佳人，还是平民百姓，都视泰山为神山、圣山，信仰有加，呵护有加，泰山封禅的原始含义是祭天祭地，敬畏自然。

御霜　任宪芬 摄

号称千古一帝的秦始皇封禅时要用蒲草把车轮包上，以防伤及泰山的一草一木。其后历朝历代都设有保护泰山的机构以及制订诸如“近十里禁樵采”“树木当道不伐”的法规条文。在泰山普照寺后院内有一棵松树，为清代寺僧理修入寺时与师父共植，名曰“师弟松”，他们常以松为伴，习文诵经，并赋诗以记：“僧栽松，松荫僧，你我相度如同生。松也僧，僧也松，依佛门，如弟兄。”

大美之泰山特别讲究建筑方位。在泰山建筑的设计构筑方面，突出的特点是对地理环境的巧妙利用。如泰山之南天门建筑，位于十八盘的顶端，无论是位置的选择，还是建筑艺术的构造，都生动体现了自然“天门”有“境”，人工“天门”有“意”，意与境的高度融合，成为中国古代园林山地建筑的杰作。再看泰山普照寺的选址，“门前几曲流水，寺后千寻碧峰。鸟语溪声断续，山光云影玲珑”，禅意和谐之美溢于言表。

四、首创的“双重”遗产

世界遗产保护源于人类保存自己的文化和保护自身生存环境的意愿。自1972年11月联合国教科文组织第16次大会通过《保护世界文化和自然遗产公约》(简称《世界遗产公约》)以来，世界遗产就分为自然遗产和文化遗产两大类，并分别制定了标准条件。但是在1987年，中国的泰山改变了世界遗产的分类。

1986年9月，中国联合国教科文组织全国委员会等向国务院提交了一份《关于申请加入世界遗产项目清单的请示》,《清单》开列的文化遗产项目5处，自然遗产项目3处，泰山被归类为自然遗产。那么最终泰山怎么又成为自然与文化双遗产了呢？说来很有故事性——

泰山的自然和文化遗产价值固然是其基础因素，但人为的因素也起到了很大的推动作用。在泰山“申遗”的工作班子中，本人是申报文本的主要撰稿人之一，起初是严格按照“自然”的范围标准组织文本，大家都感觉到泰山还有很多有价值的遗产，假如文化遗产没能纳入其中会非常可惜，并多次组织讨论。山重水复疑无路，本人从山东大学考古专业毕业后就在泰安从事泰山文化的保护和研究，根据多年的经验，提出这样的建议：泰山不是国务院批准的首批国家级风景名胜区吗?“风景”可以理解为自然，“名胜”则有着文化的内涵，“名胜”经常和“古迹”连用，构成“名胜古迹”，在泰山申报世界遗产的材料中增加文化(特别是文物古迹)的内容并不算孟浪，这正如学生考试一样，多答一些有可能加分，至少不扣分，因此可以尽量把我们认为有价值的内容都加进去。思路一变天地宽，柳暗花明又一村。虽然申报文本没有严格按照类别要求撰写，既写了自然也写了文化，但从最终结果看，这应该算是创新吧。

1986年12月，泰山“申遗”文本提交给联合国教科文组织，被表扬为“文本资料丰富而翔实，是第三世界中最优秀、最出色的版本”。1987年5月，联合国教科文组织委派世界遗产专家卢卡斯先生到泰山考察，在数天的考察过程中，这位见多识广、时任国际自然资源保护协会副主席的新西兰人非常兴奋。他说：“我特别欣赏泰山既是自然又是文化的双重遗产，从泰山遗产申报材料中看到了中国人的审美观，这将促进世界遗产观念的更新。一般说来，列入《世界遗产名录》的，不是自然的就是文化的，很少有双重价值的遗产在同一个保护区内。今年将通过新的项目，其中两个项目是双重价值的遗产：一个是位于保护区内的英国一个海岛遗产，另一个就是泰山。泰山将为世界遗产的评价带来新的标准。”“前来泰山考察十分高兴。泰山是自然遗产，但文化也不可忽视，如果泰山作为自然与文化双遗产，我想大家都会高兴。”言行一致的世界遗产专家卢卡斯，回到教科文组织总部后致力于宣传泰山的双重遗产价值，到了12月中旬，在世界遗产委员会第11届全体会议上，泰山被正式批准列入《世界遗产名录》，但对外公布的是“自然遗产”。

泰山人在高兴之余也有困惑，卢卡斯所讲的“双遗产”包含“文化遗产”，最后怎么没有了呢？原来情况是这样的：在世界遗产评审会上，泰山受到青睐，但也引起了争议。因为泰山是作为自然遗产申报的，批准接纳为世界自然遗产顺理成章，但文化遗产委员会的委员们则认为，泰山虽然归类为自然遗产，但它悠久的历史和丰富多彩的人文景观是任何其他名山峻岳无法相比的，所以也应列入文化遗产名录。为解决这一问题，联合国教科文组织总部再次派遣一个文化遗产考察组专程到泰山考察。

1988年4月，以诸葛力多博士为领队的7名世界遗产专家来到泰山，经实地考察评估，结论与卢卡斯先生的观点完全一致，当场代表联合国教科文组织宣布泰山也是世界文化遗产。由一而二，泰山放了一个“双响炮”，这就是我们常说的首例“自然与文化双重遗产”。此后，来泰山考察的联合国教科文组织总干事马约尔感叹：“泰山不但有自然和文化的价值，而且有精神和力量的内涵。”世界遗产专家景峰、莱斯·莫洛伊也认为：“泰山作为中国的名山，其文化资源和自然资源之丰富，在全世界都是少有的，被列入自然与文化双遗产是当之无愧的。”更有意思的是，当年“申遗”作为文化遗产的泰山，六条标准条件全部具备，而作为自然遗产的泰山仅符合一条标准。这并不是因为泰山的自然遗产价值不高，而是因为当年在撰写文本时，由于种种原因，表述得不够充分。现在想起来，这也是一种遗憾，但这种遗憾因此后泰山获得世界地质公园桂冠得到补偿。

2006年9月，在英国北爱尔兰首府贝尔法斯特举行的联合国教科文组织第2届世界地质公园国际会议上，泰山被批准为世界地质公园。据长期从事泰山地质科学研究的山东科技大学吕明菊教授介绍：泰山的地质遗存，是早寒武纪地质，其地质现象最丰富，地质特征最典型，地学价值最大，是我国早前寒武纪地质研究的经典地。泰山张夏寒武纪地层标准剖面，保存齐全，含丰富的三叶虫化石，是国内外寒武系划分对比的主要依据。而新构造运动造就了今日泰山高山峡谷、奇峰峻岭和瀑布交错的自然景观。从地质专家的角度看，泰山的地质地貌景观资源丰富，数量众多，类型齐全，特征显著，是一座天然的地学博物馆。

其实，泰山的国际影响肇始甚早，影响甚大，地位也甚高。相传周成王告祭泰山时就有“然丘”之国的使者航渡数十年而来，贡比翅鸟。汉武帝封禅泰山，时有众多的外国使节随从，《资治通鉴》所谓“天子（汉武帝）每巡狩海上，悉从外国客”。汉光武帝举行泰山封禅大典时，“蕃王十二，咸来助祭”。唐高宗封禅泰山时，国际影响形成规模：“突厥、于阗、波斯、天竺国、罽宾、乌苌、昆仑、倭国及新罗、百济、高丽等诸蕃酋长，各率其属扈从。”在中国的唐代，倭国（今日本）信奉泰山神明，于888年建“赤山神社”，奉“泰山府君”为“赤山大明神”。“泰山府君”东渡日本后，受到日本社会各界的一致尊崇，清和天皇、光孝天皇、宇多天皇、醍醐天皇都曾为泰山府君加授神阶，由正四位递升为正一位。在泰山灵岩寺，至今还保存有日本正法寺住持邵元于元至正元年（1341）撰文刻勒的《息庵禅师道行碑》，郭沫若曾题诗赞曰：“息庵碑是邵元文，求法来唐不让仁。愿作典型千万代，相思相学倍相亲。”

五、践《约》的使命担当

泰山自列入世界自然与文化双遗产以来，泰山管理保护部门始终牢记初心，严格践行《保护世界文化和自然遗产公约》，把“保护”责任放在重中之重的位置，以此为基础，传承好、利用好泰山。重点开展了以下工作：

理顺了管理体制。在古代中国的国家政治生活中，泰山有着特殊的地位，随着泰山地位的不断提高，其管理机构的设置及规格也不断提高。其实早在先秦时期就设置有山虞长以治理泰山，秦汉以降，历朝历代都重视对泰山的保护管理。秦朝，设有专司泰山工程的“泰山司空”；汉代在泰山地区设立“泰山郡”以及专祀泰山的“奉高县”；即使在少数民族统治时期，泰山也设置有管理机构，有时规格还非常高，管理泰山的官员由中央政府派遣、任命。改革开放特别是泰山列入《世界遗产名录》以来，泰山的管理机构及其职权逐步向集中统一管理转化，如现行的泰山“管委会+公司”管理模式，将管理与经营职能分开。泰山景区党工委、管委会代表市委、市政府对泰山景区范围内的经济、文化、社会事务实行统一领导和管理，既管事也管人，作为世界遗产地泰山，其保护因此有了组织保障。而旅游营销等则交由公司运营。“管委会+公司”，调动了两方面的积极性，可谓“鱼与熊掌兼得”。

强化了依法治山。“双遗产”的泰山风景名胜区是一个综合体，需要执行的法律、法规和政策非常多，除《保护世界文化和自然遗产公约》外，国内的法律法规有《文物法》《森林法》《资源法》《野生动物保护法》《风景名胜区管理条例》等。为了便于操作，省、市又先后出台了一系列法规政策，早在2000年10月，山东省人大常委会通过颁发了《泰山风景名胜区保护管理条例》，泰安市人大常委会所立的首部地方法规就是《泰山风景名胜区生态保护条例》。有法可依，有法必依，执法必严，违法必究，法治泰山的成效非常显著。

确保了资源安全。泰山的自然与文化遗产资源，既丰富多彩又稀有珍贵，几十年来，泰山管理部门把“保护第一”“安全至上”放在首位，高标准编制和实施了《泰山风景名胜区总体规划》。依据《规划》，抢救、修缮了岱庙等一大批文物古迹，目前已由抢救性保护转向预防性保护。再者是持久不懈地狠抓森林防火、森林病虫害防治、古树名木保护、生物多样性维护、生态环境修复等工作。经权威部门测定，泰山是我国暖温带生物多样性最丰富的地区之一。泰山的空气负氧离子瞬间峰值可以达到20.7

万个/cm^3，整体年平均值在6000个/cm^3，PM2.5年均浓度为15ug/cm^3，泰山空气细菌含量整体平均值为212cfu/m^3，在空气特别清新区域，空气细菌含量仅为21cfu/m^3，是一座天然的山地氧吧和绿色天然宝库。2015年入选首批“中国森林氧吧”榜单。近年来，泰山管理部门借“智慧泰山”这个平台，建成接近全覆盖、无缝隙的安全预警监控系统。

弘扬了泰山文化。泰山是一座有“国山”之誉的历史文化名山，郭沫若认为泰山是中华文化史的一个局部缩影，季羡林认为“欲弘扬中华文化，必先弘扬泰山文化，这是顺理成章的事”。改革开放以来，国内外无数专家及文人墨客钟情于泰山，深入挖掘和研究泰山文化，宣传泰山文化，传承泰山文化，提炼和弘扬新时代的泰山精神，结出了累累硕果。季羡林先生生前曾著长诗《泰山颂》。美籍华人、著名文学家和社会活动家陈香梅女士考察泰山后发声：“泰山为中华民族的神圣之山、壮丽之山、文化之山，从其悠久丰富的文化中呈现出来的泰山精神，是中华民族精神的重要组成部分，弘扬泰山文化是每一个炎黄子孙的义务。”本人基于对泰山研究的心得和深厚感情，将新时代泰山精神提炼为：“坚韧不拔的进取精神，顶天立地的担当精神，天人合一的和谐精神，海之胸怀的包容精神。”泰山挑山工自古以来就是泰山保护、泰山建设的直接贡献者，被誉为“行走的脊梁”，其崇高品格体现在“挑担不怕难，上山不怕险，坦途不歇脚，重压不歇肩”。

擦亮了泰山名片。世界自然与文化双遗产对泰山来说是一张亮丽的名片，泰山人十分珍惜这张名片，并把这张名片擦得更亮，使之锦上添花。泰山先后荣获“中华国山”特别荣誉，入选“世界地质公园”“全国十大文明风景旅游区”“中国民间文化遗产示范区”“中华书法名山”“中国楹联名山”等，泰山石敢当习俗、东岳泰山庙会、泰山道教音乐、泰山故事传说、泰山皮影等一大批非物质文化遗产列入国家非物质文化遗产名录。泰山距自然、文化、地质公园和人类非物质文化“四重”遗产已为时不远。泰山人还特别注重世界遗产地之间的国际交流与合作，先后与德国的阿尔卑斯山、法国的圣米歇尔山、日本的富士山、韩国的汉拿山、美国的红杉树国家公园和国王峡谷国家公园以及加拿大的尼亚加拉大瀑布等世界遗产地建立了交流、合作关系。与联合国以及教科文组织联系也十分密切，时任联合国秘书长潘基文到访泰山并题字“天下泰山”，时任联合国教科文组织总干事松浦晃一郎在参加北京2008年奥运会期间抽时间到泰山考察，赞扬泰山为“世界遗产瑰宝”。

做强了泰山旅游。秉承“泰山大保护、旅游大发展”的理念，泰山人做足做好泰山旅游“大而强”这篇大文章。对大家已知的传统旅游资源进行质量提升，诸如对作为文化遗产的文物古迹按照“修旧如旧”的原则进行全面维护；对藏在深山人未知的自然美景进行宣传推介，彩石溪、后石坞、天烛峰、玉泉寺等已成为泰山旅游的热点区域；为使躺在历史典籍和民众心目中的文化旅游资源用起来、活起来、火起来，管理部门恢复了传统的东岳庙会和农历“三月三”蟠桃会，精心打造了泰山国际登山节和泰山封禅大典实景演出；把游客对景区服务质量的要求作为工作的重点，解决如厕难、交通难、停车难等实际问题，新建成、改造了一大批星级厕所，新建了府东、岱庙、红门、桃花峪多个停车场及“泰山西湖”房车营地，服务更为便捷的“智慧泰山”工程体现了与时俱进。在旅游硬件提升的同时，还特别注重软实力的提升，诸如环境卫生、旅游秩序、文明服务等，均严格按照

“AAAAA”级旅游景区标准执行，泰山因此被评为全国首批“文明风景旅游示范区”以及“欧洲人最喜爱的中国十大景区”等。泰山旅游年游客量已达600万人次，年门票、客运、索道等直接收入已达12亿人民币，成为山东旅游业的龙头之一。

六、不忍结尾的结尾

作为首批“双重”世界遗产的泰山，她是神州疆域的重要地标，她是中华民族的精神家园，她是驰名中外的旅游胜地。泰山之巅的玉皇庙有副楹联说得好：“地到无边天作界，山登绝顶我为峰。”岂止泰山“为峰”，江山多娇的中华大地巍然屹立于世界东方，处处都见高峰。

（撰稿：吕继祥）

胜似五岳之美

——黄山

黄山，位于安徽省南部黄山市屯溪区西北，1990年被确定为世界文化与自然双重遗产。黄山被誉为对诗人、雅士、画家、摄影家具有永恒魅力的“震旦国中第一奇山”。秦代称黟山，传说黄帝曾在此修身炼丹，唐天宝六载（747）改称黄山。它集华山之峻峭、泰山之雄伟、衡山之烟云、庐山之飞瀑、峨眉山之清秀于一体。黄山有七十二峰，群峰竞秀，怪石林立，“莲花”“光明顶”“天都”三大主峰，海拔均逾1800米。黄山代表景观有“四绝三瀑”：奇松、怪石、云海、温泉和人字瀑、百丈泉、九龙瀑。明代徐霞客曾两次游黄山，赞叹说：“薄海内外，无如徽之黄山。登黄山，天下无山，观止矣！”后人将此引申为“五岳归来不看山，黄山归来不看岳”。

黄山激发了代代文人与艺术家的灵感，留下了丰厚的文化遗产，这些文化遗产可以概括为历史遗存、书画、文学、传说、名人“五胜”。现有楼台、亭阁、桥梁等古代建筑100多处，多数呈徽派风格，翘角飞檐、古朴典雅。现存历代摩崖石刻300余处，篆、隶、行、楷、草诸体俱全，颜、柳、欧、赵各派尽有。流传至今诗文有2万多篇（首）。此外，黄山还孕育了以黄山为主要表

黄山 赵利军 摄

现对象的“黄山画派”，该画派在中国画坛独树一帜，影响深远。

黄山是世界文化与自然双重遗产、世界地质公园、世界生物圈保护区，是国家级风景名胜区、全国文明风景旅游区、国家AAAAA级旅游景区，被世人誉为“人间仙境”“天下第一奇山”。黄山生态系统稳定平衡，植物群落完整并呈垂直分布，是动物栖息和繁衍的理想场所。

一、黄山之名的由来

黄山原名黟山，因峰岩青黑，遥望苍黛而得名。传说轩辕黄帝曾在此采药炼丹，得道成仙。唐玄宗笃信道教，遂于天宝六载（747）诏改黟山为黄山，黄山之名从此沿用至今。千余年来，黄山积淀了深厚的黄帝文化，轩辕峰、炼丹峰、容成峰、浮丘峰、丹井、洗药溪、晒药台等景名都与黄帝有关。

旧时，黄山交通闭塞，游人罕至，直至秦汉时期，见于文字记载隐居黄山者，唯有会稽太守陈业“洁身清行，遁迹此山”。唐宋时期，黄山寺庙宫观日渐增多。

明朝万历三十四年（1606），普门禅师来到此山，创建法海禅院，受敕扩建为“护国慈光寺”。此后，又在玉屏峰前建文殊院，在光明顶建大悲院。普门禅师在歙人潘之恒等人的帮助下，披荆斩棘，开山修路，初步形成南路从温泉至天海、北路从松谷至天海、东路从苦竹溪至北海、西路从吊桥庵至温泉的四条简易登山盘道，使以翠微寺、祥符寺、慈光寺和掷钵禅院“四大丛林”为中心的景区建设初具规模。

1932年，国民党元老许世英发起，邀集皖籍同仁张治中、徐静仁与安徽省政府主席刘镇华等，筹备成立黄山建设委员会。先后开通汤口至逍遥亭公路，修建云谷寺至北海石阶路，并着手开凿天都登道。1943年又成立黄山管理局，隶属国民政府安徽省政府。

新中国成立后，开始有计划地整修登山步道，开通逍遥亭至温泉公路，先后兴建观瀑楼、黄山宾馆、温泉游泳池、海门精舍（今艺海楼）等。1958年，建北海宾馆、新温泉楼、炼玉亭、观鱼亭等。1963年1月，再次划定风景区山界：东起苦竹溪黄山胜境坊，南至汤口公路桥，西至栗溪坦，北至辅村。

改革开放以后，黄山风景区迎来快速发展时期。1979年10月，安徽省黄山管理局成立，黄山可以正式对外开放。之后，先后修建云谷、玉屏和太平三条客运索道，修通并改造温泉至慈光阁、温泉至云谷寺和汤口至温泉的公路，开辟天都新道、丹霞蹬道、莲花循环道、西海大峡谷游道，新建、改扩建桃源宾馆、排云楼宾馆、白云宾馆、狮林大酒店、玉屏楼宾馆、北海宾馆和西海饭店等。

二、黄山优越的地理位置和地形地貌

黄山，位于安徽省南部，徽州地区西北，横亘于黄山区、徽川区歙县、黟县和休宁县之间，山脉绵延250千米，其中海拔1000米以上的七十二峰面积达154平方千米。黄山经历了造山运动和地壳抬升，以及冰川和自然风化作用，形成峰林密布的结构。黄山七十二峰素有“三十六大峰，三十六小峰”之称，主峰莲花峰海拔高达1864.8米，与光明顶、天都峰并称黄山三大主峰，属三十六大峰。黄山山体主要由燕山期花岗岩构成，垂直节理发育，侵蚀切割强烈，断裂和裂隙交错，长期受水溶蚀，形成花岗岩洞穴与孔道。全山有岭30处、岩22处、洞7处、关2处。黄山的第四纪冰川遗迹主要分布在前山的东南部。黄山集八亿年地质史于一身，融峰林地貌、冰川遗迹于一体，兼有花岗岩造型石、花岗岩洞室、泉潭溪瀑等丰富而典型的地质景观。前山岩体节理稀疏，多球状风化，山体浑厚壮观；后山岩体节理稠密，多柱状风化，山体峻峭，形成了“前山雄伟、后山秀丽”的地貌特征。

群峰林立　赵利军 摄

黄山处于亚

热带季风气候区，地处中亚热带北缘、常绿阔叶林、红壤黄壤地带。由于山高谷深，气候呈垂直变化。同时由于北坡和南坡受阳光的辐射差大，局部地形对气候起主导作用，形成云雾多、湿度大、降水多等特殊的山区季风气候。夏无酷暑，冬少严寒，四季平均温度差仅20℃左右。夏季最高气温27℃，冬季最低气温-22℃，年均气温7.8℃，夏季平均温度为25℃，冬季平均温度为0℃以上。山顶年均降水2369.3毫米，年均雨日180.6天，积雪日32.9天，雾日259天，大风日118.7天，最长无雨期40天。景区林木茂密，溪瀑众多，大气质量常年保持Ⅰ级，空气PM2.5日均浓度5ug/cm^3，空气负氧离子浓度长年稳定在2万个/cm^{3}以上，有“天然氧吧”之称。

黄山地区共有河流600多条，其中长度在10千米以上的河流有108条。黄山山脉横贯全市，将黄山市分为南、北两坡，南坡流域面积大于北坡流域面积，分别为7569.93平方千米和2264.1平方千米，各占总面积的76.98%和23.02%。南坡有流向钱塘江流域的新安江水系和流向鄱阳湖流域的昌江水系、乐安江水系；北坡有直接入长江的青弋江、秋浦河两大水系。

黄山地区水资源来自天然降水。该地区多年平均降雨量为1775.9毫米，地区分布以黄山风景区为最大，是全国有名的暴雨中心之一。降雨年内分布极不均匀，最大月雨量一般出现在5、6、7月份，曾高达1037毫米（黄山温泉站1954年6月）；最小月雨量一般出现在12月份，记录出现过0。境内降雨的年际变化也相当悬殊，最大最小年份的比值达2.5以上，甚至达到3.0。全市地表水资源总量丰富，多年平均年径流量达99.28亿立方米，地表径流的地区和时空分布与降雨的时空分布基本一致，地表径流年内分配也极不均匀，每年5—7月份降雨量大，径流量也大；年际分配不平衡，年降雨量越大，年产流量也越大，最小年径流量与最大年径流量之比约为1：5。

黄山生态系统稳定平衡，植物群落完整并呈垂直分布，保存有高山沼泽和高山草甸各一处，是绿色植物荟萃之地，素有“华东植物宝库”和“天然植物园”之称。景区森林覆盖率为98.29%，林木绿化率达98.53%。黄山动植物资源特别丰富，是一座天然的动植物宝库，名花古木，珍禽异兽，种类繁多，具有极高的教学和科研价值。目前黄山有脊椎动物300余种，鸟类170多种、兽类54种、爬行类48种、鱼类24种、两栖类21种，主要有红嘴相思鸟、棕噪鹛、白鹇、短尾猴、梅花鹿、野山羊、黑麂、苏门羚、云豹等珍禽异兽。其中国家一类保护动物有6种，二类保护动物有26种。有高等植物222科827属1805种，有黄山松、黄山杜鹃、天女花、木莲、红豆杉、南方铁杉等珍稀植物，首次在黄山发现或以黄山命名的植物有28种。

黄山市地下埋藏着多种矿物，有大量的石灰岩、花岗岩、瓷土、石英岩、蛇纹石和石煤等建筑材料，金、铜、钼、钨、锑、铍、铅、铌、钽、铀等有色金属矿和稀有金属矿物，还有膨润土、砩石、硫、重晶石、水晶等非金属矿产资源。2002年，黄山入选中国国家地质公园（第二批）。2004年入选首批世界地质公园，成为同时获得世界文化与自然双重遗产以及世界地质公园三项最高荣誉的旅游胜地。2007年入选“中华十大名山”。2013年4月11日，包括黄山在内的联合国世界遗产系列邮票正式发行。这套世界遗产邮票全套共6枚，分别为万里长城、秦始皇兵马俑、敦煌莫高窟、北京故宫、拉萨布达拉宫和黄山。

三、风景秀美的黄山

黄山雄踞于安徽南部黄山市境内，山境南北长约40千米，东西宽约30千米，总面积约1200平方千米。其中，黄山风景区面积160.6平方千米，东起黄狮，西至小岭脚，北始二龙桥，南达汤口镇，分为温泉、云谷、玉屏、北海、松谷、钓桥、浮溪、洋湖、福固九个管理区，包括大小200多个景点。

黄山可分为六大景区，六大景区又分为前山和后山。前山是指慈光阁到光明顶，即温泉、玉屏楼、天海景区一带，主要景点有迎客松、半山寺、天都峰、玉屏楼、莲花峰、一线天、鳌鱼峰等；后山是指云谷寺到光明顶，即北海、西海景区一带，主要景点有始信峰、狮子峰、排云亭、西海大峡谷、飞来石、松谷庵等。而在众多景致中，又以“四绝三瀑”等异景最为引人瞩目。

（一）四绝三瀑

黄山以奇松、怪石、云海、温泉“四绝”闻名于世。

第一绝是奇松——黄山松。黄山松是黄山“四绝”之首，黄山“无处不石，无石不松，无松不奇”。黄山松是黄山自然景观的重要组成部分，它是由黄山独特地貌、气候而形成的中国松树的一种变体，一般生长在海拔800米以上的地方，针叶短而稠密，树冠平整，而且有较强的趋光向阳性，生命力非常旺盛。黄山可以数出名字的松树成百上千棵，而且每棵都独具魅力。其中最具代表性的就是迎客松。迎客松居黄山奇松之首，寿逾千年，姿态苍劲，两大侧枝横空斜出，好像伸开两臂，迎接远道而来的客人。

第二绝是怪石。黄山怪石，以奇取胜，已被命名的怪石有

120多处。这些怪石形态各异，妙不可言，如飞来石、猴子观海、梦笔生花、仙人晒靴、童子拜观音、松鼠跳天都等广为人知，黄山因此被誉为“天然巧石博物馆”。

第三绝是云海。“黄山自古云成海”，雨过初晴，云雾弥漫山谷，形成云海。黄山云海瞬息万变，气象万千，与黄山的奇松、峰林、巧石共同组成了一幅幅美丽神奇的画卷。因此，黄山又有“黄海”的别称，清代康熙皇帝就曾为黄山题写过“黄海仙都”的匾额。

第四绝是温泉。黄山温泉，水温常年在42℃左右，可饮可浴，而且有保健作用。提到温泉，不得不说说黄山的飞瀑流泉。“山中一夜雨，处处挂飞泉”，黄山沟壑纵横，水景众多，以人字瀑、百丈泉、九龙瀑最为壮观。

现在，黄山又增加了第五绝，即冬雪。每到严冬，五百里黄山到处银装素裹，冰雕玉砌，置身其间，仿佛进入扑朔迷离的童

黄山怪石 赵利军 摄

黄山雪景　赵利军 摄

银装素裹的黄山　赵利军 摄

话世界。

黄山有36源、24溪、20深潭、17幽泉、3飞瀑、2湖、1池。其中人字瀑、百丈泉和九龙瀑，并称为黄山三大名瀑。人字瀑古名飞雨泉，在紫石、朱砂两峰之间流出，清泉分左右走壁下泻，呈“人”字形，最佳观赏地点在温泉区的“观瀑楼”。九龙瀑，源于天都、玉屏、炼丹、莲花诸峰，自罗汉峰与香炉峰之间分九叠倾泻而下，每叠有一潭，称九龙潭。古人赞曰：“飞泉不让匡庐瀑，峭壁撑天挂九龙。”九龙瀑可以说是黄山最为壮丽的瀑布。百丈泉在黄山青潭、紫云峰之间，顺千尺悬崖而降，形成百丈瀑布。近有百丈台，台前建有观瀑亭。黄山年均有雾凇62天，雨凇35.9天。黄山大部分是粒状雾凇，气温在-2℃至-7℃时，就容易形成；当雾滴扩大到毛毛细雨时，就能形成雨凇。

（二）玉屏景区

黄山玉屏景区以玉屏楼为中心、莲花峰和天都峰为主体，前山就是指这一景区。沿途有“蓬莱三岛”“百步云梯”“一线天”“新一线天”“鳌鱼洞”等景观。玉屏楼地处天都峰、莲花峰之间，这里集黄山奇景之大成，故有“黄山绝佳处”之称，迎客松挺立在玉屏楼左侧，右侧有送客松，楼前有陪客松、文殊台，楼后是玉屏峰，“玉屏卧佛”在峰顶，头左脚右。峰石上刻有毛泽东草书“江山如此多娇”。楼东石壁上，刻有朱德元帅的“风景如画”和刘伯承元帅《与皖南抗日诸老同志游黄山》：“抗日之军昔北去，大旱云霓望如何。黄山自古云成海，从此云天雨也多。”

天都峰位于玉屏峰南1000米处，是黄山三大主峰中最为险峻的山峰，海拔1810米，有诗赞曰：“任他五岳归来客，一见天都也叫奇。”天都峰顶有“登峰造极”石刻。

莲花峰位于玉屏楼北，是黄山第一高峰，海拔1864.8米。从莲花岭至莲花峰顶约1.5千米，这段路叫莲花埂，沿途有飞龙松、倒挂松等黄山名松及黄山杜鹃。莲花峰绝顶处方圆丈余，中间有香砂井。

从莲花峰下山，过龟蛇二石、百步云梯，穿过鳌鱼洞，到达鳌鱼峰，此峰海拔1780米。下鳌鱼峰是天海，天海位于黄山前、后、东、西海之中，为黄山之中心位置。在天海高山盆地中，生长着多种植物，黄山园林部门利用气候条件，创建了天海高山植物园。天海近旁有海心亭、凤凰松等著名景点。

（三）北海景区

黄山北海景区是黄山景区的腹地，在光明顶与始信峰、贡阳山、白鹅岭之间，东连云谷景区，南接玉屏景区，北近松谷景区。是一片海拔1600米左右的高山开阔地带，面积1318公顷。北海群峰荟萃，石门峰、贡阳山，都属海拔1800米以上的高峰。海拔1690米的狮子峰在景区之中，峰上的清凉台是观赏云海和日出的最佳之处。

（四）温泉景区

黄山温泉景区古称桃源仙境，一般来说游览黄山均乘车至此，现为黄山旅游的接待中心之一。景区以揽胜桥为中心向四周辐射，桃花溪和逍遥溪贯穿其中，中心海拔高度在650米左右。由此到前山（慈光阁）登山口，公路里程为1500米，步行仅需25分钟，到后山（云谷寺）登山口，公路里程为7千米，有多班公交车可以抵达。

慈光阁，原为慈光寺，古称朱砂庵。始建于明朝嘉靖年间，万历年间普门和尚改寺名为法海禅院，名声渐大，传入宫廷，万历三十八年（1610）钦赐“护国慈光寺”。现为黄山前山登山入口，也是玉屏索道的入口。

（五）钓桥景区

黄山钓桥景区位于黄山西部，面积1655公顷，南起云门溪上的续古桥，北至伏牛岭，东起云际、石人二峰，西至双河口畔。景区以钓桥庵为中心，钓桥庵位于石人峰下，白云、白门两溪汇合处海拔610米，钓桥庵又名白云庵，明朝之前为道院，清康熙间改为佛庵，后沿用地名至今。

为了将白云景区、松谷景区和北海景区联为一体，黄山管委会组织开发了新景区——西海大峡谷。“千峰划然开，紫翠呈万

黄山云雾　赵利军 摄

状”的黄山西海大峡谷是黄山又一绝胜处，景区总面积约16.5平方千米。

（六）松谷景区

黄山松谷景区位于黄山北坡，是狮子峰、骆驼峰、书箱峰、宝塔峰之间的山谷合称。由芙蓉岭徒步上山，需蹬爬6500余级石阶，海拔高差1100米。游览松谷景区可以观赏到芙蓉峰、丹霞峰、松林峰、双笋峰等山峰，仙人观海、仙人铺路、老虎驮羊、关公挡曹、卧虎石等怪石，翡翠池、五龙潭等水景，芙蓉居、松谷禅林等古建筑。

（七）云谷景区

云谷景区位于黄山东部，海拔高度仅890米，是一处谷地。宋代丞相程元凤曾在此处读书，故名丞相源。明代文士傅严漫游至此，应掷钵禅僧之求，手书“云谷”二字，此后禅院改名“云谷寺”。云谷主要景点有云谷山庄、古树、怪石、“九龙瀑”和“百丈泉”。

四、文化丰厚的黄山

黄山文化资源可以用“五胜”概括，即历史遗存、书画、文学、传说和名人。黄山有着大量的历史文化遗存，如古登道、古楹联、古桥、古亭、古寺、古塔等，另外黄山历代摩崖石刻现存300余处，碑刻40余处。散见于历代文献，但经岁月流逝已不复存在的有30余处。摩崖石刻大多刻于风景奇特的峭壁之上，全山各景点和蹬道两侧皆有分布。黄山登山古道及古建筑肇始于唐代，形成于明清，发展于民国，完善于当代。历代铺筑蹬道的同时，还在沿线修建了一批时代特色鲜明、与自然风光互为辉映的楼台亭桥等景观建筑。登山古道以天海为中心，分为东、西、南、北四条主干道，辅以支道连接，形成贯通景区各景点的盘道网络。四条登山古道总长约40千米，有石阶2.6万余级。民国期间有过整修，新中国成立后陆续对全山蹬道进行过维护。目前，全山登道总长约85千米，有石阶6.3万余级。现保存较好的登山古道有10处：温泉至玉屏古道（包括罗汉级、翼然亭、披云桥、慈光阁、朱砂峰与天都峰老道、小心坡、渡仙桥等）、玉屏至北海古道（主要遗存有立雪台、莲花沟、阎王壁、百步云梯、鳌鱼洞等）、北海至西海古道（含排云亭）、清凉台至始信峰古道（包括狮林石坊、天眼泉、慧明桥、仙人桥、石笋矼等）、二龙桥至北海古道（包括二龙桥、芙蓉洞、芙蓉桥、福元桥、缘成桥、松谷亭、乌龙亭、松谷庵、刘门亭等）、云谷寺至北海古道（包括仙灯洞、皮篷路、吟啸桥等）、苦竹溪至云谷古道（包括九龙瀑、灵锡泉等）、温泉至云谷寺古道（包括汤泉、紫云楼、紫云桥、观瀑亭、万松亭、梅屋等）、温泉至小岭脚古道（包括观瀑楼、听涛居、汤岭关、白龙桥、续古桥、延寿桥、白云庵等）、夫子山至轩辕峰古道（主要遗存有麟趾桥、重兴桥、福固寺遗址、间默洞天等）。除上述登山古道和古建筑遗迹外，黄山在桃花峰、云门峰、洋湖、翠微寺等地段尚有零星分布的古道。黄山登山古道开发历史早，延续时间长，分布区域广，是黄山建设发展的珍贵历史物证。其自然景观与人文景观俱佳，映射出尊重自然的设计理念和天人合一的人文思想，是山岳景观建筑艺术的典范，也是儒、释、道、民俗等多元文化交融的成果，具有较高的历史、科学、艺术价值，是人类宝贵的文化遗产。

从书画艺术来看，黄山孕育了中国山水画的一个重要画派——“黄山画派”。明末清初，石涛、梅清、渐江等具有鲜明个性和艺术风格的画家，以黄山为师，不断从黄山山水中汲取灵感，丰富自己的艺术创作，在画坛独树一帜，长盛不衰，影响深远。其后近现代画家黄宾虹、刘海粟、张大千等一批大家继承了黄山画派的风格，推出一批批力作。其中刘海粟先生十上黄山，黄宾虹先生九上黄山，张大千先生刻制了一枚“三到黄山绝顶人”的印章，均与黄山结下了不解之缘。

从文学流传来看，古往今来，咏赞黄山的诗词歌赋不计其数，从盛唐到晚清的1000多年间，有文字记载的赞颂黄山的诗词就有2万多首。从唐代李白、贾岛，到明清石涛、郑板桥，乃至现代的郭沫若、叶圣陶、张大千、刘海粟等寄情黄山，无不留下了名贵的诗文画作。有关黄山的散文数百篇，如徐霞客的《游黄山日记》，袁枚的《游黄山记》，叶圣陶的《黄山三天》，丰子恺的《上天都》等，都赞美了黄山绝美秀丽的风姿。

从历史传说来看，黄山就是因传说而得名。黄山古称黟山，相传轩辕黄帝曾在黄山采药炼丹，在黄山温泉沐浴七七四十九天后返老还童，羽化升天。唐玄宗信奉道教，听说了这个故事后，特于“唐天宝六载六月十七日敕改为黄山”。所以，黄山意为黄帝之山，不是黄颜色的山。另外，黄山还有许多其他传说故事，如龙的传说、历史人物传说、地方风物传说等。其中黄帝炼丹、李白醉酒、仙人指路、仙女绣花等故事传说广为传颂。

但凡名山大川，都会留下许多名人的足迹，黄山也不例外。我们虽然不能把名人直接归类为文化，但他们来到黄山，会有许多故事留下，也会有许多作品留下，他们的故事和作品就会成为千古佳话，丰富了一个地方的文化。如明代地理学家徐霞客、唐代大诗人李白、敬爱的周恩来总理、改革开放的总设计师邓小平同志等，他们都曾登临黄山，为黄山增色。

黄山宗教艺术文化遗存也十分丰富，有唐翠微寺、宋松谷庵、明慈光阁等寺观。唐代道教旧籍中，关于轩辕黄帝和容成子、浮丘公来山炼丹、得道升天的仙道故事，流传千年，影响深广，至今还留下许多与上述神仙故事有关的峰名，如轩辕峰、浮丘峰，以及炼丹、仙人、上升、仙都、道人、望仙诸峰。黄山山名，亦与黄帝炼丹之说有关。道教在黄山建立较早的道观有浮丘观、九龙观等。宋末道士张尹甫在黄山修炼，创建松谷道场。明末以后，全山范围内便无道教活动的踪迹。

据《黄山图经》记载，佛教早在南朝刘宋间就传入黄山，历代先后修建寺院近百座，祥符寺、慈光寺、翠微寺和掷钵禅院，号称黄山“四大丛林”。黄山历代僧人中，能诗善画者多，著名的有唐代岛云，明代海能、弘智、音可、元则、王寅，清代大均、大涵、檗庵、渐江、雪庄等，都有作品传世。

五、丰富多彩的黄山风土民俗

黄山民俗众多，风情浓厚。这里的古风、古俗、古趣别具一格。有精彩纷呈的抬阁、跳钟馗、舞板龙等，还有妙趣横生的哭嫁、背新娘等，以及高雅别致的徽州茶道、宋祠堂会等。有不少民俗已在都市生活中绝迹，但依然有一部分沿袭至今，如重阳庙会、渔梁亮船会、赛龙舟等。

赛龙舟

每年阴历五月初五日端午节，黄山凡沿河的城镇均会举行赛龙舟，尤以屯溪赛龙舟为盛。龙舟是利用民船在其前后装上龙头龙尾，中间安上跳水架而成。赛龙舟前先举行跳水比赛，俗称“打漂”，凡有一定跳水技巧者都可参加。龙舟先在长干塝、渔埠头一带江面游弋，过了中午，集中在屯溪桥下跳水，随后进行赛龙舟。届时彩旗招展，金鼓齐鸣，沿江两岸，观众云集，气氛热烈。

跳钟馗

这是一种民间舞蹈，又称“嬉钟馗”，流行于今徽州区岩寺镇、歙县朱家村一带。据说明万历年间就有此习俗。每年端午节，这些地区都要“嬉钟馗”，以求驱邪恶、降神福，保佑村民平安。古时“嬉钟馗”是以木偶架在肩上嬉耍，后发展为由人扮演钟馗，在村中巡游嬉耍。近年来，歙县郑村镇的堨田村，每年端午节都要举行这项活动。

抬阁

这是流行于休宁、屯溪的一种民间游艺，又称“抬角”。抬阁共分上、中、下三层，将俊俏儿童装扮成一出出故事造型，安置在三层抬阁上，底盘由四至八名彪形大汉抬着。抬阁的四周用纸扎成龙、凤、鹤、祥云、水花等彩灯，巡游时彩灯内点燃蜡烛，映照着服装鲜艳的儿童，远远望去，酷似天仙下凡。抬阁上的人物不唱不做，但配上鼓乐开路、锣钹断后，热闹非凡。如今，屯溪隆阜还经常组织抬阁队上街。

重阳庙会

这是屯溪近郊临溪镇的传统庙会，以迎神和唱戏为特色。阴历九月初七，由临溪镇七大姓轮流主持，组成200余人的仪仗队来榆村接周王菩萨，敲锣打鼓，十分热闹。初九（重阳日）庙内香烟缭绕，善男信女从四处赶来向周王菩萨顶礼膜拜。而搭台唱戏是为了娱神，镇上从八月底就分别在上村、中村和下村同时演出，戏一唱就是两日两夜或三日三夜，或从日落唱到日出“两头红”。四面乡民都来赶庙会，热闹非常。

五猖会

这是黄山市休宁县海阳的民俗，于阴历五月一日举行。庙会当日，四乡百姓云集海阳烧香，祈求五猖神主驱鬼祛邪，消凶化吉。青白黑红黄绿蓝各色旗子飘扬，十景担、肃静牌、万民伞、纸扎猪马牛羊偶像、牌楼跟上，接下来是地方戏队伍、杂耍队。

渔梁亮船会

歙县渔梁船民每逢农历闰月这年的九月或十月，用两只木船并联成一对，卸去船篷，用竹木制架，外包纱布，扎成亭、塔、楼、阁、牌坊、鲤鱼等，内燃烛灯。灯旁是乐队，笙歌齐奏，锣鼓喧天。亮船一共六对，其后还有好几只木船尾随。会期在渔梁

黄山迎客松
赵利军 摄

坝练江上下游，各遨游一夜。波光灯影，十分壮观。亮船又叫水游，同时还有旱游，即岸上乡民们玩灯、敬各种菩萨。江中岸上，水游和旱游交相辉映、妙趣无穷，四乡百姓云集观赏、热闹非凡。

黄山语言主要以徽州方言为主，是一种与普通话差别很大的语系，独具特色，温软且充满韵味。不过，徽州方言颇复杂，县县有别，隔山相异，可谓一本活生生的语言百科全书。游客来到此地多数听不懂，就连土生土长的徽州人出了辖区，也有听不懂其他县区话的情况。常用语言：早中晚三顿饭——分别叫“天光”“当头”“乌昏”；你好——“恩和”；便宜点——“比你顶”；不行——“不先干”；你是哪里人——“恩西拉里样”；老街怎么去——“勒嘎西乌克”；睡觉——“快宫”；这是什么——“嘎西得么”。

六、世界遗产申报标准

1990年联合国教科文组织世界遗产委员会根据遗产遴选标准（2）（5）（7），批准黄山为世界文化与自然双重遗产。评价是：黄山，在中国历史上文学艺术的鼎盛时期（16世纪中叶的“山水”风格）曾受到广泛的赞誉，以“震旦国中第一奇山”而闻名。对应遴选标准，黄山具有以下特点：

黄山风景区自唐代被命名为黄山以来，吸引了许多游客，包括隐士、诗人和画家，他们通过绘画和诗歌歌颂黄山令人心旷神怡的景色，创作出一系列享誉全球的艺术和文学作品。元朝期间，山上有64座寺庙。1606年，普门法师来到黄山，兴建了慈光寺，后扩建为法海禅院。明朝（约16世纪）描绘黄山已成为中国山水画家最喜欢的主题，从而形成了有影响力的山水画派。黄山景色展现出人与自然的互动，激励了中国历代艺术家与作家。

黄山壮丽的自然风光，其中大规模的花岗岩石、古松、云海为景区增色不少。黄山有72座壮观山峰，其中主峰莲花峰海拔1864.8米，与光明顶、天都峰并称黄山三大主峰。还有经过复杂的地质演变形成的天然石柱阵、奇峰异石、瀑布、溶洞、湖泊、温泉等戏剧性景观。

黄山生态系统稳定平衡，植物群落完整并呈垂直分布，为全球许多濒危物种提供了栖息地。景区森林覆盖率为84.7%，植被覆盖率达93.0%，有高等植物222科827属1805种，有黄山松、黄山杜鹃、天女花、木莲、红豆杉、南方铁杉等珍稀植物，首次在黄山发现或以黄山命名的植物有28种。其中属国家一类保护的有水杉，二类保护的有银杏等4种，三类保护的有8种，有石斛等10个物种属濒临灭绝的物种，6种为中国特有种，尤以名茶“黄山毛峰”、名药“黄山灵芝”最为知名。黄山是动物栖息和繁衍的理想场所，动物种类也极为丰富。

完整性

所有体现黄山价值的元素都被划入遗产保护区范围。这是一个非常优美的自然区保留冰川的案例。天然石柱阵、奇峰异石、瀑布、溶洞、湖泊、温泉等都得到良好保护。古寺庙（超过20座）遗址、岩石铭文等完好无损。大约有1600人生活在该地区，其中大部分是工作人员和他们的家属。

灵动性

黄山的壮观景色催生了一些中国优秀的绘画和诗歌，以及寺庙建筑创作。747年的唐代传奇描述了黄山为长生不老药的发现地。明清时期的山水画派，代表画家为梅清、原济（石涛）、弘仁（渐江）、虚谷、雪庄等。这些画家的作品多与黄山有关。石涛的

《苦瓜和尚画语录》，阐述了他对山水画的认识，在中国画史上具有十分重要的意义。黄山也成为许多伟大文化成就的灵感源泉。

参考文献

1.联合国教科文组织世界遗产中心编纂，王彩琴译:《联合国教科文组织世界遗产》第四卷，海燕出版社2004年版。

2.丘富科主编:《中国文化遗产辞典》，文物出版社2009年版。

3.景才瑞编著:《黄山》，科学出版社1984年版。

4.张锦编著:《黄山》，吉林出版集团有限责任公司2013年版。

（撰稿：张　卡）

三沟九寨六绝地，高山峡谷瀑布景

——九寨沟风景名胜区

九寨沟风景名胜区，简称九寨沟，位于四川省阿坝藏族羌族自治州九寨沟县漳扎镇境内，距离省会成都400多千米，是中国第一个以保护自然风景为主要目的的自然保护区。它因三沟九寨而得名，内有树正沟、则查洼沟和日则沟三条呈“Y”字形分布的主沟以及树正寨、则查洼寨、黑角寨、荷叶寨、盘亚寨、亚拉寨、尖盘寨、热西寨、郭都寨九个藏族村寨。九寨沟因其山水驰名天下。1982年，国务院将九寨沟列为第一批国家重点风景名胜区；1992年12月，联合国教科文组织世界遗产委员会正式将九寨沟列入《世界遗产名录》。作为大自然亿万年造就的杰作，九寨沟景区从此迎来了新的发展契机。

俯瞰九寨沟　庞玉成 摄

一、九寨沟的旖旎风光

九寨沟地处青藏高原向四川盆地过渡地带、岷山南段弓杆岭东北侧，是长江水系嘉陵江上游白水江源头的一条纵深50余千米的大支沟，总面积达64297公顷，森林覆盖率超过80%。沟内长海、剑岩、诺日朗、树正、扎如、黑海六大景区呈“Y”字形分布；翠海、叠瀑、彩林、雪峰、藏情、蓝冰，被称为九寨沟“六绝”；泉、瀑、河、滩以及114个“海子”（当地人称湖泊为“海子”），随着季节和阳光照射角度的变化呈现出不同层次的色彩变幻，构成一个个瑶池玉盆。

（一）独特的地形地貌

九寨沟地势南高北低，山谷幽深，高差悬殊。由于地质背景复杂，九寨沟碳酸盐分布广泛，褶皱断裂发育，新构造运动强烈，地壳抬升幅度大，造就了高山、坡地、峡谷、湖泊、瀑布、溪流、山间平原等多种地貌，发育了大规模喀斯特作用的钙华沉积。以植物喀斯特钙华沉积为主导，形成了沟内艳丽典雅的群湖、奔泻湍急的溪流、飞珠溅玉的瀑群、古穆幽深的林莽和连绵起伏的雪峰，这些地貌景观的和谐组合，构成了独具特色的艺术胜境。除此以外，九寨沟角峰、刃脊、冰斗、U字谷、悬谷、槽谷等地貌类型发育十分典型。槽谷延伸至海拔2800米的地方，谷地古冰川侧碛，成为我国第四纪冰川保存良好的地方之一。

（二）绝美的自然景观

九寨沟大部分景点集中分布于呈“Y”字形分布的树正沟、日则沟、则查洼沟三条主沟内，纵横50余千米。由沟口经树正

九寨沟的水
庞玉成 摄

沟，左至则查洼沟顶部长海，海拔为3060米；右至日则沟顶部原始森林，海拔逐渐升高到3000米左右。沟谷由低到高，景观由简到繁，错落有致，犹如一首气势恢宏的交响乐，由序曲到高潮，不断变化，步步引人入胜，令人脱尘忘俗。其间有呈阶梯状分布的大小“海子”114个，“海子”之间有17个瀑布群、11段激流、5处钙华滩流，形成集翠湖、叠瀑、滩流、雪峰、彩林、蓝冰为一体，以高山湖泊群、瀑布群、钙华滩流为特色，展现原始美、自然美、野趣美的高原音画。九寨沟也因水景规模之巨、数量之众、形态之美、环境之佳，位居中国风景名胜区水景之冠，有“黄山归来不看山，九寨归来不看水”之美誉。

1.树正沟

树正沟是日则沟和则查洼沟汇合后北向的峡谷，全长约14千米，共有“海子”40余个，顺沟叠延。沟口至荷叶坝7000米段，为九寨沟的序幕，林木葱郁，鸟语花香。荷叶坝到犀牛海为树正沟景区段，前后有多姿多彩的盆景滩、漾绿摇翠的芦苇海、神奇诡秘的卧龙海、水声如雷的老虎海等景观，一路碧水，一路惊叹，使人目不暇接。

（1）盆景滩

盆景滩，又称“盆景海”，是进入九寨沟的第一处滩流景观。盆景滩的钙华滩坡度舒缓，杜鹃、杨柳、松树、柏树、高山柳和各种灌木丛矗立水中，形成了千姿百态的自然盆景。这些盆景盘根错节，浑然天成，没有人为的造作与雕饰，凭借无与伦比的自然和谐之美展现了更高层次的美学意境。无数的“盆景”散落在浅滩之中，或张扬婆娑，或简洁修长，或盘曲如龙，或探水如虹，姿态万般，千奇百怪。盆景滩是九寨沟的立体轻音乐，潺潺的流水声、悦耳的鸟啼声和一座座妙趣横生的“盆景”交织在一起，构成了令人心动的天籁。

（2）卧龙海

卧龙海，海拔2215米，深22米，是蓝色湖泊典型的代表。卧龙海底部有一片乳黄色的碳酸钙沉淀物，外形就像是一条沉卧水中的巨龙，栩栩如生。湖面平静时，透过清澈的湖水，卧龙如同沉睡水底，宁静祥和；微风轻拂湖面，泛起阵阵涟漪，龙身仿佛徐徐蠕动；风稍强时，湖面波浪起伏，卧龙就像梦中乍醒，摇头摆尾；如果山风强劲，平静的湖面瞬间破碎，卧龙霎时消失得无影无踪。这不禁令人感叹卧龙海的神秘莫测。卧龙海四周还长满了各色花草树木。春夏季节，绿意盎然，“海子”蓝绿色的水愈显浓烈，醉人心田；秋风时起，满堤红叶倒映于湖光山色之中，美不胜收；冬日冰封，万物银装素裹，阳光洒下，湖面染上更加美轮美奂的色彩。

（3）火花海

曾经，在双龙海与卧龙海之间，还有一个天然海子——火花海。然而，2017年8月8日21时19分发生的那场7.0级大地震，火花海的水流失殆尽，天公之美又被“天公”收回。2021年9月28日，恢复开放。

火花海，又称火花池，所处海拔约2187米。海子的四周是茂密的树林，湖水掩映在重重的翠绿之中，像一块晶莹剔透的翡翠。每当晨雾初散、晨曦初照时，湖面会因为阳光的折射而星星点点、跳跃闪动，好似有朵朵火花燃烧，因而得名火花海。

火花海的成因是泥石流堆砌，消失也由自然一手导致。但无论如何，它曾经美得如梦如幻。九寨沟浩浩汤汤几亿年的成长，在创造中毁灭，又在毁灭中创造。由于地震，火花海水流下泄，其下游的双龙海区域水体面积扩大，形成了气势磅礴的双龙海瀑布新景观。可以说，火花海以另一种方式延续着它的震撼人心之美。

2.则查洼沟

诺日朗瀑布向南，岔道将九寨沟分为两路，朝向正南方向纵深而去，经则查洼寨进入则查洼沟。则查洼沟全长约17.8千米，是景区内海拔最高的游览路线。沿途经过下季节海、上季节海和五彩池，最后到达海拔约3150米的长海岸边。沿途满目苍翠、百鸟放歌。

（1）诺日朗瀑布

“诺日朗”在藏语中意指男神，也有伟岸高大的意思。诺日朗瀑布海拔约2343米，高约24.5米，瀑宽约320米，为后退式瀑布，是迄今为止我国发现最宽的钙华瀑布。站在观景台上驻足远望，瀑布全景尽收眼底，不论是畅快淋漓的“银河”飞溅，还是凝冰而成的冰晶世界，都足以震撼每一位游客的心灵。清晨阳光照耀，瀑面上常可看见彩虹横挂山谷，为瀑布更添一份迷人丰姿。寒冬时节，瀑布就成了一幅巨大的冰幔，无数的冰柱悬挂于陡崖之上，成为一个罕见的冰晶世界，造型各异的冰雕迎光透着幽幽的蓝色魅惑，这也是九寨沟六绝之一——蓝冰。

（2）五彩池

五彩池，毗邻上季节海，海拔3010米，深6.6米，深藏于公路下边的河谷之中。五彩池向来以秀美多彩、纯洁透明闻名于天下，它是九寨沟湖泊中的精粹，也是最精致的“海子”，被世人称为“九寨之眼”。五彩池明澈透亮，池底砾石棱角、岩面纹理一一分明。由于池底沉淀物的色差以及池畔植物色彩的不同，原本湛蓝色的湖面变得五彩斑斓。同一湖泊里，有的水域蔚蓝，有的湾汊浅绿，有的水色绛黄，有的流泉粉蓝。每当日头当顶、山风吹拂或以石击水时，湖面溅开一圈圈金红、金黄或雪青的涟漪，变化无穷，煞是好看。

（3）长海

长海，海拔3101米，长约4350米，深达90米，面积约为200万平方米，位于则查洼沟的尽头，呈S形分布。长海属冰川堰塞湖，是九寨沟海拔最高、面积最大、湖水最深的“海子”。“海子”对面雪峰皑皑，冰斗、“U”字形谷等典型冰川景观历历在目，岸旁林木茂盛，一眼望去，水似明镜，巍巍雪峰沐浴在蓝天白云之中，壮观奇丽。长海水源来自高山融雪。令人奇怪的是，长海四周都没有出水口，但夏秋雨季水不溢堤，冬春久旱也不干涸，因此九寨沟当地人称之为装不满、漏不干的“宝葫芦”。

3. 日则沟

从诺日朗瀑布另一方岔道行进便是日则沟。日则沟全长约有18千米，这一路景点密集，有镜海、珍珠滩、金铃海、孔雀河道、五花海、熊猫海、箭竹海，经过日则沟保护站，再穿过海拔约3000米的天鹅海、芳草海，便到了日则沟的尽头——绝壁千仞的剑岩。再往南便是万顷林莽的原始森林。

（1）珍珠滩

珍珠滩，海拔2433米，为一扇形钙华滩流，是九寨沟绝景之一。它是1986版电视剧《西游记》片头中唐僧师徒牵马涉水的地方，也是单机RPG游戏《古剑奇谭：琴心剑魄今何在》里位于虞山的一个风景优美的迷宫场景。珍珠滩由于一面坡度平缓，滩面上生长着大量的藻类和星罗棋布的喜水灌丛。因“生物喀斯特”作用及流水中的化学沉积，滩面呈鳞片波纹状分布。清澈的激流在此溅起无数碎浪，在阳光下耀眼夺目，好似颗颗滚动的珍珠，珍珠滩之名由此而来。

（2）五花海

五花海，海拔2472米，水深约5米，面积达9万平方米。在九寨沟众多“海子”中，五花海名气最大，被誉为“九寨精华”。五花海变化丰富，姿态万千。从老虎嘴观赏点向下望去，五花海犹如一只开屏孔雀，色彩斑斓，令人眼花缭乱，美不胜收。远远望去，映入眼帘的是五花海怀抱中的青绿、墨绿、深蓝、藏青、金黄，还有一些说不清道不明的色彩所拼成的层次分明的斑斓倩影，它们相互错杂却不混沌，相互映衬却不侵蚀，色彩绝伦，美得恰到好处。

（3）原始森林

九寨沟原始森林，占地2000多公顷，位于九寨沟的最南端。这里空气清新，尘埃少，噪声低，空气中氧和负氧离子含量高，是天然的大氧吧。漫步其间，心中满是宁静与恬然。林中，白雾轻绕，古木参天，直立云霄，树天相接的雄浑气派展露无遗。林中还生活着众多珍贵的动物，它们是林中精灵，跃动着生命的和谐旋律，带给原始森林无限生机与活力。

4. 扎如沟

扎如沟是九寨沟绝美音画的最后一个乐章，位于海拔约2026米的东北部，南北长17千米，东西宽14千米，面积达106平方千米，属九寨沟的第四沟。宝镜崖是扎如沟的第一道风景线，其崖高约400米，临溪矗立，平整的表面如刀劈斧削一般，远远望去像是一面硕大无比的宝镜。相传这面宝镜是镇鬼所用，因此也称为“魔鬼崖”。沟内以山景为主，其中扎依扎嘎神山为最高峰，山峰海拔4400米，屹立在扎如马道的尽头，是当地居民心目中的圣地。山脚有马道、藏寨、扎如寺，山间有清泉、翠林、瀑布和为数不多的“海子”。此间还有小木桥、牧场、红池、扎如沟黑海等景点。

（三）地域鲜明的人文景观

九寨沟在历史上就是民族融合的大走廊，长期以来即为藏族聚居地，神秘凝重、地域特色鲜明的藏族文化与奇异的山水风光融为一体，相得益彰。九寨沟拥有独具特色的人文景观，其中以藏寨风情和宗教信仰最具代表性。

藏民的衣食住行是藏寨风情的集中体现，其间蕴含着深厚的文化渊源，也反映着当今的时代走向。

九寨沟藏族的服饰与西藏地区的大同小异，特点是大领、长袖、宽袍、无纽扣、系腰带。男子喜戴礼帽，内着白色单衣，外搭红、紫、黑、咖等色的呢子长衫，领子、袖口和下摆多用五色绒镶嵌，系红色或黄色的腰带，腰间佩挂藏刀；女子喜戴羔皮圆形帽，耳佩缀有玉、珠等物的金耳环，项挂玛瑙、琉璃、珊瑚或玉石精制的串珠式项链，双手佩戴金、银、象牙或玉石镯子，腰间加系金银珠宝装饰的红色窄皮腰带。在色彩方面，居民们极喜欢大红、大绿、宝蓝、金黄等纯度高的颜色。

藏餐的口味讲究清淡、平和，很多菜除了盐巴和葱蒜，不放任何辛辣的调料。糌粑、酥油、茶叶和牛羊肉被称为藏族饮食的“四宝”。平日饮食以熏烤肉为主，辅之以青稞酒、酥油茶、酸奶等饮品；待客多用奶茶、蕨麻米饭、灌汤包子、手抓羊肉、大烩菜、酸奶这六道食物，饱含民族风情。由于视翠海中的鱼类为水中精灵，当地居民一般不吃鱼类，这也是他们饮食的突出特点。

藏寨民居多为土木结构，在藏式村寨及宅院布局的基础上加入了汉族的披顶、翘屋角、圆洞门等建筑元素。屋内一般分为三层：底层关牲畜（土房）及储藏土豆、萝卜等根类蔬菜；第二层为家人和神灵菩萨共同居住用，重要物品也存放在第二层；第三层储藏粮食、草料及竹、木质农具等。因为当地居民多为藏传佛教信徒，他们会将各式各样的保护神画在墙壁上，同时在家中放置转经轮，供奉佛龛，以保佑全家平安。

随着时代的变迁，作为世界遗产地的九寨沟与外界的交往日益频繁，居民们传统的衣食住行呈多元化趋势。比如传统的藏族服饰如今只是在节日、婚嫁等有仪式活动的日子穿戴；民居也加入了砖结构和混凝土结构的非藏式现代元素。

藏族人民一方面保持着自身独特的文化传统，如神秘的原始宗教，繁复的建筑风格、服饰风格，热情奔放的节日盛典等；另一方面，他们和周围羌、回、汉各民族和睦相处，彼此影响渗透，形成多元的文化格局。勤劳、勇敢、智慧、质朴的藏族人民在这块富饶而又神奇的土地上繁衍生息，创造了辉煌、璀璨的藏族文化，为中华民族文化宝库增光添彩。

二、九寨沟物华天宝

九寨沟作为独特的地质过渡带和多种自然要素交汇的生态景观区，不仅因其各具特色的水体景观资源及各种发育良好的高原地貌和西南山地地貌景观在国内风景区中具有独一无二的优势，而且还有水平分布类型多样性及垂直分布地带变化性的植物资源，另外还拥有多种一级珍稀野生动植物资源，具有非常典型的自然生态价值。

美丽的自然风貌
庞玉成 摄

（一）独特的地貌资源

除了拥有发育良好的高原地貌和西南山地地貌景观，九寨沟还拥有完整的冰川遗迹，它为其独特风光奠定了基础。九寨沟的山水形成于第四纪古冰川时期，有许多山地海拔在4000米以上的雪线。随着冰川期气候的到来，高山上发育了冰川，山谷冰川又延伸到海拔2800米的谷地，留下了多道终碛、侧碛，形成堤埂，阻塞流水而形成了堰塞湖，长海就是典型代表。至今，这里仍保存着第四纪古冰川遗迹，冰斗、冰谷十分典型，悬谷、槽谷独具风韵。

九寨沟的钙华有着自身的特点。钙华指的是湖泊、河流或泉水所形成的以碳酸钙为主的沉淀物。由于流水、生物喀斯特等综合作用，以钙华附着沉积形成了池海堤垣。随着时间的推移，钙华层层堆高，垂直河流的方向形成了大小不等的钙华堤坝，堵塞的水流形成了湖泊或阶梯状的海子群。水流的外溢下泄，又形成了高大的瀑布或低矮的跌水，加上一些水生植物如苔藓及藻类的繁衍，不少湖泊就变得五彩缤纷，造就了九寨沟多姿多彩的独特景观。

（二）丰富的生物资源

九寨沟为多种自然要素交汇地区，山地切割较深，高差悬殊，植物垂直带谱明显，植物资源丰富。现有天然森林近3万顷，高等植物2576种，其中国家保护植物24种。低等植物400余种，其中藻类植物212种，首次在九寨沟发现的藻类达40余种。植被类型多样，隐藏着不同气候带的地带性植被类型。植物区系成分十分丰富，几乎包括了所有大的世界分区。许多古老、孑遗植物保存良好，如白垩纪末、第三纪初的孑遗植物独叶草、星叶草、箭竹等，形态上原始的领春木、连香树、独叶草等对于研究植物系统演化及植物区系的演变，均有一定的科学价值。

九寨沟野生珍稀动物资源也极为丰富，具有很多地方所没有的珍稀品种。有陆栖脊椎动物122种，其中兽类21种，鸟类93种，爬行类4种，两栖类4种。国家级保护动物18种，有一级保护动物大熊猫、金丝猴、豹、白唇鹿、扭角羚、绿尾虹雉；二级保护动物猕猴、小熊猫、林麝、斑羚、蓝马鸡、红腹锦鸡、红腹角雉、斑尾榛鸡、雉鹑、金雕等。1997年10月，九寨沟正式加入世界生物圈保护网络，成为联合国教科文组织发起的有关人与环境关系全球性科学计划的组成部分。

丰茂的岸边林木
庞玉成 摄

三、九寨沟的美丽传说

从科学的角度看，九寨沟翠海叠瀑的形成是由地壳变动、流水和生物钙华作用等多种因素所致。但是面对这里的奇山异水，藏族先民们有着自己的美丽诠释：

很久很久以前，有个名叫达戈的男神，热恋着美丽的女神沃洛色嫫。他送给沃洛色嫫一面宝镜作为爱情信物。沃洛色嫫接过宝镜欣喜不已，可她不慎将宝镜跌落，跌落的宝镜碎成114个“海子”镶嵌在山谷幽林之中，从此便有了这童话仙境般的九寨风光。

后来，一场天灾将九寨沟变成了一片荒凉之地，百姓流浪远方。达戈和沃洛色嫫决心用神力共同重建这“人间天堂”。然而狡诈丑陋的魔鬼歇幺十分嫉妒这对相爱的人。一天，他趁色嫫不备，偷偷将一粒用“忘情花”制成的丸药放进了色嫫的奶茶里，色嫫喝下了含药的奶茶再也认不出相爱至深的恋人，她听从了魔鬼，准备嫁给“万山之祖”扎依扎嘎。这个传说后来有两个结局：有人说，达戈用真挚的爱情感动了忘情的色嫫，并借助一位峨眉高僧的点化，用“勿忘我”草制成药水恢复了色嫫的记忆，最后有情人终成眷属；也有人说，色嫫最终还是嫁给了万山之祖扎依扎嘎，成了高贵的王后。痴情的达戈永远不能靠近自己的爱人，只能站在远方眺望色嫫。这就是扎依扎嘎山、达戈山和沃洛色嫫山的来历。

扎依扎嘎山被视为九寨沟地区最为重要的神山，受到累年不断的朝拜与敬仰。农历六月和七月十五的转山朝拜以及四月的嘛智节，都在这里举行。信徒们成群结队，有的骑马，有的步行，沿着山麓绕神山转动，祈求神佛赐福。信徒们相信正是因为神灵的庇佑，圣山附近才成为川北地区生态环境保护最好的区域之一，各种野生动物种群和珍稀植物资源才如此丰富。

四、九寨沟涅槃重生

九寨沟因其独具一格的自然风光于1992年被联合国教科文组织世界遗产委员会列入《世界遗产名录》，迎来了新的发展机遇。随着游客的激增，九寨沟获得了可观的经济效益，但也带来了巨大的环境隐患。面对持续增温的旅游热，以及由旅游热带来的城市化、商业化及人工化冲击，九寨沟并没有重蹈覆辙，而是采取保护性开发战略，走生态保护与旅游开发相协调的可持续发展之路。

2017年8月8日，一场7.0级的地震降临九寨沟，造成火花海等部分遗产点严重受损，次日起停止游客接待。面对着一条“没有先例”的重建之路和守护自然之路，九寨沟世界遗产管理局作为九寨沟世界自然遗产地的管理机构，与国际自然保护联盟（IUCN）遗产部签订合作备忘录。双方通过建立信息共享机制，开展技术研讨、能力建设、项目合作等工作，有力有序地推进九寨沟灾后恢复工作，积极探索世界自然遗产地的修复保护新模式，有效提升九寨沟世界自然遗产地的保护、监测、科研与管理水平，全面促进了九寨沟可持续发展，成为世界遗产保护管理的典范。

通过积极的灾后修复，九寨沟于2020年3月31日正式开园迎客。两年多来，九寨沟全面治理景区地灾隐患点141处，开放区域游览安全得到了有效保障；通过加快修复受损山体、植被，景区生态环境、生态系统得到明显恢复；除此之外，景区内优化升级旅游栈道45千米、旅游公路52千米及环保厕所、休息亭47座，大幅改善了景区开放区域通行条件，提高游览服务设施和游览体验度。值得一提的是，景区标志性建筑——沟口立体式游客服务设施已完成项目主体，该项目投入使用后将极大提高游客旅游舒适度和景区运行效率。可以说，灾后重建完成后的九寨沟，将成为一个生态环境自然美丽、灾害防治安全有效、旅游服务整体提升、人与自然和谐发展的世界级一流景区和世界级旅游目的地。

（撰稿：周跃群）

天地仙境，人间瑶池

——黄龙风景名胜区

黄龙风景名胜区，位于四川省西北部，与九寨沟毗邻，是由众多雪峰和中国最东部的冰川组成的山谷。景区地处岷山山脉腹地，以巨大的地表钙华覆盖在林海与冰峰之间，好似金龙蜿蜒。这一带平均海拔3000米以上，常年积雪的山峰更为其增添了神秘的色彩。其核心区域点缀着大大小小三千多个五光十色的彩池，

五彩斑斓的黄龙景区
庞玉成 摄

被人们称为人间瑶池。1982年10月，黄龙风景名胜区被中华人民共和国国务院审定为国家重点风景名胜区；1992年12月，黄龙风景名胜区正式被联合国教科文组织作为自然遗产列入《世界遗产名录》。

一、旖旎的自然风光

（一）雄奇的地质地貌

黄龙风景名胜区总面积达700平方千米，由黄龙本部和与之相距15千米的牟尼沟两部分组成。黄龙本部包括黄龙沟、施家堡以上的整个涪江源流域和雪栏山峰丛区、红星岩峰丛区及雪山梁至川主寺山口段；牟尼沟部分包括岷江支流牟尼沟的扎尕和二道海两条相邻支沟。

由于处于三大地质构造单元的结合部，地壳变形强烈，褶皱频繁，断层交错，断块发育。摩天岭东西构造带西延部分的雪山断裂、岷江断裂、扎尕山断裂在此交会，属强烈而频繁的地震活动区。

黄龙位于青藏高原东部边缘向四川盆地过渡地带，是中国第二级地貌阶梯的坡坎前缘部位，各种地形单元汇集，地貌形变较大，切割程度较深。区内最高峰岷山主峰雪宝顶海拔5588米，终年积雪，是中国存有现代冰川的最东点。从雪宝顶至红星岩、尕尔纳一线，是岷江、涪江和嘉陵江三江源头分水岭，向东围合成完整的涪江江源流域。黄龙风景名胜区最低点扇子洞海拔1700米。海拔3700—4000米以上地带为悬崖绝壁，基岩裸露，保存较多冰川地貌遗迹。海拔3700米以下植被发育繁茂，但峡谷地段陡峻。全区发育与热带显著不同，由上部高寒喀斯特堆积的黄龙沟钙华体及其地貌最为壮观，它与牟尼沟钙华瀑布、湖泊、丹云峡喀斯特峡谷，构成黄龙主体景观。

黄龙风景名胜区地跨岷江流域，只有黄龙沟景区部分属于涪江流域。黄龙本部属涪江水系，牟尼沟景区属岷江水系。水系坡陡河窄，河水主要靠大气降水沿坡面径流补给。径流年际变化大，季节性强。区内地下水发育，丰富的碳酸盐喀斯特隙水，是钙华沉积的唯一物质来源。区内还埋藏有低温温泉、碳酸矿泉水、硫化氢泉等特殊水质的深层地下水。由于地处中国北亚热带秦巴湿润区和青藏高原—川西湿润区界的西侧，故黄龙划属高原温带—亚寒带季风气候类型。高山湿润寒冷，河谷干燥温凉，冬季漫长，春秋相连，四季不分明。

黄龙风景名胜区土壤母质主要为碳酸盐岩，其次为砂、板岩。土壤垂直分带性明显，主要土壤类型有高山草甸土、暗棕壤、棕壤。钙华景观区均为钙性土，质松，含腐殖质和水分、气体，厚度在数十厘米至数米。

（二）丰富的动植物资源

黄龙风景名胜区属东亚、喜马拉雅、北半球亚热带和温带四个植物区系交汇地带，因而植被种类丰富，类型复杂，科属分化、繁衍现象显著，垂直带谱完整，为岷江和涪江水源涵养林区。森林覆盖率为65.8%，植被覆盖率为88.9%。区内植物群落完整，生态系统平衡完善，重峦叠翠，林相多姿，是北亚热带山地原始植被的典型景观。受气候分带性控制，植被垂直带谱明显而完整。1500余种高等植物，多为中国所特有，其中有属国家保护植物的连香树、水青树、四川红杉、铁杉、红豆杉。许多植物具有重要的科研、药用和经济价值。

黄龙山高谷深，原始林广，是大熊猫等众多野生动物理想

垂直带谱完整的植被资源
庞玉成 摄

的栖息场所。加上山脉河流走向有助于夏季暖流北上进入，促进南方动物群向北、向高处分布，因而使黄龙的南北动物混杂现象突出，成为物种保存中心。区内野生动物资源十分丰富，其中有兽类59种、鸟类155种，包括大熊猫、金丝猴、牛羚、云豹、白唇鹿等国家重点保护动物。

（三）独特的自然景观

黄龙风景名胜区景观类型丰富，造型奇特，规模巨大，结构精巧。以规模宏大、色彩丰艳的地表钙华景观为主景，并有雪山、峡谷、瀑布、原始森林等景观，被誉为“人间瑶池”。

1.地表钙华景观

黄龙地表钙华景观主要分布在黄龙沟和牟尼沟内，以黄龙沟最为出色，形态繁多。在长3600米、相对高差达400米的沟内，古冰川塑造的地貌经过长期的钙华沉积，形成了一一相邻的许多似鱼鳞叠置的彩池群、长达2500米的巨大钙华滩流，以及多姿多彩的钙华瀑布和钙华洞穴。沟内共有彩池八群、3400个钙华池，由钙华滩流、钙华瀑布等相连、相串。巨大的水流，沿沟谷漫流，注入彩池，层层跌落，穿林越堤，最后注入涪江源流，形成完整的水文地质单元。

八群彩池，规模不同，各具特色。洗花池群，掩映在一片葱郁的密林之中，为进沟第一池群。众多彩池参差错落，排列有序，如一面面明镜镶在似金如银的钙华体上，蓝光闪烁，揭开了黄龙景区的序幕。池水满溢，层层跌落，叮咚水声似悠扬悦耳的迎宾曲，被游人称作“迎宾池”。最高层的浴玉池群，由693个彩池组成，是黄龙最大的一个彩池群。个个彩池宛如片片碧色玉盘，在阳光照射下显得五彩缤纷。

地表钙华沉积
庞玉成 摄

2. 角峰林立

黄龙本部，雪宝顶、红心山和丹云峰三大山组，雄峙区周，呈南、北、东三角鼎立之势。向西，与牟尼沟部分的扎尕山遥遥相望，构成岷山主峰区段的壮阔风景。仅雪宝顶地区海拔5000米以上山峰就有7座，其中雪宝顶、雪栏山和门洞峰发育着数条现代冰川。海拔3000米以上的山区，发育着“U”型槽谷、古冰川等冰蚀地貌，侧碛丘陵等堆积地貌，构成中国青藏高原东部仅存的现代冰川和古冰川作用区。

3.峡谷景观

黄龙岩溶峡谷有良好的发育，由22条主要溪沟分别汇成涪江源注入岷江，其中以涪江丹云峡最具特色。丹云峡起于玉笋峰，止于扇子洞，绵延18.5千米，落差1300米，峰谷高差1000—2000米，峡内空间曲折，景点繁多，峰谷簇立，林木蔽天，泉瀑飞泻。尤其到了秋天，满山红叶，似丹云满峡，扶壁穿林，构成一幅巨长的中国山水画卷，故名丹云峡。此外，这里还有扎尕沟钙华森林谷、二道海钙华叠湖谷等各具特点的峡谷。

二、珍贵的人文遗产

黄龙风景名胜区内，保存有少量珍贵的文化景观，有藏族、汉族寺庙3处，藏族村寨3处，山溪古桥3处，红军长征纪念碑园1处。“黄龙负舟助禹导水”的神话传说以及庙会、转山会、望果节、开斋节等民族风情，给黄龙增添一层神秘绮丽的光彩。

黄龙景区，历史悠久，藏、羌、回、汉民族风情多姿多彩。每年农历六月十二日至十五日，便是黄龙旅游的鼎盛时期——黄龙庙会。自明兵马使马朝觐建黄龙寺以来就有黄龙庙会，当地也有黄龙庙会五百年的说法。清人马尧安《黄龙寺述览》云：“每届会期，士女多赴寺游览，布帐炉烟，行歌互答，岁以为例。”

相传，六月十五是黄龙真人修道成仙之日。为了纪念黄龙助禹疏导大江之功，周围的藏、回、汉等族人民，或聚会，或观景，或祈祷，或亲朋欢聚，或谈情说爱。天长日久，约定俗成，便成了一年一度的黄龙庙会。每年的黄龙庙会，农历六月十五为正会期，通常自农历六月十二起，香客如织，一直延续到十六。方圆七八百里的各族民众云集黄龙，烧香拜佛，许愿还愿。香客、商贩、游人身穿节日盛装，携带帐篷、炊具、食物、被褥、香蜡纸钱等，热闹非凡。白天，人们烧香磕头，念经祈福；夜晚，人们生起篝火，饮酒、对歌、跳锅庄等。帐篷连营，炊烟如缕。庙会三天后总会下一场大雨，俗称“洗山雨”，取洗去污秽、滋润大地、迎接丰收之意。目前，黄龙庙会已逐步纳入景区管理。

苯教于公元前5世纪创建，纪元前后，开始向东发展，随后遍布后藏和拉萨地区，并在吐蕃前期发展到了第一个顶峰。

7世纪，佛教大规模传入。藏传佛教从苯教中吸收了不少教理和礼法规矩，并一直流传至今。这些理论和实践不仅对当时的社会产生了广泛而又深刻的影响，同时也在当地的古代艺术中得到了具体的表现。

三、突出价值的表现

（一）特殊地位

1.“中国一绝”——世界罕见的钙华景观

黄龙以巨型地表钙华景观为主景，在中国风景名胜区中独树一帜，成为“中国一绝”。黄龙拥有国内类型最全的钙华景观，钙华边石坝彩池、钙华滩、钙华扇、钙华湖、钙华塌陷湖、坑，以及钙华瀑布、钙华洞穴、钙华泉、钙华台、钙华盆景等一应俱全，是一座名副其实的天然钙华博物馆。黄龙沟连绵分布钙华段长达3600米，最长钙华滩长1300米，最宽170米；边石坝最高达7.2米；扎尕钙华瀑布高达93.2米，规模巨大，且属中国之最，世界无双。它分布集中，在全区广阔的碳酸盐地层上，钙华奇观仅集中分布在黄龙沟、扎尕沟、二道海等四条沟谷中，海拔3000—3600米高程段。它过程完整，区内黄龙沟、二道海、扎尕沟分别处于钙华的现代形成期、衰退期和蜕化后期，给钙华演替过程的研究提供了完整现场。它组合精巧，在黄龙沟3600米区段内，同时组接着几乎所有钙华类型，并巧妙地构成一条金色“巨龙”，腾翻于雪山林海之中，实为自然奇观。

顺高山而下的雪水和涌出地表的岩溶水交融流淌。由于流速缓急、地势起伏和枯枝乱石的阻隔，水中富含的碳酸钙开始凝聚，发育成固体的钙华埂，形成层叠相连的大片彩池群，绘出黄龙奇观的一幅天然图画。

2. 号称“人间瑶池”

黄龙以彩池、雪山、峡谷、森林“四绝”著称于世，再加上滩流、古寺、民俗，称为“七绝”。景区由黄龙沟、丹云峡、牟尼沟、雪宝顶、雪山梁、红星岩、西沟等景区组成。主要景观集中于长约3600米的黄龙沟，沟内遍布碳酸钙华沉积，呈梯田状排列。

主景区黄龙沟，似中国人心目中“龙”的形象，因而历来被喻为“人间瑶池”和“中华象征”。在当地更为各族乡民所尊崇，藏族人民称之为“东日·瑟尔峻”，意为东方的海螺山（指雪宝山）、金色的海子（指黄龙沟），并沿袭着一年一度隆重

黄龙彩池 庞玉成 摄

举办、西北各省区各族民众也前来参加的转山庙会。

黄龙以绚丽的高原风光和特异的民族风情为综合景观的基调。高山摩天、峡谷纵横、莽林苍苍、碧水荡荡，其间镶嵌着精巧的池、湖、滩、瀑、泉、洞等各类钙华景观，点缀着神秘的寨、寺、耕、牧、歌、舞等各族乡土风情。景类齐全、景形特异，但又有机组合，整体和谐，呈现出一派时时处处皆景、动态神奇无穷的天然画境。

（二）科研价值

黄龙在空间位置上处于单元间的交接部位。构造上它处在扬子准台地、松潘—甘孜褶皱系与秦岭地槽褶皱系三个大地构造单元的结合部；地貌上属中国第二地貌阶梯坎前位，青藏高原东部边缘与四川盆地西部山区交接带；水文上为涪江、岷江、嘉陵江三江源头分水岭；气候上处于北亚热带湿润区与青藏高原—川西湿润区界边缘；植被上处于中国东部湿润森林区向青藏高寒高原亚高山针叶林草甸草原灌丛区过渡带；动物亦处南北区系混杂区。

黄龙风景名胜区的特点是角峰如林、刃脊纵横；峡谷深切，崖壁陡峭；枝状江源，南直北曲。黄龙高程范围在海拔1700—5588米，一般峰谷相对高差千米以上，3700—4000米以上多为冰蚀地貌，气势磅礴，雄伟壮观。黄龙多喀斯特峡谷，空间多变，崖峰峻峭，水景丰富，植被繁茂。黄龙境内涪江江源为一主干东西树枝状水系，上游河床宽平，下游峡谷深曲，南侧支流平直排列，北侧支流陡曲排列，形成上宽下深、南直北曲的独特江源风貌。空间位置的过渡状态，造成自然环境上的复杂性，整个黄龙呈现出“山雄峡峻”的地貌特点，蕴涵着不少未解之谜，为各学科提供了探索自然奥秘的新天地。

（三）美学价值

黄龙以其得天独厚的地理结构，集彩池、雪峰、峡谷、森林于一体，融高原风光与民族风情于一区，塑造了奇、峻、雄、野的无限美景。

黄龙具有多元组合的构成美。景观类型丰富，富集着各类景观成分，山、岩、峡、洞、泉、池、湖、瀑，林木花草，云光风声，兼融乡民原始风情。景观形态特异，特色极强，且景观构成的层次分明，动静结合，雄秀并存，以主景区雪宝顶和黄龙沟地段的关系最为完美，反映出黄龙景观的构成美。

黄龙具有神功巧构的综合美。主体突出，区内的雪宝顶和黄龙沟，在各个景域层次中，始终占据着主体地位。对比强烈，处处展示出对立统一、阴阳互补的自然法则，显示出整体的完

山明水净　庞玉成 摄

美性。

黄龙具有积极向上的意境美。黄龙景观内涵丰富深邃，知识性强，寓智于美，格调明快奔放，光照强，视野广，山明水净，天高气爽，层次分明，能够满足现代人重科技、求知欲强的需求。

四、视觉盛宴的背后

黄龙奇观，由于地处高寒僻壤，又属汉藏民族交替的地带，因而虽景观奇绝，却长期处于人类未涉足的纯自然状态。后经先民发现，惊其神异，遂以景喻神。于是自唐代始，渐有少量诗文传世。到明代洪武年间，便在其间创建黄龙寺，此处遂成藏、汉、羌多族信奉、多教合一的宗教圣地。然而除了一年一度庙会期间远近乡民蜂拥朝拜，黄龙平时仍然处于与世隔绝的封闭状态，鲜为外地人知。

黄龙在当地居民心中，历来享有崇高地位。他们视雪宝顶为“圣山”，黄龙沟为“神水”，明代建寺后黄龙地区更成了“神仙世界”，所以区内整个自然生态和景观环境得以完好保存下来。1982年国家确定黄龙为国家重点风景名胜区后，黄龙才以它原始、自然、美妙、神奇的风姿声名鹊起，中外游人纷至沓来。由于全面规划及时，至今黄龙始终处于良好的控制状态。按规划，黄龙分为黄龙沟、雪宝顶、雪山梁、丹云峡、红星岩、龙滴水和牟尼沟七个景区，景区间以公路相连。组景、观景和保护三结合的架空栈道与石路相间的环线，迂回绕连着区内所有景点，从而使钙华景观和林中苔藓得以完好保存。区内所有必要的设施，都注意协调自然风光和藏族风情，并强化特色。

九寨沟和黄龙的地理位置接近，通常在旅游管理规划中都会将九寨沟和黄龙进行统一的规划。2010年，黄山风景区与黄龙风景区管理局共同签署了《安徽黄山—四川黄龙战略合作协议》。黄山、黄龙开展友好合作是进一步巩固、深化相互建设的具体措施。黄龙与世界遗产地的合作发展，有助于实现中国自然遗产地的协调发展；在景区管理、资源保护、宣传营销等方面开展合作，实现友好合作和互惠共赢的目标。

在科研保护方面，黄龙管理局开展了黄龙沟地下溶洞及地质结构无损探测、彩池成色机制研究、水文地质调查等科研课题；举办了兰花节“世界钙华自然遗产研究与保护”国际高峰论坛，强化了景区科研对外交流合作；定期对保护区15个样方样线开展动植物、水文地质和病虫害防治监测，并有针对性开展了钙华彩池和瀑布生态修复。

在旅游宣传方面，加强与旅行商合作，增强媒体传播力。建立了旅行商交流平台，走访了重要目标市场，宣传景区旅游产品、团队优惠政策，增强组团积极性；在重庆核心商圈观音桥“亚洲第一屏”和成都地铁2号线投放了黄龙品牌形象宣传广告。同时，集结各大媒体力量，深度宣传推介“2019黄龙第四届高山兰花节”“2019松潘黄龙民俗文化庙会”“黄龙极限耐力赛”等主题活动；利用黄龙兰花、大熊猫、钙华景观等题材，以新闻和科普的形式通过中央电视台、日本NHK电视台等国内外新闻频道、专题频道进行展播，景区媒体传播力得到加强。

管理服务水平持续提升。黄龙管理局引进资金1000万元，将景区门禁系统升级改造为智能化“全网、全时”购票、多方式验证、快捷入园票务系统，景区售检票信息化管理服务不断加强；完成了《黄龙管理局对客服务标准操作手册》编写，安装景区标准化标牌2772个，组织全局干部职工分批开展综合能力提升培训，全员思想素质、管理能力和服务意识得到提升。采取划片分区、责任到人方式，分组负责景区重要地段市场整治工作；协调景区公安分局、黄龙市场监督管理所在黄龙隧洞口设置综合安全检查点，联合开展常态化旅游市场秩序整治，妥善处理游客投诉。

黄龙风景名胜区会在每年12月1日至次年3月31日期间实行封山保育，让景区钙华彩池、原始森林、动植物资源得到有效的自然休养，同时黄龙索道也在此时间内停止运行，进行设备保养与维护，以更好地促进景区可持续发展。尽管黄龙在保护和规划上已获得国家和世界一定程度的认可，自2001年实施封闭保育以来，黄龙风景区生态环境也明显好转，但受气候变化、人为因素、旅游压力等影响，黄龙景区仍产生了一定程度的景观破坏，如景观彩池退化、游客丢弃垃圾、人为对树木和彩池的破坏等。对其进行的开发和治理仍存在着不足。

因此，黄龙风景名胜区及管理机构等应遵循“在保护中开发，在开发中保护”的原则，加强与松潘县合作，切实贯彻落实好生态红线、环保督察、各类保护地保护工作的政策方针；制定科研工作的中长期规划，着力环保督察自查自纠、保护执法和水源地、钙华体、动植物资源及环境的监测工作。对其加强保护、合理开发利用的同时，提升全域旅游管理服务水平，加快景区旅游产业转型升级，带动黄龙当地的旅游业和经济发展，实现景区的可持续发展，进一步实现黄龙景区开发保护的可持续性以及人与自然环境的和谐性。

（撰稿：邵翠婷　张　伟）

峰林百里若仙境，万物生息百乐园

——武陵源风景名胜区

武陵源位于湖南省西北部张家界市境内，素有“奇峰三千、秀水八百”之美誉。其造型之巧、意境之美、神韵之妙，堪称大自然的“大手笔”。我国的《红楼梦》《西游记》《钟馗伏魔》《捉妖记》、美国电影《阿凡达》等影视作品均在此取景拍摄。武陵源由张家界国家森林公园、慈利县的索溪峪自然保护区、桑植县的天子山自然保护区组合而成，后又发现了杨家界景区。1992年12月，武陵源风景名胜区被联合国教科文组织列入“世界自然遗产名录”，填补了中国纯自然遗产的空白，开启了武陵源发展的新篇章。世界遗产委员会对武陵源风景名胜区做出很高的评价：“武陵源景色奇丽壮观，位于中国湖南省境内连绵26000多公顷，景区内最独特的景观是3000余座尖细的砂岩柱和砂岩峰，大部分都有200余米高。在峰峦之间，沟壑、峡谷纵横，溪流、池塘和瀑布随处可见，景区内还有40多个石洞和两座天然形成的巨大石桥。除了迷人的自然景观，该地区还因庇护着大量濒临灭绝的动植物物种而引人注目。”

武陵源群峰 薛亮 摄

一、世界自然遗产地武陵源概述

在许多文人墨客笔下的“武陵源”，是超凡脱俗的世外桃源的代名词。王维曾写道：“居人共住武陵源，还从物外起田园。”李白则曰：“功成拂衣去，归入武陵源。”“武陵源”作为风景名胜区名称，始于1984年。湘西籍著名画家黄永玉向湖南省政府提议将张家界森林公园、天子山、索溪峪三个风景区统一管理，并命名为“武陵源”。该提议专题呈报中共中央政治局常委邓小平同意，1985年2月时任中共中央总书记的胡耀邦亲笔题写“武陵源”，从此武陵源成为三个风景区的统一名称。杨家界风景区因归属武陵源区，并且与三个风景区毗邻，20世纪90年代经开发后，被纳入武陵源风景名胜区的范畴。

武陵源自然景观独具特色，生态环境优越。武陵源属于世界上罕见的砂岩峰林地貌，3000余座石峰拔地而起，耸立云霄；800条溪流蜿蜒曲折，穿行于茫茫峡谷之中。武陵源境内沟壑纵横，绿树茵曼，兽鸟成群；融林、洞、溪、湖、瀑于一身，集奇、秀、幽、野、险于一体，堪称自然奇观。武陵源石峰数量繁多，其中海拔300米以上的石峰有3103座。这些石峰形态各异，或浑厚粗犷、险峻高大，或怡秀清丽、小巧玲珑。高低错落的石峰一望无际，连绵万顷。当雨过天晴或阴雨连绵之时，山谷中云雾缭绕，石峰在云雾中若隐若现，置身其中仿佛步入仙境。武陵源境内壁险谷幽。在连绵起伏、跌宕错落的山岭中，峡谷幽壑纵横交错。金鞭溪、神堂湾、百丈峡、十里画廊等，是众多峡谷的代表作。武陵源境内碧水清幽。武陵源水资源主要靠降水补给，年降水量1380—1450毫米，地下水丰富，形成地下暗河、阴潭。因岩层各异，形成了溪、河、泉、瀑、潭等多种水体。地面水径流以溪河为主，有34条，其中索溪最长，全程68千米；大小瀑布21处，其中天悬白练瀑布从九天飘落，溅玉飞花，落差达200米。较大泉水有29处，境内湖有3个。山与水交相辉映，描绘出一幅“山因水见奇、水因山增色”的美妙画卷。

武陵源生物种类丰富。武陵源气候温暖湿润，丰富的水资源和深浅不一、性质各异的土壤环境为其具有丰富的物种创造了条件。第一，动物资源十分丰富。经初步调查，索溪峪有脊椎动物195种，其中两栖类19种，爬行类39种，鸟类91种，兽类46种，昆虫540种；张家界国家森林公园境内有鸟类41种，兽类28种，爬行类26种。其中属国家一级保护动物的有云豹、金钱豹2

张家界国家森林公园石峰　楚艳娜 摄

猕猴 薛亮 摄

种；二级保护动物有54种，包括大灵猫、猕猴、穿山甲、大鲵、红腹角雉、鸳鸯等。第二，武陵源植物资源丰富。这里雨量充沛，四季分明，日照充足，森林发育茂盛，森林植物极为丰富，被誉为“自然博物馆和天然植物园”。武陵源的植被属中亚北部常绿阔叶林，森林覆盖率95%以上。在砂岩峰林的石峰上，尽管土层较薄，但岩层的节理发育充分，透水透气性好。如果有非石英成分的软质泥层夹层，容易风化形成土壤，为植物的生长发育提供条件，因而植物生长十分茂密。根据中南林学院（即中南林业科技大学）的科研资料，全区木本植物约751种（包括56个变种）。其中，裸子植物18种（含3个变种），被子植物734种（含53个变种）。武陵源植物区系起源古老，蕨类植物科、属的分化程度不高，科、属结构较为简单，具有一定的古老性和孑遗性。武陵源内珍稀保护植物众多，共有珍稀保护植物如珙桐、银杏、紫茎、白豆杉、钟萼木等53种，其中被《国家重点保护野生植物名录》收录22种。这些植物有着极高的科研价值，其生存环境、林相结构及其保护保存等都是重大的研究课题。武陵源丰富的物种资源为地质学、环保学、林学、植物学、动物学等学科的科学考察和研究，提供了丰富且宝贵的资料。

武陵源保持着独特的文化魅力。截至2012年，拥有各类非物质文化遗产15类100多项，其中桑植民歌被列入首批国家非物质文化遗产，张家界阳戏、张家界高花灯、慈利板板龙灯被列入首批省级非物质文化遗产。溪布老街、“魅力湘西”成功获批省级非物质文化遗产以及国家AAAA景区。武陵源民俗文化之美主要表现在以下几点：第一，在服饰工艺上，这里土家男女多穿绣有花边的满襟衣，花边多由青年女子精绣而成，色彩鲜艳明快，线条疏密有致，图形多以花草为主，显示出土家女子巧夺天工的绣绘技巧。其手工艺主要包括织锦、挑花、刺绣、制陶等，门类繁多，特色鲜明。第二，在传统建筑上，土家族习惯住在吊脚木楼，喜欢群居，在建吊脚楼的时候都是一村连着一村，一寨挨着一寨。土家族吊脚楼最基本的特点为房屋依山而建，正屋建在实地上，厢房其中一面建在实地，与正房相连，剩余三面悬于空中，靠几根柱子支撑。上层通风、干燥、防潮，是居室；下层是猪牛栏圈或用来堆放杂物的储物间。第三，在婚姻习俗上，土家族有“哭嫁”“争婚床”等婚俗，一直延续至今。哭嫁内容极为丰富，有“哭父母”“哭戴花”“哭吃离娘饭”“哭上轿”等。第四，在传统节日上，“过赶年”“四月八”“六月六”，是武陵源最盛大的传统节日。土家族过年的时间比汉族早一天，所以叫“赶年”；“四月八”“六月六”这天，家家户户杀猪宰羊，亲朋好友相互祝贺，极为隆重。

二、武陵源地质地貌特色

1.石英砂岩峰林地貌

武陵源地质历史可以追溯到新元古代早期，在漫长的地质历史时期内，大致经历了武陵—雪峰、印支、燕山、喜山及新构造运动。新元古代中期末，武陵—雪峰运动使武陵源上升成陆，奠定了其基底构造；印支、燕山运动塑造了武陵源地区的基本构造地貌格架，而喜山及新构造运动是形成武陵源奇特的石英砂岩峰林地貌景观最基本的内在因素。武陵源砂岩峰林地貌的发展演变经历了方山和平台、峰墙、峰丛和峰林、残林4个阶段。方山、平台是峰林地貌形成的初期阶段，是一种边缘陡峭、顶面平坦的地貌类型；随着侵蚀作用的加剧，沿岩石共轭节理中规模较大的节理形成溪沟，两侧笔直陡峭，形成峰墙；流水作用于峰墙节理、裂隙，形成峰丛，继续切割至一定深度后，形成峰林地貌；峰林形成后，流水继续作用，直至峰林纷纷倒塌，仅存若干孤立峰柱，形成残林地貌。大自然的鬼斧神工，造就了蔚为壮观的武陵源石英砂岩峰林地貌景观。

1992年，联合国教科文组织派出桑塞尔、卢卡斯，将武陵源砂岩峰林与美国科罗拉多峰林、丹霞峰林、喀斯特峰林、玄武岩峰林、土林、风蚀峰林一一比较后，认为石英砂岩的规模、数目独特，具有不可否定的价值和地位；其垂直分布的生物种类也超出同类地区；砂岩峰林地貌与石灰岩溶洞地貌完整地结合在一起，地质与生物完美地结合在一起，其完整性是无可比拟的。武陵源景区内名不虚传的金鞭岩，便属石英砂岩，它的柱面平直，好像被巨人刀削而成，四棱分明，棱面布满节理横纹，形成鞭节，每当夕阳晚照，鞭身涂金，熠熠闪光。与金鞭岩拥有同样构造节理的石峰，其形成是由于产状平缓的石英砂岩在风化、侵蚀作用下沿直立节理剥削，加上重力崩塌作用而成。此外，还有许多石柱石峰姿态各异，形神变幻莫测，如天子山上的将军岩，犹如站在点将台上的大将，正在指挥千军万马冲锋陷阵；如五官逼真、笑露牙齿的夫妻岩……它们的岩石性质与金鞭岩这类石柱

云海 薛亮 摄

略有不同，这些石柱所含泥沙略多，且不均匀，面对风化、水蚀的抵抗力也不均匀，因此石柱石峰凹凸不平，形成各种形状和神态。

在武陵源景区内，观赏峰林的最好景点是黄石寨，它也是由石英砂岩组成。在黄石寨观景台上放眼远眺，数不清的石峰石柱，形成浩瀚的峰林，令人胸怀舒畅。黄石寨之所以能成为最佳观景地，是由于该地段在峰林地貌演化史中尚处于青年期，还未被众多溪壑分割，得以基本保存原有岩层的完整地貌。中国科学院学部委员陈国达将武陵源峰林地貌特色概括为五个方面：一是石峰石柱座座形神俱备，壮丽奇幻；二是石峰密集，三千余座石峰如星罗棋布，真正成林；三是分布范围宽广，连绵成片；四是峰林里沟壑纵横交错，与峰柱互织，构成绚丽图案；五是林密水丰，苍翠连绵，与峰林互相衬托。武陵源石英砂岩峰林地貌代表了地球上一种独特的地貌形态和自然地理特征，武陵源风景名胜区以世界上独一无二的砂岩峰林地貌景观为核心、以岩溶地貌景观为衬托，构成了独具特色的砂岩峰林地貌组合景观。

2.构造溶蚀地貌

武陵源构造溶蚀地貌，主要出露于二叠系、三叠系碳酸盐分布地区，面积达30.6平方千米，可划分为五亚类，堪称“湘西型”岩溶景观的典型代表。主要形态有溶纹、溶痕、溶洞、溶沟、溶槽、穿洞、地下河、岩溶泉等，主要分布于索溪峪东侧及天子山海拔1100米以上区域；溶洞主要集中于索溪峪河谷北侧及天子山东南缘，总数达数十座，以黄龙洞最为典型。目前，黄龙洞已探明的洞底总面积是10万平方米，全长7500米，垂直高度140米，内分两层旱洞和两层水洞。高阔的洞天，幽深的暗河，悬空的瀑布，密集的钟乳石，汇聚成气势雄伟的洞穴大观。洞内拥有1库、2河、3潭、4瀑、13大厅、98廊以及几十座山峰，上千个白玉池和近万根石笋。石钟乳、石柱、石花、石幔、石珍珠、石珊瑚等各种景观遍布其中，无奇不有，无所不包。中国地质部70多位专家对黄龙洞进行考察后评价道：“黄龙洞规模之大、内容之全、景色之美几乎包揽了洞穴学的全部内容，是世界溶洞的‘全能冠军’。”黄龙洞作为“洞穴学研究的宝库”，在洞穴

清澈的溪流　薛亮 摄

学上具有游览和探险方面特殊的价值。

此外，武陵源风景名胜区内还分布有剥蚀构造地貌和河谷侵蚀堆积地貌。剥蚀构造地貌分布于志留系碎屑地区，见及三亚类：碎屑岩中山单面山地貌，分布于石英砂岩峰林景观外围的马颈界至白虎堂和朝天观至大尖一带；鲤鱼脊V形谷中山地貌，分布于湖坪、石家峪、黄家坪等地；碎屑岩低山地貌，分布于中山外缘，山坡较缓，河谷呈开阔的V字形。河谷侵蚀堆积地貌可分为山前冲洪扇、阶地和高漫滩。前者分布于沙坪村，发育于插旗峪—施家峪峪口一带；索溪两岸发育两级阶地，二级为基座阶地，高出河面3—10米；军地坪—喻家嘴一线高漫滩发育，面积达4—5平方千米。

三、武陵源自然景观介绍

武陵源风景名胜区内各个区域内的景观不一，但都拥有无法捉摸的魅力，吸引着全世界的人走近它探寻它。本文通过介绍风景区内四个区域的特色景观，揭开武陵源美丽的面纱。

1. 张家界国家森林公园特色景观

张家界国家森林公园是国务院批准的中国第一个国家森林公园，位于湖南省武陵源区、慈利、桑植三地交界处的青岩山的东南角，平均海拔800米，最高处海拔1334米，总面积4810公顷，是湘西一带重要的风景区。张家界国家森林公园被誉为“天然植物园”“活化石标本园”，拥有很多珍禽异兽。张家界国家森林公园内有金鞭溪、黄石寨、鹞子寨、袁家界等6个小景区游览线，已命名景点90多个。优美的自然风光，加上神秘的风土人情，吸引了来自世界各地的游客。

表1 张家界国家森林公园特色景观

景区名称	简介	主要景点
黄石寨	相传汉朝留侯张良看破红尘，辞官不做，追随赤松子，隐匿江湖，云游张家界，被官兵围困，后得师父黄石公搭救，因而得名黄石寨。黄石寨位于森林公园中部，是一个巨大的方山台地，海拔1080米，寨顶面积16.5公顷，是张家界美景最为集中的地方，也是张家界最大的凌空观景台	罗汉迎宾、大岩屋、天书宝匣、定海神针、南天门、南天一柱、天然壁画、摘星台、黑枞垴、天桥遗墩、六奇阁、金龟岩、龙头峰、手掌峰、海螺出水、鸳鸯泉等
琵琶溪	位于森林公园西部，是金鞭溪的上游。景区以琵琶溪作为中轴，为一狭长幽谷，景点在溪北成组展开，奇特古朴。另一段自琵琶界沿山脊至朝天观旧址，多山峦，沿线有夫妻岩、龙凤岩等绝佳景点	金鸡报晓、夫妻岩、展卷桥、望郎峰、九重仙阁、三姊妹、清风亭、朝天观、龙凤庵、双枫醉秋等
金鞭溪	是天然形成的一条美丽的溪流，因金鞭岩而得名。全长5710米，自西向东贯通森林公园，西汇琵琶溪，东入索溪，两岸奇峰屏列，风光如画，嬉戏的鸟兽、古奇的树木、悠然的游鱼，景色显得异常幽静。金鞭溪所经之地被誉为“世界上最美丽的峡谷”。溪水弯弯曲曲自西向东流去，即使久旱，也不会断流。金鞭溪两岸花草争奇斗艳，全境鸟语花香，被称为“山水画廊”“人间仙境”	迎宾岩、金鞭岩、神鹰护鞭、醉罗汉、文星岩、紫草潭、千里相会、跳鱼潭、骆驼峰等
鹞子寨	位于森林公园东南，因山中多鹞子而得名，海拔1050米。寨顶为一狭长岭脊，是一座屹立云天，西、北、东三面绝壁深达300余米的扁状观景台，以奇险著称。鹞子寨与黄石寨、袁家界形成“三足鼎立”之势	回音谷、天桥、竭功庙旧址、蟒松、梭镖岩、层岩涌塔、指点江山等
畲刀沟	位于森林公园东北部，金鞭溪中游北侧，因昔日山民在此砍火畲种苞谷而名。为一峡谷，以野著称。溪水发源于袁家界，由西北淌向东南，于紫草潭注入金鞭溪，全长5千米。谷呈“V”形，二三十米宽	空心潭、无情峰、五女拜帅、小天门、百鸟乐园、月亮垭等

（续表）

景区名称	简介	主要景点
袁家界	位于森林公园背面，是一方山台地，面积约1200公顷，平均海拔1074米，它东邻金鞭溪、远眺鹞子寨；南望黄石寨，连接天波府；西通天子山；北临索溪峪。它是以石英岩为主构成的一座巨大而较平缓的山岳，后依山峦，面临幽谷	天下第一桥、迷魂台、绝壁仙宫、后花园、乌龙泉、夹人洞、羊寨等

2.索溪峪自然保护区特色景观

索溪峪自然保护区总面积约为25400公顷，于1982年2月设为省级自然保护区，核心面积3640公顷。索溪峪位于武陵源东北部，武陵源区人民政府驻地军地坪在此景区中心。景区内以军地坪为中心，已开通至各小景区和张家界国家森林公园的多条车行游道，全程54.3千米。景区呈盆地状，四周高，中间低，山、

张家界 薛亮 摄

丘、川并存，峰洞、湖俱备。现已开发西海、十里画廊、水绕四门、百丈峡、宝峰湖、黄龙洞等小景区。为保护索溪峪自然景观，1982年7月6日，索溪峪自然保护区管理局成立，下设资源保护站，负责自然资源的保护管理；1984年12月底，撤销原保护站，成立索溪峪自然保护区管理所，隶属慈利县林业局领导。

表2 索溪峪自然保护区特色景观

景区名称	简介	主要景点
水绕四门	位于索溪峪景区的西部，原名止马塌、天子洲，距十里画廊谷口2千米。因有三条溪水，分别从西、北、南三谷口流出，然后相汇合流，注入索溪，故称水绕四门。水绕四门呈辐射状与各景区、景点相连	张良墓、万岁牌、四十八将军岩、熊猫戏乐、旗杆峰、九天银练、梓木岗田园等
十里画廊	位于索溪峪景区西北部，在天子山脚下。原名干溪沟，是一狭长峡谷，廊长约5千米，两边林木葱茏，野花飘香；奇峰异石，千姿百态，像一幅幅巨大的山水画卷。山上的岩石形成了许多似人似物、似鸟似兽的石景造型，其中“寿星迎宾”“采药老人”“向王观书”“海螺峰”等最为著名	转阁楼、猛虎啸天、锦鼠观天、顶天楼、采药老人、海螺峰、雄狮回头、三女峰、将相峰、众仙拜观音等
西海	西海为一盆地型峡谷峰林地貌，位于索溪峪景区的西部，有“峰海”之称。“海”中石峰林立，千姿百态，林木葱茏茂密。春夏或秋初，若雨后初晴，则云如浪涛，或涌流，或奔泻，铺天盖地，极为壮观。峰海、林海和云海合一，为西海之特色	猕猴园、三叠瀑、南天门、天台、卧龙岭、无字碑、宝塔峰、回音壁、紫驼峰、隐仙桥、白马泉等
百丈峡	百丈峡由百丈峡、董家峪、王家峪三个峡谷组成，高近百丈的石壁直插云霄。百丈峡之名，极言其峡谷高深莫测。其峡中有一石壁，名曰百丈峡壁，耸立于溪流旁，高约300米，长约800米，顶天立地，横空出世，强健雄浑，豪气夺人	百丈峡壁、摩崖石刻、八珠潭、沙坪田园等

（续表）

景区名称	简介	主要景点
宝峰湖	被称为“世界湖泊经典”，为一群峰环抱的人工湖，原名施家峪水库。集山水于一体，融民俗风情于一身，尤以奇秀的高峡平湖绝景、“飞流直下三千尺”的宝峰飞瀑、神秘的深山古寺闻名。因境内有宝峰山而更名，并辟为公园	宝峰飞瀑、高峡平湖、宝峰寺、鹰窝寨、数峰台等
黄龙洞	属典型的喀斯特岩溶地貌，享有绝世奇观之美誉。2005年被评选为“中国最美的旅游溶洞”；2009年被评选为“中国最美的旅游奇洞”	龙舞厅、响水河、花果山、会龙桥、天柱街、石琴山、龙宫、龙王宝座、金箍棒等

十里画廊　楚艳娜 摄

3. 天子山自然保护区特色景观

天子山自然保护区为省级自然保护区，位于武陵源西北部，与张家界、索溪峪山水相依，总面积5400余公顷，最高海拔为1262.5米，因古代土家族领袖向大坤在此揭竿聚义，自号“向王天子”而得名。境内中部高四周低，海拔800米以上为发育不成熟的石灰岩层，800米以下为厚度很大的石英砂岩层，境内峰、峡、瀑、林遍布。

表3　索溪峪自然保护区特色景观

景区名称	简介	景点
石家檐	位于天子山景区东北面，风景集中，有“凭栏览尽天上景”之称，以神堂湾谷地奇异峰林为主要景观	贺龙公园、御笔峰、仙女献花、武士驯马、点将台、神堂湾、上天子庙遗址等
茶盘塔	系天子山一台地，地形似熊之足爪。台地顶面平坦，树木花草浓密，周边悬崖绝壁。每逢云涛涌起，台地便成一片半岛巍然屹立，顶面椭圆形，形同茶盘	大观台、仙人桥、天子峰等
老屋场	位于天子山镇东南部，有简易公路经丁香榕可至，全程5千米，相传为向王天子旧居遗址	一步难行、空中田园、神兵聚会等
鸳鸯溪	位于天子山镇东南部，以瀑布众多为奇。沿溪行，古林秀峰，目不暇接，俯仰成趣	中天子庙遗址、鸳鸯溪瀑布、六月飘雪等
黄龙泉	位于天子山西北部，距天子山镇3千米，为高台地石英砂岩峰林景观	将军岩、城墙岩、和尚洞、黄龙泉等
凤栖山	位于天子山西端，距天子山镇5千米，为高台地石英砂岩峰林地貌	御书台、屈子行吟、下天子庙遗址、凤栖山等

4. 杨家界自然保护区特色景观

杨家界自然保护区位于武陵源西北部，东接张家界，北邻天子山，面积3400公顷，最高海拔为1130米。境内景观雄浑、险要、清秀、幽静、原始，沟壑纵横，溪水常清，植被茂密。

表4 杨家界自然保护区特色景观

景区名称	简介	景点
香芷溪	旧名箱子溪，因相传向王天子在此埋有金箱银箱而得名。民谣云：“钥匙放在垅子岩，箱子埋在两交界。哪个捡得金钥匙，金箱银箱一起开。”此小景区位于杨家寨景区东部，一溪蜿蜒中流，两岸峰林巍峨	一步登天、空中走廊、乌龙寨、六郎峰等
清风峡	位于中湖村东面，峡谷源头有龙泉瀑布，故又叫龙泉峡。境内石峰林立，溪水清澈，幽潭飞瀑，辉映成趣，景观秀丽、原始、清幽	天波府、龙泉瀑布、马蹄岩、绝壁藤王等

四、武陵源旅游资源开发和遗产保护

1. 武陵源旅游资源开发利用

武陵源遗产旅游自20世纪80年代初发展至今，共经历了4个阶段。第一阶段为开发期。1980年1月，著名画家吴冠中发表《养在深闺人未识——张家界是一颗风景明珠》文章，张家界核心景区由此为世人所知；1982年，张家界被列入全国第一个国家森林公园，提升了景区的知名度；1988年县级区武陵源区正式成立，揭开了武陵源旅游统一开发的序幕；1992年武陵源成功申报“世界自然遗产”，景区开始走向世界。第二阶段为发展期。自1992年至2000年，武陵源旅游人数迅速增加，全区旅游接待能力不断提高，1995年江泽民同志题词“把张家界建设成为国内外知名的旅游胜地”，旅游发展方向更加明确。1998年，联合国教科文组织对武陵源开展五年一度的遗产监测，因景区过度商业化、城镇化，自然生态环境遭受破坏的情况充分暴露出来，受到联合国教科文组织的“黄牌”警告。随后武陵源开始进行“世纪大拆迁”，对水绕四门、老磨湾、十里画廊、索溪峪等景区进行整顿。第三阶段为开发与保护期。2002年，武陵源风景名胜区投入上亿元资金，对天子山、十里画廊、袁家界、水绕四门等核心景区内与世界遗产保护要求相冲突的建筑物全面拆除，树立了开发与保护协调发展的思路，对保护自然资源、提高景区空气质量起到了突出的作用。第四阶段为转型优化期。2008年至今，武陵源全面调整遗产保护与利用思路，将“保护第一”作为遗产保护与旅游开发的指导方针，推动发展生态旅游、低碳旅游和文化旅游。以数字化武陵源为核心，建立了多个监测网络和保护体系，从技术手段上大幅提升了遗产保护的能力；同时，还提出了武陵源扩容提质工程的概念，进一步从旅游容量上舒缓景区的压力。

武陵源旅游资源开发利用成效显著。第一，旅游业稳步发展。武陵源以建设“国际知名旅游休闲度假胜地”为目标，强化重点项目建设和旅游宣传营销，不断完善旅游配套服务，实现了旅游经济持续快速增长。2019年末，全区拥有星级以上宾馆酒店19家，其中五星级2家，四星级3家，三星级14家。社会饭店（80个床位以上）190家，家庭旅馆和特色客栈（80个床位以下）644家。全区接待床位53772余张，其中星级以上宾馆6716张。2019年全区接待国内外游客2450.6万人次，同比增长15.0%，其中接待境外游客36.65万人次，同比增长322.3%，其中港、澳、台同胞8.77万人次，同比增长434.8%。全区实现旅游总收入306.81亿元，同比增长23.4%。第二，转型升级步伐加快。围绕旅游带动战略，通过实施旅游城镇、旅游景区、旅游产业、旅游服务四大提质升级工程，进一步优化旅游经济结构。精心打造生态旅游、乡村旅游、红色旅游、文化旅游等业态，促进全域旅游升级。成功打造2个民族民俗文化建设示范点、5个全民健身示范村；大力开发夜间经济潜力，开发建设了集文化体验、休闲度假、旅游购物三位一体的旅游文化街区三街（溪布街、九院十街、桃花溪欢乐谷）、三馆（大鲵生物科技馆、世界地质公园博物馆、大湘西记忆展览馆）、五戏（魅力湘西、生养之地、张家界千古情、梦幻张家界、湘西老腔）等旅游夜间产品。第三，旅游服务体系加强。建设旅游咨询服务中心（点），实现了辖区旅游交通导向标识全覆盖；建设了一大批旅游星级厕所和主要景区（点）停车场；实施智慧武陵源建设，武陵源旅游官网、景区“安导通”智能化服务项目及气象灾害防御系统项目已运行等。

瀑布　薛亮 摄

2. 武陵源自然遗产保护情况

1998年9月，联合国教科文组织官员在武陵源进行五年一度的遗产监测后，对景区开发所呈现出的城市化倾向提出了尖锐的批评，认为“其城市化对自然界正在产生越来越大的影响”。1999年5月，国务院参事王秉忱、吴学敏在对保护情况调研后，指出“武陵源世界自然遗产资源异常珍贵，不可再生，要采取比一般景区更为严格的特别的保护措施”。自此，武陵源不断加大自然遗产保护力度，其采取的措施主要包含以下几点：

第一，实施移民安置大拆迁。在听取联合国教科文组织官员的意见后，时任湖南省委书记的杨正午要求核心景区现有建筑物要在5年内限期搬迁。2001年，张家界市人民政府成立武陵源区建筑拆迁工作领导小组，制定《武陵源景区房屋拆迁工作责任制》，分三期进行景区建筑物拆迁工作，1999年至2001年，共拆除建筑面积21.6万平方米，拆除景区游道、公路两旁和游客集散地有碍观瞻的违章建筑190余处、2.5万平方米，同时对拆除后的14处280亩地面植被进行全面恢复。

第二，建立健全严格的保护性法规政策。2001年1月1日，正式实施《湖南省武陵源世界自然遗产保护条例》，这是我国第一个保护世界自然遗产的地方性法规，标志着武陵源世界自然遗产保护进入法制化轨道。多年来，武陵源始终坚持“科学规划、统一管理、严格保护、永续利用”的原则，紧紧围绕《条例》规定，开展各项遗产保护工作。2011年4月，湖南省人大又对《条例》进行了修订，进一步为景区的科学管理提供了依据。湖南省人民政府还投资600万元修编了《武陵源风景名胜区总体规划（2005—2020年）》，于2005年9月经国务院同意，由国家建设部正式发布实施，指导武陵源的保护和管理，协调遗产保护与地方发展、旅游活动之间的矛盾。此外，先后出台了《关于保护武陵源世界自然遗产的决定》《关于加快建设国际旅游休闲度假区的决定》等一系列文件，制定了《武陵源控违拆违责任追究规定》《武陵源核心景区摊棚摊点管理暂行办法》等一系列管理制度，景区资源保护管理更有针对性、现实性、实践性。

第三，全面实施综合治理工程。一是实施天然林保护工程。将核心景区及其周边和公路沿线的村（居委会）纳入禁伐保护范围；设立核心景区居民生活保障基金，妥善解决了核心景区世居户因景区保护、森林禁伐所面临的生活保障问题。二是实施退耕还林工程。在核心景区周边实施退耕还林和植树造林，积极创建园林城市，增加绿地面积、绿化覆盖面积、公共绿地面积。三是实施自然资源保护工程。建设森林防火电视监控点，实现景区火情24小时不间断监控；建成卫星遥感、大气、地震信息系统，景区监测、管理步入科学化、规范化轨道。四是实施农村节能工程。坚持把营造生态环境与推广农村节能工程结合起来，加强农村能源建设。

第四，保持资源保护的高压态势。一是认真把好建设关，严厉打击违法建设行为，切实维护武陵源世界自然遗产资源的真实性和完整性。二是加大环境监察和执法力度，认真贯彻落实国家环保法律法规，督促建设单位按遗产地的环保要求落实污染防治设施，坚持环境监察工作常态化，做到有法必依，违法必究，执法必严。三是加大污染治理力度，突出治理“三废”，实施“蓝天、碧水、宁静”工程，投资1.2亿元建设了锣鼓塔、索溪峪污水处理厂，率先推广无动力地埋式污水处理系统工程，有效解决了水污染问题。四是加大环境监测力度，在景区设立全自动的环境监测站，依靠科技加强对环境质量监测。每年组织有关部门积极开展生物多样性的调查、生态环境现状调查、电磁污染调查等，及时掌握生态环境质量状况，发现问题及时解决；投资5000多万元建成“数字武陵源”工程，实现了世界遗产保护的数字化。

经过多年的努力，武陵源遗产保护工作取得了良好成效。第一，武陵源遗产地内石英砂岩峰林景观、其他地貌景观、植被总体得到较好的保护。第二，环境污染得到有效防控。监测数据表明，近年来，遗产地森林覆盖率达98%，水环境质量整体优良，大气环境质量良好，空气优良率达99%，武陵源区基本实现了山青、水秀、地净、天蓝、宁静的生态建设保护目标。不过，因旅游业飞速发展所造成的问题依然存在，如武陵源自然环境景观和生物多样性受到不同程度的破坏，生态环境遭受一定程度的污染，遗产的真实性和完整性受到威胁，遗产开发和生态环境保护失调等。如何实现武陵源遗产保护和开发利用的平衡发展，保护生态环境不受破坏，维护自然遗产的真实性和完整性，是武陵源发展的永恒课题。

（撰稿：楚艳娜　谭必勇）

四绝三瀑又五胜，自然人文双佳山

——四川峨眉山

1996年，联合国教科文组织正式通过，将中国四川峨眉山——乐山大佛列为世界文化与自然遗产名录。峨眉山是中国佛教四大名山之一，著名的佛教圣地。从唐宋到明清极为兴盛，拥有报国寺、万年寺等近百座寺庙。金顶的佛光浮于云际，是天下闻名的名胜。峨眉山之东约20千米的乐山大佛位于岷江、青衣江、大渡河三江交汇处，公元8世纪雕凿在江边山崖上，佛高71米，历时90年完成。乐山大佛是中国最大的石刻佛像，也是世界上最大的坐佛石像，佛体上有科学的排水系统，周围有乌尤寺、大佛寺、麻浩崖墓、唐白塔等古迹名胜。峨眉山处于多种自然要素的交汇地区，区系成分复杂，生物种类丰富，特有物种繁多，保存有完整的亚热带植被体系。峨眉山和乐山大佛，两个分离的遗产

鸟瞰峨眉山　田捷砚　摄
（载于赵迎新主编：《中国世界遗产影像志》，中国摄影出版社2014年8月版，第453页）

区覆盖面积在15400公顷，是人工元素与自然美景巧妙结合的杰作。

一、优秀的自然资源

峨眉山—乐山大佛是世界文化与自然双重遗产，峨眉山古建筑群为全国重点文物保护单位，以峨眉山为主体的峨眉山景区为国家重点风景名胜区、国家AAAAA级旅游景区。

（一）峨眉山的地理位置与组成

峨眉山位于北纬29° 16′ —29° 43′ ，东经103° 10′ —103° 37′ 之间，为邛崃山南段余脉，自峨眉平原拔地而起，山体南北延伸，绵延23千米，面积约154平方千米，主要由大峨山、二峨山、三峨山、四峨山4座山峰组成。山的中、下部分布着花岗岩、变质岩及石灰岩，山顶部覆盖有玄武岩。

大峨山是峨眉山的主峰，海拔3099米，山脉峰峦起伏，重岩叠翠，大峨山山麓至峰顶50余千米，石径盘旋，直上云霄。在金顶有大面积抗风化强的玄武岩覆盖，构成了倾角在10° —15° 间的平坦山顶面。而在金顶的东侧为古生代碳酸岩，由于流水沿背斜裂隙强烈溶蚀，形成了高达800米的陡崖（舍身崖）和深涧。

二峨山又名绥山，呈东北—西南走向，由花岗岩、白云岩等构成。二峨山峰形似覆釜，海拔1908米。林木多柳杉、杂木、竹类，建有林场。土产茶叶、竹笋、桐油、生漆等，并产中药材。西麓猪肝洞，又称“紫芝洞”，为道教名胜，相传是唐代吕纯阳修炼处。

三峨山又名美女峰，位于乐山沙湾镇西南。长13千米，宽7千米，主峰海拔2027.1米，高出沙湾镇江面1625米。出露地层有震旦系、寒武系、奥陶系和二叠系，山顶覆盖玄武岩。东坡陡峻，最初形成于新第三纪末。有铜、铝等矿产。

四峨山在四川省大峨眉山之北10千米，峨眉山市区北5千米，海拔982米。因山形有棱瓣如花，故又名花山。山上有圆通寺，山巅则有最早修建的古刹观音庵，为明代高僧印宗禅师（四川绵州人）谈禅结茅之处。

（二）峨眉山的形成过程与地质构造

峨眉山是一座背斜断块山，西部隶属峨眉—瓦山断块带，其地质发展史和地质构造有着密切的联系。

早在距今约8.5亿年（即早震旦世），峨眉山区还是一片汪洋。早震旦世后期，晋宁运动使峨眉山从地槽区转化为地台区，形成一座低平的山。

震旦纪中后期到奥陶纪初期（距今7亿—5亿年），海水向中国西部、南部淹没而来，峨眉山区第二次沦为沧海，峨眉山区地壳缓慢沉降。大约经过1亿年的时间，不仅沉积形成了近1000米厚的白云岩，而且在这个时期，大量的低等植物和单细胞动物诞生，从而形成岩石交互成层、色彩交错的现象，遗留了丰富的化石痕迹。

到奥陶纪后期（距今4.5亿年左右），峨眉山区又开始上升出水面，形成汪洋中一座孤岛，历时大约2亿年。

早二叠纪时期（距今2.7亿年左右），中国南方发生了地质史上最广泛的海浸，峨眉山区第三次沉入海底，沉积形成了厚度为400米—500米的碳酸盐岩层，为峨眉山悬岩、灵洞等的形成提供了物质条件。如雷洞坪千米悬岩和七十二洞都出现在这套岩层中，并保存着珊瑚、腕足类和蜓科的化石。

延至晚二叠纪初期，峨眉山区又一次露出海面，成为攀西古裂谷带的一部分。但时间不长，强烈的海西运动致使地幔基性岩浆喷溢而出，铺盖了50余万平方千米，冷却后形成厚达400多米的玄武岩，即著名的峨眉山玄武岩，今主要分布于金顶、万佛顶、千佛顶和清音阁等处。

二叠纪后期，海水又再度浸漫，并且过渡到地质史的中生代三叠纪初期，峨眉山区第四次变为沧海，沉积形成了约1500米厚的含砾砂石、岩屑砂岩、泥岩等。目前，龙门洞一带岩层便是这一时期的遗存。

直至晚三叠纪（距今1.8亿年左右），受印支运动的影响，地势上升，海盆逐渐缩小，直至最终关闭，海水永远退出了峨眉山区。距今1.8亿—1亿年，峨眉山成为一个大陆湖泊、沼泽环境。

峨眉山的真正形成，是从白垩纪（距今7000万年左右）末开始的，是大自然内外营力长期作用的结果。峨眉山主体已开始崛起，但当时海拔高度仅1000米左右，成为四川盆地边缘的一座低山。

至新世纪末期（距今3000万年左右），强烈的喜马拉雅山运动，使峨眉山遭受东西向挤压，出现强烈的褶皱和断裂，断裂面迅速抬升，高度已达2000米左右。

到喜马拉雅山运动后期（距今300万年左右），复杂的地质运动和强大的挤压应力，使峨眉山断层规模增大，山体继续抬升，与峨眉平原相对高差达2600米。

近数十万年以来，包括金顶的峨眉山主体，即峨眉大断层和观心坡断层之间的三角地带，上升了近1000米。纯阳殿凤凰坪一带，即观心坡断层北侧，上升了约500米。而山麓外侧，即黄湾、二峨山等地，只上升了约100米。也正由于山体抬升具有间隙性以及各断层抬升速度不同，决定了峨眉山的整个地貌是西南方向高山峻岭，东北方向则为低缓的浅丘平原。

峨眉山大地构造复杂，可分为一级构造和次级构造。一级构造为峨眉山大背斜和峨眉山大断层，次级构造褶皱主要有桂花场向斜、牛背山背斜；断层有观心坡断层、牛背山断层和报国寺断层等。这些构造在峨眉山区都可以看到，如峨眉山背斜在张沟—洪椿坪一带，长约7千米；桂花场向斜（即万年寺向斜）在纯阳殿—桂花坊一带，长约30千米；牛背山背斜（又名挖断山背斜）位于龙门洞—雷岩一带，长约12千米。这些地方都是地质学家重要的研究场所。

（三）峨眉山的地质地貌

峨眉山地貌按塑造地貌的方式，可分为侵蚀地貌（峨眉山区）和堆积地貌（峨眉扇状冲洪积平原）；按成因可分为构造地貌、流水地貌、岩溶地貌和冰川地貌等。

构造地貌：峨眉山地貌的主题地质基础，是由于四周断裂所围限，加上峨眉逆冲大断层、背斜切割而形成。例如峨眉山最高的金顶三峰，就是因断裂挤压而抬升，强烈的流水切割所造成的。

流水地貌：峨眉山区多雨，对断裂谷的流水侵蚀力量巨大，切割深度可达上千米，形成山高、谷深、沟长的地貌。如由此而形成的龙门洞深峡、白云峡“一线天”嶂谷、范店“一线天”嶂谷，以及因河口流水差异侵蚀所形成的“普贤石船”等流水地貌

峨眉金顶

景观。

岩溶地貌：在峨眉山区，特别是二峨山和四峨山区，碳酸盐岩层广布，累计厚度达2000余米，且被纵横交错的断裂穿插、切割。沿断裂带裂隙发育，岩层破碎，为山区的地下水活动创造了良好的条件。

古冰川地貌：据地质资料可知，作为冰蚀地貌的冰川槽谷"U"形谷的残迹在峨眉山及其周围分布广泛。龙门峡上方、黑龙江"一线天"嶂谷上方、万年寺到清音阁、白龙江上游、自雷洞坪到蕨坪坝上方，均有两壁直立的"U"形槽谷。

扇状洪积平原：峨眉平原主要由源于峨眉山的峨眉河及其支流符汶河与临江河等搬运的物质堆积而成，与其北面的夹江平原、彭（山）眉（山）平原、成都平原连成一体。

剥蚀夷平面：峨眉山曾经历了多次构造运动，新构造运动较为活跃。由于不均衡的相对升降，形成数次地层沉积间断，在峨眉山区的地貌形态中，有几个较为显著的夷平面，标志着间歇抬升中的侵蚀基准面。

（四）峨眉山的气候、土壤和水系

峨眉山的气候，地形地势起着十分重要的作用。山区内低云、多雾、雨量充沛，气温垂直变化显著：有寒带（海拔3047米以上，年平均温度为3.0℃，极端最低温度为-20.9℃）、亚寒带（海拔2200—3047米，年平均温度为7.6℃）、温带（海拔1200—2200米，年平均温度为13.1℃）、亚热带（海拔1200米以下，年平均温度为17.2℃，极端最高温度为38.3℃）。峨眉山年平均降水量为1922毫米，年平均相对湿度85%，年平均降雪天数为83天，年平均有雾日为322.1天，年平均日照山麓为951.8小时，山顶为1398.1小时。

峨眉山的土壤，因成土母质多样，土壤类型各异，主要土壤类型为黄壤、山地黄壤、黄棕壤、山地暗棕壤及亚高山灰化土。土壤垂直分布明显，可分为四个土壤垂直带，海拔1800米以下属于黄壤、山地黄壤夹紫色土带，海拔1800—2200米属于山地黄棕壤带，海拔2200—2600米属于山地暗棕壤带，海拔2000米以上属于山地灰化土。

峨眉山的水文地理位置属大（渡河）青（衣江）水系，境内有天然河流5条，即峨眉河、临江河、龙池河、石河、花溪河。花溪河在西北边境与洪雅县共界。其余4条均发源于峨眉山，分别按东、南和东南方向注入大渡河和青衣江。集水面积约100平方千米的有峨眉河、临江河和龙池河。峨眉山风景区位于峨眉河、临江河和龙池河的上游，景区主要河流有峨眉河的支流符汶河（含黑水、白水、黑水河），虹溪河（含赶山河、瑜珈河），临江河的

峨眉山雪景

支流张沟河，龙池河的支流燕儿河，花溪河的支流石河等。

（五）峨眉山丰富的动植物物种

峨眉山山势巍峨，翠峦妩媚，气候、植被、土壤垂直带谱明显，生物种类丰富，特有物种繁多，保存有完整的亚热带植被体系。

峨眉山拥有高等植物242科，3200种以上，约占中国植物物种总数的十分之一，占四川植物物种总数的三分之一，其中药用植物达1600多种，当前世界治疗癌症用的紫杉醇、鬼臼素、喜树碱、三尖杉酯碱等在这里都有种质资源分布。花卉植物500余种，世界名花之一的杜鹃花属植物，现代分布中心在中国西部，峨眉山就处于该区域内，这里拥有杜鹃花29种之多；中国的八角莲植物，中国有9种（含亚种），峨眉山就有6种；轻工、化工、食用等植物600种以上。全山森林覆盖率达87%，并保存有1000年以上古树崖桑、连香树、梓、柿、栲、黄心夜合、白辛树、百日青、冷杉等重要的林木种质资源。峨眉山被国家首批列级保护的植物达31种，占中国列级保护植物总数的10%。峨眉山植物种类丰富，特有种或中国特有种共有320余种，占全山植物总数的10%，比率高于全国。仅产于峨眉山或首次在峨眉山发现并以“峨眉”定名的植物就达100余种，如峨眉拟单性木兰、峨眉山莓草、峨眉胡椒、峨眉柳、峨眉矮桦、峨眉细国藤、峨眉鼠刺、峨眉葛藤、峨眉肋毛蕨、峨眉鱼鳞蕨等。同时植物区系成分起源古老，单种科、单种属、少种属和洲际间断分布的类群多，如著名植物珙桐、桫椤、银杏、连香树、水青树、独叶草、领春木等在植物分类上都是一些孤立的类群，形态上都保持一定的原始特征；木兰、木莲、含笑、铁杉、木樨、万寿竹、石楠、五味子等是与北美相对立的间断分布类群，这些都是第三纪以前延续下来的物种。

峨眉山植物物种的多样性，造成了群落组成结构的复杂性和群落类型的多样性。峨眉山的森林植物群落具有乔、灌、草、地被和各层发达而结构完整的特点。各层种类很少由单一的优势种组成，多为多优势种。从低至高由常绿阔叶林—常绿与落叶阔叶混交林—针阔叶混交林—亚高山针叶林形成了完整的森林垂直带谱，构成了当今世界亚热带山地保存最完好的原始植被景观。

峨眉山植物区系的复杂性更反映在其组成上，既有中国—日本植物区系成分，又有中国—喜马拉雅植物区系成分，而且热带、亚热带植物成分和温带植物成分都在那里交汇、融合，形成奇特的自然景观，如热带、亚热带常绿树种栲、木荷、桤木等可上升至海拔2200米以上，居于寒湿性、温性的冷杉、铁杉等可下延至海拔1800米，与温性槭、桦等构成一体，形成峨眉山山地特殊色彩的五花林又称针阔混交林带。

峨眉山的动物有2300多种，珍贵动物有小熊猫、苏门羚、弹琴蛙等。珍稀特产和以峨眉山为模式产地的有157种，国家列级保护的有29种。兽类中的小熊猫，又名“红色熊猫”，列入1974年颁布的《濒危野生动植物种国际贸易公约》附录H物种。鸟类中有蜂鹰、凤头鹰、松雀鹰、白鹏、斑背燕尾等9种。昆虫中的蝴蝶有268种之多，属于峨眉山特产的多达53种。英雄基凤蝶和中华枯叶蛱蝶等尤为罕见。两栖类的峨眉昆蟾、金顶齿突蟾、峨眉树蛙、峰斑蛙等达13种。寡毛类的环毛蚓、峨眉山杜拉蚓等达15种。

二、厚重的人文内容

峨眉山区不仅自然遗产丰富和独特，而且以佛教文化为主的人文内涵也异常丰富。

（一）峨眉山：普贤道场佛教胜地

峨眉山又称光明山，是中国四大佛教名山之一，有佛国仙山之称，传为普贤菩萨道场，与山西省的五台山、杭州湾的普陀山、安徽省的九华山并称为佛教四大名山。山上有金顶、千佛顶、万佛顶等景观。万佛顶为最高峰，海拔3099米，高出峨眉平原2700多米。

峨眉山不仅有着丰富的佛教文化，更遗存有大量珍贵的佛教文物。目前，峨眉山现存寺庙30余处，建筑面积约10万平方米。其中的飞来殿、万年寺无梁砖殿均为国家重点文物保护单位。佛教文物亦珍藏丰富，主要有62吨重的普贤铜像、铸有《华严经》全文和4700余尊佛像的铜塔，以及明代暹罗（泰国）国王赠送的贝叶经等。佛教文化构成了峨眉山历史文化的主体，所有的建筑、造像、法器以及礼仪、音乐、绘画等

峨眉山金顶　王达军 摄（载于赵迎新主编：《中国世界遗产影像志》，中国摄影出版社2014年8月版，第455页）

都散发出佛教文化的浓郁气息。峨眉山有文物古迹点164处，寺庙及博物馆有藏品6890多件，其中属于国家珍贵文物的有850多件，它们都具有珍贵的历史、文化和艺术价值。

峨眉山初期流行道教，有“虚灵洞天”或“灵陵太妙天”之称。公元1世纪的东汉时期，印度佛教首次传入中国，即通过丝绸之路到达峨眉山，在峨眉山上建造了第一座佛教寺院。当时称普光殿，后改名为光相寺。1614年，明神宗朱翊钧御题横额称“永明华藏寺”。山上的佛教寺院创建于东汉，此后历代都曾增修，唐宋之后日趋兴盛，至明清达到极盛，一时大小寺庙近百座，成为佛教著名的普贤道场。自清朝以后，佛教衰微，加上山地多雨潮湿，寺庙建筑逐渐破败。现山上主要庙宇及名胜有报国寺、万年寺、雷音寺、伏虎寺、清音阁、仙峰寺（九老洞）、洪椿坪、洗象池、金顶、白龙洞等。

报国寺是峨眉山最大的佛教寺院，它位于峨眉山麓，是进出

报国寺（载藏羚羊旅行指南编辑部编著《中国最美的100座名山》，人民邮电出版社2014年6月版，第207页）

峨眉山万年寺普贤铜像　陈东林摄（载于赵迎新主编：《中国世界遗产影像志》，中国摄影出版社2014年8月版，第457页）

峨眉山的门户。寺院始建于明万历年间，当时建在与伏虎寺一溪之隔的地方，清顺治年间重建时移到现址。康熙四十二年（1703），根据康熙御题“报国寺”改为现名。寺院由四大内院群组成，规模宏大。走进山门，就是弥勒殿，其后是供奉释迦如来佛像的大雄宝殿，左边的文物陈列馆里，珍藏着徐悲鸿、齐白石、张大千等人的画作。大雄宝殿后面有一座紫铜华严塔，塔高6米，共14层，明代制造，塔身铸有佛像4700余尊和《华严经》全文。塔的后侧是雄伟的七佛殿，殿内供奉着2米高的七佛像和明永乐十三年（1415）景德镇烧制的彩釉瓷佛一尊，高2.4米。殿内石栏杆上的透雕和石雕也极为精湛。位于最后面的是藏经楼，木制的格子门窗，人物、花鸟等浮雕极为精细。两侧的陈列室里，展示着在峨眉山收集的动植物标本。

万年寺位于清音阁、白灵洞、灵官楼之后，距报国寺15千米之外的山上。该寺建于晋代，初名普贤寺。唐代改名为白水寺，宋时又改名为白水普贤寺。明万历中敕改圣寿万年寺。万年寺原有殿宇七重，规模宏大，后几经兴废，现只存砖殿、毗卢殿、接引殿三重。主要建筑是建于明代万历年间的砖殿。该殿是一座无梁殿，斗拱、门楣、短柱等均以砖代木。殿高16米，呈正方形，每边长15.6米，殿顶为穹顶。殿内墙壁上有26个小佛龛，各供铁铸罗汉像一尊，上部有6条横龛，摆列着许多小铁佛像。殿正中央，有普贤菩萨骑着六牙白象的铜铸像一尊。该像铸造于北宋太平兴国五年（980），高7.35米，制作工艺十分精湛。

出砖殿，过石桥，便是巍峨宝殿。该殿分为前后两栋，两侧建有配殿，殿顶双层屋檐，美观朴素，规模宏大。顺山路向上攀登，经过白云寺和接引殿等，到达金顶。到金顶之后，首先看到的是明代古智禅师修建的太子坪（万行庵），再向上便是金顶的卧云庵。卧云庵建于明嘉靖年间，性天和尚率民众用了20年时间才完成。庵的南边有祖殿及古明心殿等。

永明华藏寺建在金顶最高处。金顶的下面是悬崖峭壁，日出时，光环浮于云际，形成举世闻名的“佛光”。

公元1世纪中叶，佛教经南丝绸之路由印度传入峨眉山，药农蒲公在今金顶创建普光殿。公元3世纪，普贤信仰之说在山中传播，慧持在观心坡下营造普贤寺（今万年寺）。6世纪中叶，世界佛教发展重心逐步由印度转向中国，四川一度成为中国佛教禅宗的中心，佛寺的兴建应运而生，历史上寺庙最多时曾达100多座。公元8世纪，禅宗独盛，全山禅宗一统。9世纪中叶，宋太祖赵匡胤，派遣以僧继业为首的僧团去印度访问。回国后，继业奉记来山营造佛寺，译经传法，铸造重62吨、高7.85米的巨型普贤铜佛像供奉于今万年

峨眉山普贤菩萨像和白象驮如意（载张妙弟主编《美丽四川》，蓝天出版社2014年10月版，第32页）

寺内，此像成为峨眉山佛像中的精品。

（二）峨眉之名的来历

峨眉山地势陡峭，风景秀丽，重峦叠嶂，气象万千，素有“峨眉天下秀”之美称。主峰万佛顶海拔3099米，登顶可以看到云海、日出、“佛光”、“圣灯”四大奇观。

对于峨眉山名来历，众说纷纭。早在春秋战国时期，峨眉山就闻名于世。而峨眉山名，早见于西周，据晋代常璩撰写的《华阳国志·蜀志》记载：杜宇“乃以褒斜（今陕西汉中）为前门，熊耳（今四川青神县境内）、灵关（今四川雅安芦山县西北）为后户，玉垒（今四川都江堰市境内）、峨眉（今四川峨眉山市境内）为城郭”。晋左思的《蜀都赋》写道：“引二江之双流，抗峨眉之重阻。”但为什么称之为“峨眉”其说不一。一说峨眉山是因“山高水秀”得名，另一说是因“两山相峙”而得名。还有一种说法是峨眉山屹立在大渡河边上，大渡河古称“涐水”，因山爱水，故称“涐湄山”。因峨眉山为山，于是由“涐湄”变成了“峨眉”。近代文人赵熙说：“是山当涐水之眉。眉者，湄也，以水得名。”《峨眉郡志》则云：“此山云鬘凝翠，鬒黛遥妆，真如螓首蛾眉，细而长，美而艳也，故名峨眉山。”

（三）峨眉山的武术文化

峨眉派的武术历史沿革，与少林和武当派有所区别，少林派武术相传是南北朝时期来华的古印度高僧、中国禅宗始祖达摩传授的；武当派是由明初道家张三丰创始。峨眉派的始创则远远早于两派，根据现有史料，峨眉武术孕育时间可追溯到上古时期，成型于春秋战国，以白猿祖师（司徒玄空）的“峨眉通臂拳”为历史依据。关于峨眉武术的地域定义，史学界尚有争议：从广义上说，峨眉武术形成于峨眉山，故以峨眉而得名，流传于巴蜀（西南大部）地域范围内的武术各流派由于相近的地理环境和相通的人文环境，所形成的风格和特征非常相近，均以“峨眉派武术”相称，形成以峨眉山为主的一大地域性武术派系。峨眉武术在孕育期间不可避免地受到根深蒂固的巴蜀神巫文化影响，在形成期间得益于道家养生行气之术和佛门内外兼修之精髓，在发展中受到楚越文化、中原文化和巴蜀文化的熏陶，是数千年来巴蜀各民族的智慧结晶。

（四）峨眉山的茶文化

峨眉山茶文化同峨眉山道、释、儒文化及峨眉派武术文化组成了丰富的峨眉山文化。据文献记载，最先将峨眉山森林中野生古茶择而饮之的，是当时来峨眉山中寻觅长生不老之术的修行者。

公元845年前后，峨眉山昌福禅师（今眉山人）创编了茶道律谱《峨眉茶道宗法清律》一书。后来的峨眉山高僧几乎都会种茶制茶，著名的中国名茶“竹叶青”“峨眉雪芽”“峨眉白芽”“妙品”等，最初都是由峨眉山高僧自种自制的极品绿茶。另外，峨眉山之所以名扬天下，也与历代名人学士、墨客骚人的咏赞、记述和传播有着密切关系。诗人李白、苏东坡都留下不少赞美峨眉山的诗篇。在二峨山（古称绥山）下不远处的沙湾镇，还有现代文豪郭沫若的故居。郭沫若写下了不少吟咏峨眉的诗篇，曾为其题写“天下名山”四字。

三、乐山大佛——中国最大的石像

乐山大佛位于四川省中南部的乐山市，岷江、大渡河、青衣江三江汇合处。大佛是依凌云山西侧的悬崖凿成的巨型弥勒佛坐像，故又名凌云大佛。

乐山大佛通高71米，仅上半身就高达28米，大佛头长14.7米，头宽10米，肩宽24米，耳长6.7米，耳内可并立二人，脚背宽9米，可坐百余人，素有“佛是一座山，山是一尊佛”之称。乐山大佛是世界最高的大佛，巨大的规模和雄伟的姿态举世无双。乐山大佛自唐代开元元年（713）动工。当时，岷江、大渡河、青衣江三江于此汇合，水流直冲凌云山脚，势不可挡，洪水季节水势更猛，过往船只常触壁粉碎。凌云寺名僧海通见此甚为不安，于是发起修造大佛之念，一使石块坠江减缓水势，二借佛力镇水。海通募集20年，筹得一笔款项，当时有一地方官前来索贿，海通怒斥：“目可自剜，佛财难得！”遂“自抉其目，捧盘致之”。其后又由剑南节度使韦皋继续开凿，朝廷也诏赐盐麻税款予以资助，终于在唐贞元十九年（803）完成，前后花了90年时间。

乐山大佛

乐山大佛景区由凌云山、麻浩岩墓、乌尤山、巨形卧佛等景观组成，面积约8平方千米。景区属峨眉山风景名胜区，是国家AAAAA级风景名

胜区、闻名遐迩的旅游胜地。古有“上朝峨眉、下朝凌云”之说。

乐山大佛（载张妙弟主编《美丽四川》，蓝天出版社2014年10月版，封面图片）

大佛初建的时候，全身饰以金色为主的色彩，外部建有木结构重楼，重楼内部七层，外部屋檐十三层。这种罕见的建筑当时称为大佛像阁，宋代改名为天宁阁。重楼在明末毁于战乱，仅留下巨大的佛像。

乐山大佛是唐代摩岩造像中的艺术精品之一，是世界上最大的石刻弥勒佛坐像。大佛双手抚膝正襟危坐，造型庄严。

乐山大佛具有一套设计巧妙、隐而不见的排水系统，它对保护大佛起到了重要的作用。在大佛头部18层螺髻中，第4层、第9层和第18层各有一条横向排水沟，分别用锤灰垒砌修饰而成，远望看不出痕迹。衣领和衣纹皱折处有排水沟，正胸左侧也有水沟与右臂后侧水沟相连。两耳背后靠山崖处，有洞穴左右相通。胸部背侧两端各有一洞，但互未凿通，孔壁湿润，底部积水，洞口不断有水淌出，因而大佛胸部约有2米宽的浸水带。这些水沟和洞穴，组成了科学的排水、隔湿和通风系统，防止了大佛的侵蚀性风化。

沿大佛左侧的凌云栈道可直接到达大佛的底部。坐像右侧有一条九曲古栈道。栈道沿着佛像的右侧绝壁开凿而成，奇陡

乐山大佛栈道（载张妙弟主编《美丽四川》，蓝天出版社2014年10月版，第113页）

无比，曲折九转。这里是大佛头部的右侧，也就是凌云山的山顶。此处可观赏到大佛头部的雕刻艺术。大佛头顶上的头发，共有螺髻一千多个。远看发髻与头部浑然一体，实则以石块逐个嵌就。

大佛右耳耳垂根部内侧，有一深约25厘米、长达7米的佛耳，不是原岩凿就，而是用木柱作结构，再抹以锤灰装饰而成。在大佛鼻孔下端亦发现窟窿，露出三截木头，成品字形。说明隆起的鼻梁，也是以木衬之，外饰锤灰而成。

大佛头部的右后方是建于唐代的凌云寺，即俗称的大佛寺。寺内有天王殿、大雄殿和藏经楼三大建筑群。

大佛龛窟右侧临江一面的悬崖峭壁上有一巨大的摩崖碑，即《嘉州凌云寺大弥勒石像记》碑，它确定了这座石刻雕像的真实官方名称。相关古迹还包括灵宝塔（始建于唐代）、大佛寺（明代）以及乌尤寺。麻浩崖墓中有编号的崖墓达544座。

峨眉山—乐山大佛作为双遗产，符合联合国教科文组织评审的多项标准。

峨眉山和乐山大佛的遗产区分别覆盖15400公顷和17.88公顷，完全体现佛教文化和古建筑的重要性。峨眉山是中国四大佛教名山之一，因此千百年来它一直受到特殊保护。

峨眉山和乐山大佛的内在真实性，很大程度上在于人造元素和自然环境之间的关系。单体建筑的保护与修复工程大体上保证了其真实性。作为佛家圣地，峨眉山从长期和传统的保护与修复制度中受益，其最早可追溯至10世纪中叶。直至今天，遗产的真实性保护仍然要依据非常严格的标准进行。

参考文献

1.丘富科主编:《中国文化遗产辞典》，文物出版社2009年版。

2.联合国教科文组织世界遗产中心编、王彩琴译:《联合国教科文组织世界遗产》第四卷，海燕出版社2004年版。

（撰稿：张　卡）

碧水丹山秀东南，文化瑰宝享盛名

——福建武夷山

武夷山位于福建省西北部，是中华十大名山之一。相传上古尧帝时期，彭祖率领族人移居到闽北一带，为治理洪水，两个儿子彭武和彭夷带领族人堆山挖河，最终制服了洪水，后人为纪念彭氏二兄弟，将其山脉称之为“武夷”。武夷山属典型的丹霞地貌，总面积99975公顷，划分为东部自然与文化景观、中部九曲溪生态、西部生物多样性以及城村闽越王城遗址等4个保护区。1999年12月1日，在北非摩洛哥海滨城市马拉喀什市阿特拉斯酒店会议厅，联合国世界遗产委员会第23届大会将武夷山列入《世界遗产名录》中的世界文化与自然双重遗产。世界遗产委员会评价道：武夷山脉是中国东南部最负盛名的生物保护区，也是许多古代孑遗植物的避难所，其中许多生物为中国所特有。九曲溪两岸峡谷秀美，寺院庙宇众多，但其中也有不少早已成为废墟。该地区为唐宋理学的发展和传播提供了良好的地理环境。

山水交融的武夷山
庞玉成 摄

自11世纪以来，理教对中国东部地区的文化产生了相当深刻的影响。公元1世纪时，汉朝统治者在城村附近建立了一处较大的行政首府，厚重坚实的围墙环绕四周，极具考古价值。2017年7月10日，第41届联合国教科文组织世界遗产委员会会议又将世界仅有的35处“世界文化与自然双重遗产”之一的武夷山边界，扩至江西铅山。

一、武夷山自然与人文风貌概述

武夷山是“罕见的自然美的地带”。它以“丹霞地貌”著称于世，主要发育于侏罗纪至第三纪的水平或缓倾的红色地层中，是全国200多处丹霞地貌中发育最为典型的。红色砂岩经长期风化剥离和流水侵蚀，形成孤立的山峰和陡峭的奇岩怪石，造就了武夷山“峰峦岩壑秀拔奇伟，溪涧泉水清澈澄碧”的自然景观，素有“碧水丹山”“奇秀甲东南”之美誉。武夷山主要自然风景可以概括为“溪曲三三水”（即九曲溪）、“山环六六峰”（即三十六峰），险兀壮观的七十二洞穴，俊秀齐立的九十九岩，错落有致的一百零八个景点。曲折萦回的九曲溪将三十六峰、九十九岩连为一体，沿岸比肩并列的奇峰和光滑的峭壁，映衬着清澈深邃的溪水，构成“一溪贯群山，两岩列仙岫”的独特自然美景。“三三秀水清如玉”的九曲溪，与“六六奇峰翠插天”的三十六峰、九十九岩的绝妙结合，是武夷山申报自然遗产的重要内容。

武夷山具有极其丰富的自然生态资源。武夷山是世界生物多样性保护的关键地区，保存了世界同纬度带最完整、最典型、面积最大的中亚热带原生性森林生态系统，有着大量完整无损、多种多样的林带，是中国亚热带森林和中国南部雨林最大和最具代表性的例证；还发育有明显的植被垂直带谱，分布着南方铁杉、小叶黄杨、武夷玉山竹等珍稀植物群落，几乎囊括了中国亚热带所有的亚热带原生性常绿阔叶林和岩生性植被群落，联合国教科文组织于1987年将武夷山列为国际生物圈保护区网络成员。区内峰峦叠嶂，高差悬殊，良好的生态环境和特殊的地理位置，使其成为多种动植物的“天然避难所”，物种资源十分丰富。武夷山已知植物3728种，已知动物5110种，有46种被列入国际《濒危物种国际贸易公约》(CITES)，其中黑麂、金钱豹、黄腹角雉等11种列入世界一级保护。此外，武夷山也是世界昆虫种类最丰富的地区，这里有昆虫4635种，被誉为“昆虫世界”。联合国教科文组织官员在考察武夷山时评价道：“武夷山是全球生物多样性保护的关键地区，是尚存的大量古老和珍稀濒危物种的栖息地，是代表生物演化过程以及人类与自然环境相互关系的突出例证。”

武夷山在被自然界赐予独特和优越的自然环境的同时，也吸引着历代高人雅士、文臣武将来此游览、隐居、著述，先民的智慧、文士的驻足在武夷山留下众多的文化遗存。武夷山境内的梅溪等地的夏商周古文化遗址、曾令朱熹感叹不已的架壑船棺、位于崇阳溪畔的古汉城遗址等，都是武夷文化的精华所在。武夷山世界文化遗产主要有六大要素：

其一，古闽族、闽越族文化遗存。古闽族是福建最早的土著民族，古闽族文化是已消逝的古代文明的历史见证。早在4000多年前，就有先民在此劳动生息，逐步形成了“古闽族”文化和其后的“闽越族”文化，绵延2000多年之久，留下众多的文化遗存。葫芦山遗址、梅溪岗和马子山谷文化遗址、武夷山崖墓群、城村汉城遗址等，都是各个时期古闽族、闽越族在武夷山留下的历史印记。

其二，朱子理学文化。武夷山是朱子理学的摇篮，是现今世界研究朱子理学的基地。朱熹在武夷山从学、著述、讲学长达50余年，终成理学之集大成者。朱子理学文化是宋代至清代处于统治地位的思想理论，影响远及东亚、东南亚。以朱熹为主的理学家们在武夷山留下了诸多理学遗迹，仅九曲溪两岸便有古书院遗址35处，另有刘公神道碑、紫阳书院、朱熹墓等12处理学文化遗存被列入《世界遗产名录》。这些文化遗存以生动形象的方式向人们展示了朱子理学的博大精深，具有深厚的历史积淀和丰富的文化内涵。

其三，茶文化。武夷岩茶是世界四大茶类的中小叶种代表，其悠久的历史、独特的岩韵蕴含着高雅的情趣。武夷岩茶之所以驰名中外，一是在于其所依托的优越的自然环境，武夷山区气候温和，湿度大，茶园土壤绝大部分由火山砾岩、红砂岩及页岩组成，土壤适宜茶树生长；二是在于优良的品种树，经历代茶师、茶农选育培植流传下来的水仙、肉桂、乌龙等各具特征，都是传统优异品种；三是精湛的制作工艺，经采青、萎凋、做青、炒青、揉捻、烘焙、捡剔等重重工艺，加上特殊的技术措施，使茶韵更加醇厚。今人在总结、挖掘唐之煮茶、宋之斗茶、元之贡茶、明之散茶、清之乌龙工夫茶的基础上，整理编制出武夷茶艺，在国内外深受好评。因其地位的特殊性，武夷山茶文化作为一种文化载体，在中国茶文化中盛名不衰。

其四，宗教文化。武夷山儒、释、道三教同山，南朝时，儒教传入武夷山；佛道两教自唐朝开始传播，佛道两界都与儒者交往密切，关系融洽，许多书院、寺庙比邻而建。八曲溪北的三教峰作为武夷山的三十六名峰之一，昭示着“千载儒释道”的无穷魅力。武夷山中有古宫观遗址64处、古寺庙遗址40余处，另有彭祖墓、桃源观等15处寺庙宫观被列入《世界遗产名录》。

其五，摩崖、碑刻。武夷山摩崖石刻440多处，是武夷艺文宝库中极为重要的一部分，它以直观性、便捷性的诗文和书法形象，卓立于峰岩、洲石、涧壑之间，包含了理学文化、宗教文化、山水文化以及告示、坊刻、碑刻等类别，记载了自唐代以来武夷山的变迁发展史，是书法经典的宝库、武夷文化的精髓，具有极高的历史文化及艺术价值。

其六，其他古建筑、遗址。武夷山内还有古蹬道19条、古牌坊3座、古井4口、古亭47座、古寨遗址10余处等，七十二板墙、余庆桥、城村古粤门楼、百岁坊、林氏家祠等独具特色的古建筑和遗址也被列入《世界遗产名录》中。武夷山弥足珍贵的文化遗产是已消逝的古文明、古文化传统独特的见证。

武夷山是人文与自然和谐统一的突出代表。以秀水、奇峰、幽谷、险壑等为特色的自然景观，哺育了几千年的武夷文化；悠久深厚的文化传统与自然山水完美融合，使其成为全人类共有的宝贵遗产。

二、武夷山独特而绝妙的景观

受自然环境和地质地貌差异的影响，武夷山自然景观呈现出两种不同的特色。其中，东部以秀、拔、奇、伟为特色，形成奇峰、怪石、幽洞等奇观，在东部景区60平方千米地域内，分布着“三三秀水”“六六奇峰”，还有九十九巉岩、六十怪石，七十二奇洞，十八幽涧。西部以雄峙巍峨、深邃壮观为特色，拥有高山、峡谷、孤峰和绝壁等特殊地貌。武夷山的灵山秀水、自然奇观也孕育着武夷山的文化景观，如智动仁静的摩崖石刻、蕴藉深厚的道南理窟、历尽沧桑的闽越王城等。本文节选部分武夷山独具特色的自然和人文景观加以介绍。

1.鬼斧神工的武夷奇峰

六六奇峰，是指大王峰、玉女峰、接笋峰、天游峰等三十六峰。群峰秀拔奇伟，千姿百态，林木葱郁，令人目不暇接。武夷奇峰之特点可以归纳为三点：第一，每一座山峰，都是一块独石构成，如武夷第一胜地天游峰，即为一整块巨石构成。天游峰海拔408米，是一条由北向南延伸的岩脊，东接仙游岩，西连仙掌峰，壁立万仞，高耸群峰之上，峰上名树古木众多。每当雨后乍晴，晨曦初露之时，白茫茫的烟云弥山漫谷，风吹云荡，起伏不定，犹如大海的波涛，汹涌澎湃。登峰巅，望云海，变幻莫测，宛如置身于蓬莱仙境，遨游于天宫琼阁，故名天游，为武夷第一胜景。天游峰分为上天游和下天游。上天游的一览亭，濒临悬崖，高踞万仞之巅，是一座绝好的观赏台。从这里凭栏四望，武夷山山水尽收眼底。徐霞客登临后慨然而叹："其不临溪而能尽九曲之胜，此峰固应第一也。"第二，峰峦的姿态，神似形似，惟妙惟肖。例如，极似一对春燕的燕子峰，每当山岚缭绕之时，峰峦在雾霭的升腾中变幻，俨如双燕比翼齐飞。还有岩顶突

奇峰　庞玉成 摄

出一块尖形岩石形似鹰嘴的鹰嘴岩、挺拔娟秀似窈窕少女的玉女峰、犹如擎天巨柱而具“王者威仪”的大王峰、形似并立三姐妹的三姑石等。第三，武夷峰岩，大多是峰下一片翠树绿竹，峰顶苍松灌木，而峰腰则比较空旷，如更衣台、天柱峰、隐屏峰、接笋峰、灵峰、碧石岩、莲花峰都有此特点。

2. 逶迤曼妙的九曲溪

武夷山最富灵性的水莫过于九曲溪，九曲清流，奇峰倒映，宛如一幅绝妙的丹青画。这条举世闻名的河流发源于武夷山脉主峰——黄岗山西南麓，清澈晶莹，经星村镇由西向东穿过武夷山风景区，全长62.8千米，其中流经武夷景区段9.5千米，将景区划分为南北两大片区。九曲溪上游有许多美丽的村庄和田野，两岸集聚着嶙峋怪石，种类极其丰富的鸟类也栖息在九曲溪两岸的丛林中。九曲溪盈盈一水，折为九曲，因而得名。九曲溪的次序是逆流而数的，两湾为一曲，由九曲漂流至一曲，移筏换景，曲曲景异。九曲：地势开阔，平川锦绣；八曲：山石怪异，情趣盎然；七曲：高峰耸立，飞翠寒流；六曲：景致荟萃，巧布天成；五曲：幽深峥嵘，险象丛生；四曲：渡溪题勒，古物悬崖；三曲：峰岩峭拔，溪谷深割；二曲：云崖对峙，水碧潭香；一曲：九九归一，大王迎宾。随着武夷山旅游业的兴起，九曲溪成为深受中外游客欢迎的

九曲溪（中国世界遗产网）

最经典的武夷山风景旅游线路，她终年繁忙地奔波着，引领着游客穿梭于群峰秀水中，领略唯美的山水韵律。游人乘坐竹筏，冲波击流，荡漾而下。抬头可见山景，俯首能赏水色，侧耳可听溪声，伸手能触清流。九曲溪使两岸群峰与溪流结合，构成了“碧水丹山”“水抱山环”的佳景。古人在游览九曲溪后，用诗句勾画出了她的秀丽景色：“溪曲三三水，山环六六峰”，“溪流九曲泻云液，山光倒浸清涟漪”，“一溪贯群山，清浅萦九曲，溪边列岩岫，倒影浸寒绿”。除九曲溪外，武夷山内还有东部的崇阳溪、北部的黄龙溪，三溪贯穿群峰，在南端交汇。纵横交错的沟谷涧壑，其间的淙淙泉流，为这里的风景注入了无限生机。

3. 神秘奇特的架壑船棺

在武夷山的小藏峰、大藏峰、白云岩、大王峰、观音岩等处，迄今尚遗存有架壑船棺与虹桥板等古物。“架壑船棺”，又称悬棺，是古时候聚居在武夷山一带的古越族人葬俗遗存——一种形制奇特的棺柩；“虹桥板”，也就是用来支架船棺或架设栈道的木板。悬棺形制独特，分底、盖两部分，全长3—5米，由整棵楠木或其他坚硬优质的木材刳成，上下套合，前高而宽，后低而窄，两头起翘如船形。棺内随葬品有人字形竹席、细棕、龟形木盘和已碳化的丝、棉、大麻、苎麻等织品，以及陶器、青铜器等生活器皿。在这里发现的悬棺经国家文物局文物保护科学技术研究所碳十四测定，距今3750—3295年，约为我国历史上的商代。武夷悬棺是迄今为止考古发现最早、造型最独特的悬棺，是武夷山古闽族先民奇特葬俗的遗物。随着武夷山古闽族先人的迁徙、文化的交流，武夷悬棺大致分西、南、东三条线路向外传播，成为我国南方古代少数民族的一种具有普遍意义的文化现象。因悬棺被置于常人难以企及的高高的崖洞之上，又独具匪夷所思的舟

武夷悬棺

船造型，自古以来被人们假托为“神仙”所为，是武夷山中最具传奇色彩的文化遗产。武夷悬棺从一个侧面反映了武夷山古闽族先民所处历史阶段的社会物质生活、社会结构以及当时生产力发展的程度、生产技术进步、民族生活习俗、宗教信仰等情况，是研究我国南方先秦历史和探讨已经消亡的古闽族文化极为珍贵的资料，具有重要的历史艺术和科学价值。

4.历尽沧桑的闽越王城遗址

闽越王城遗址位于武夷山市兴田乡城村西南1千米，北距武夷山风景区约21千米。闽越王城城址呈长方形，南北长860米，东西宽550米，总面积为48万平方米。城的东、西、北三面，崇溪环绕，依山傍水，风景优美。城墙沿山势夯土建筑，高4—8米，城外挖有护城壕。经发掘，城内分布着殿宇、楼阁、营房住宅，冶铁、制陶和墓葬等遗址多处。建筑物坐北朝南，左右对称，布局严谨，与当时平原地区的城市布局截然不同，是江南独树一帜的“干栏式建筑”。古城排水系统，利用自然山坡和沟谷建成，实行雨水、污水分流，规划合理自然，令人称奇。经过对该诚址几十年的考古调查发掘，人们对闽越王城遗址的认识取得突破。1958年南平地区文物普查队到古城遗址开展文物普查，初步判断其属于汉代文化遗存；第二年，福建省文管会组建考古队在此进行小范围发掘，出土的陶器、铁器、铜器等多种文物具有强烈的汉代风格；1961年，古城被列入福建省重点文物保护单位；1980年起，福建省博物馆组建“崇安城村汉城考古队”，再次对古城遗址进行较大规模的发掘；经多方考证，闽越王城建于西汉时期，是闽越国的一座王城。闽越国是福建历史上地方割据政权中存在时间最早、最长，也是最为强盛的地方政权。目前，遗址中已发掘的面积仅占遗址的几十分之一，但出土的文物很多都代表着当时文化、科学技术的最高水平，向人们展示了闽越人民生活发展的轨迹。该城址保存之完整、布局之合理，在我国长江以南目前已发现的同时代的古城遗址中也是十分罕见的，它是福建省目前发现的面积最大、文化价值最高、内涵最丰富的的人文名胜。武夷山在申报世界双遗产时，将其作为主要文化遗产项目申报，要求将其列入世界文化和自然遗产名录。1999年12月，该城址得以屹立于世界遗产之林，更好地发挥其所具有的世界意义。

三、武夷山丰富的自然资源

1. 土壤资源

武夷山随着海拔高度、气候、生物等条件的变化，其土壤呈现出垂直变化的趋势，分为红壤带、黄红壤带、黄壤带及山地草甸土带。其中，红壤带分布在海拔700米以下，地形起伏较小，多年平均温度为17℃—19℃，多年平均降水量为1700—2000毫米。它的成土母岩以粗粒花岗岩为主，化学风化作用强，脱硅富铝化过程强，在这些因素的共同作用下，发育了红壤；黄红壤带分布在海拔700—1050米，地形起伏较小，多年平均温度为

13℃—18℃，多年平均降水量约为2000毫米。它的成土母岩以粗粒花岗岩为主，化学风化作用较强，脱硅富铝化过程较强，在这些条件下，其发育了黄红壤。黄壤带分布在海拔1050—1900米，地形起伏变化大，多年平均温度为11℃—13℃，多年平均降水量约为2200毫米。它的成土母岩以火山凝灰岩为主，化学风化作用减弱，脱硅富铝化过程也减弱，成土作用以黄化过程占优势，在此环境下，其发育了山地黄壤。山地草甸土带分布在海拔1900—2158米，地势逐渐趋于平缓，多年平均温度为8.5℃，多年平均降水量高达3000毫米，风力强。它的成土母岩以火山凝灰岩为主，以物理风化为主，化学风化作用很弱，脱硅富铝化过程也很弱，矿质化也弱，使有机质大量的积累。受土壤及其他自然因素的影响，武夷山依次分布着常绿阔叶林带（350—1400米，山地红壤）、针叶阔叶过渡带（500—1700米，山地黄红壤）、温性针叶林带（1100—1970米，山地黄壤）、中山草甸（1700—2158米，山地黄红壤）、中山苔藓矮曲林带（1700—1970米，山地黄壤）五个植被带。结合不同土壤资源的特点，人们不断开发利用土壤资源，不同的土壤带孕育着不同的植物：红壤带成片分布着人工种植的杉木林和马尾松林，平缓地丘大多种植茶树、果树和水稻等经济作物；黄红壤带种植了大面积的毛竹林，在坡度稍缓处，部分土壤被开辟为茶园。

2. 植物资源

武夷山区内峰峦叠嶂，高差悬殊，绝对高差达1700米，良好的生态环境和特殊的地理位置，使其成为地理演变过程中许多动植物的“天然避难所”。武夷山内，植被类型多样。共有常绿阔叶林、温性针叶林、暖性针叶林、温性针叶阔叶混交林、常绿阔叶落叶混交林、竹林、常绿阔叶灌丛、落叶阔叶林、灌草丛、草甸等11个植物类型，56个群系、170个群丛组，具有中亚热带地区植被类型的典型性、多样性和系统性。武夷山内现已查明的植物有3728种，还有相当一部分物种未被人们所发现。在这些已查明的植物中，一是珍稀物种，即濒危、渐危和稀有物种多。据统计，武夷山保护区内被列入《中国植物红皮书（第一册）》的濒危、渐危物种28种，列入《濒危野生动植物种国际贸易公约》（CITES）附录Ⅱ的种类101种，列入福建省地方重点保护的野生植物42种。二是古老、孑遗物种多。如银杏、鹅掌楸、红豆杉、江南油杉、水杉，都有古老的大树分布，有的还形成颇为壮观的群落，还有古老的离生心皮类植物。据统计，武夷山地区的孑遗种、古老离生心皮类和柔荑花序类型的植物共有181种、12变种。三是具有经济价值的植物多。其中药用植物1194种，主要用材树种365种，纤维植物171种，芳香、油料植物161种，单宁植物70种，糖类淀粉植物219种，蜜源植物200种，还有染料、色素及饲料植物70余种。这在植物世界中，是种类最为丰富的王国之一。

丰富的植被　庞玉成 摄

3. 动物资源

武夷山是全球生物多样性保护的关键地区，是许多珍稀、濒危物种的栖息地。这里的挂墩、大竹岚是享誉世界的生物圣地，拥有“昆虫世界”“蛇的王国”“鸟的乐园”“研究亚洲两栖爬行动物的钥匙”等美誉。为保护珍贵的生物资源，经多方努力，1979年福建武夷山自然保护区成立，并被列为国家级自然保护区；1987年，武夷山自然保护区被联合国教科文组织列为世界生物圈保护区。目前武夷山内已知的动物种类有5110种，其中哺乳纲71种，鸟纲256种，鱼纲40种，两栖纲35种，爬行纲73种，昆虫已定名的4635种。在种类繁多的动物中，有许多珍稀特有动物。其中，国家一类保护动物9种，二类保护动物48种，已列入国际《濒危野生动植物国际贸易公约》的动物有46种，属中日、中澳候鸟保护协定规定保护的鸟类97种，还有48种稀有特有的动物种类，如两栖类的崇安髭蟾、武夷湍蛙等。

武夷山是“昆虫世界”。全世界共有昆虫34个目，我国昆虫有33个目，武夷山保护区已发现有31个目。据统计，在武夷山保护区采集的昆虫标本至少200多万个，目前还不断有新的品种被整理鉴定出来。在这些昆虫中，绝大多数是对生物有益的益虫，害虫不超过2%，且均可利用天敌进行防治。在武夷山中，保护、开发利用昆虫资源维护生态平衡是一项重要的课题。武夷山是“蛇的王国”。自然保护区内已发现的蛇类有59种，其中有玉斑锦蛇、紫灰锦蛇等18种吞食老鼠的蛇，还有喜食白蚂蚁的钩盲蛇，它们对人类和农林业具有极大的益处。武夷山是“鸟的天堂”。自然保护区内已发现的鸟类有256种，包含国家一级保护的黄腹角雉、中华秋沙鸭，国家二级保护的白鹇等，还有鹰、雕、隼、鹗等猛禽和挂墩鸦雀等武夷山特有品种。此外，武夷山是世界著名的模式标本产地。武夷山丰富的种质资源早已被中外科学家和研究机构所关注，从1873年10月法国人戴维（P.A.David）进入武夷山的挂墩一带采集动物标本，并发表了若干脊椎动物新种开始，英、法、美、奥地利等国学者纷纷进入武夷山采集标本。世界上第一次被发现的生物物种被称为新种，报道新种发现所依据的标本叫作模式标本，而发现新种的地点就称为模式标本的产地。武夷山现已发现或采集的野生动植物模式标本近1000种，尤其以种类众多的动物模式标本闻名于世。其中野生动物新种中的昆虫模式标本779种，脊椎动物模式标本达56种。至今，仍有来自武夷山地区的大量模式标本保存在伦敦、纽约、柏林、夏威夷等地，武夷山成为世界上罕见的生物模式标本产地。

四、武夷山遗产保护与旅游资源开发利用情况

世界遗产的评估考察既包含资源本身的价值，也包括其保护和管理水平。自1993年准备申报世界遗产时起，武夷山市对武夷山申报范围及外围缓冲地带环境进行了综合整治与开发。其一，开展施工建设。新建15千米的环景公路，整修山区内153千米的公路，维修九曲溪、云窝、天游等6个景点，重新兴建停车场、水质和大气监测点、旅游公厕、垃圾处理设施、医疗救护站、服务网点等50项基础设施等。建设2000多平方米的“福建闽越王城博物馆”，其布局严谨、规整，主次有序。其二，搬迁山区群众，加强环境保护。共拆迁了23个公建单位，近400户农民私有建筑，拆除建筑面积14万平方米，搬迁并妥善安置群众2008人。此外，加强对群众的宣传教育，使武夷山上下形成了“舍小家为大家”“我为‘世遗’做贡献”的浓厚气氛。其三，加强景区绿化，申报遗产区域内绿化面积达到30.75万平方米。武夷山环境整治与开发的种种举措为武夷山成功申遗奠定了良好的基础，同时武夷山被列入《世界遗产名录》后，一跃成为

世界级的旅游胜地，随之而来的则是武夷山旅游资源开发与生态保护的矛盾。

1. 武夷山遗产保护概况

武夷山在1999年申报世界遗产成功后，福建省加强了对武夷山世遗的保护管理工作。一是加大立法保障力度。先后颁布了关于遗产保护的政策、法规及文件，在文化遗产方面出台了《福建省文物保护管理条例》《福建省历史文化名城管理条例》等政策法规；在自然遗产方面，颁布了《福建省森林公园管理办法》《福建省自然保护区管理条例》等；除此之外，省人大常委会颁布了《福建省武夷山世界文化和自然遗产保护条例》《福建省武夷山国家级自然保护区管理办法》，武夷山市陆续制定了《武夷山风景名胜区管理办法》《武夷山风景名胜区野外用火管理办法》等一系列地方性法规，将武夷山的保护管理纳入了法制化轨道。二是强化资金支持。申遗成功后，武夷山市政府投入3亿元进行二期保护工程建设，外迁景区内的居民，运用智能化景区管理系统，对风景区实行封闭管理，进一步加强旅游管理和遗产保护。三是加强整治监管。2011年2月，武夷山成立了“武夷山市行政执法局世遗行政执法大队”和“武夷山世界遗产保护管委会办公室”，对九曲溪上游实行常态化监管，全力保护好九曲溪的生态环境；成立了武夷山“世界遗产监测中心”，采用高科技手段，利用卫星遥感影像图，对遗产地范围内的动态情况进行监测分析；在梅大夫第、城村、五夫等13处文物保护单位聘请了文保员，对遗产进行日常监管和保护工作；实施“数字景区”生态资源保护系统项目建设，将GPS卫星定位技术导入景区保护管理工作，构建有效的遗产资源保护管理体系。近年来，武夷山加大了环境整治力度，积极稳妥推进国家公园体制试点、国家重点生态功能区和生态系统价值核算试点工作，推进生态文明建设。

2. 武夷山旅游资源开发现状

近年来，武夷山充分发挥独特的文化资源优势，开启文旅、茶旅融合的全域旅游发展新路子，利用红色文化、茶文化、朱子文化、柳永文化等推动旅游产业转型升级。2019年9月20日，武夷山市被认定为全域旅游示范区。武夷山旅游资源开发主要表现在以下几点：第一，茶旅融合打造全产业链。在九曲溪畔的中华武夷茶博园内设置了茶魂广场、大红袍广场、5D茶体验馆、茶艺秀等丰富的茶文化体验，游客在此领略武夷茶深厚的文化底蕴和诱人的岩骨花香；2010年，武夷山推出印象大红袍山水实景演出，将悠远厚重的茶文化用艺术形式予以再现，丰富了茶文化的展现形式，吸引了大量游客。第二，红色旅游激发新活力。2018年，武夷山市投入1000多万元建设了上梅暴动陈列馆和坑口革命历史陈列馆；2019年，武夷山市结合“不忘初心、牢记使命”主题教育，通过“七个一”，即盘活一批红色文化资源、打造一条红色教育线路、出版一本红色文化教材、定制一组红色文化课程、完善一套教育保障体系、设计一份红色宣传折页、打通一条组合营销渠道，形成了独特的红色文化教育品牌；2019年10月，武夷山市发布八条红色旅游经典路线，以进一步促进全域旅游发展，盘活乡村旅游资源。第三，资源集聚促进游客体验升级。武夷山结合现代旅游服务业集聚区的发展定位，推进五个片区的改造提升工程，“世茂御榕庄—仙凡福第片区”重点打造特色主题酒店和民宿集聚区，“武夷汉城—紫阳古城片区”重点打造温泉度假养生酒店和生态民宿集聚区，“万枫酒店—水庄片区”重点打造亲水高端精品民宿集聚区，“高尔夫—云清、世茂国风、壹号院片区”重点打造博物馆文化展示与健康养生集聚区，“隐屏峰路、玉女峰路片区”重点打造咖啡、酒吧等休闲集聚区。2019年3月，当代茶圣吴觉农纪念馆全国首家分馆（武夷山分馆）落户福莲嘉叶，将青山绿水、茶文化、茶体验、民宿巧妙融合在一起，游客在此尽享武夷山、水、茶的妙趣。第四，发展智慧旅游建设。武夷山涉旅部门跳出传统思维模式，充分利用微博、微信平台、官网和手机APP发布旅游项目、旅游线路、天气、客流、优惠活动等资讯，开展茶旅、文化联体营销活动。同时，充分利用大数据平台对景区进行全方位监测，主景区通过车流统计监测系统、景区客流量监测系统、智能大屏发布系统、智能停车场管理系统等智慧化旅游服务平台，全方位满足游客“吃住行游购娱”的需求，使游客感受到了智能、便捷和个性化的全新体验。

从旅游统计数据可见，1998年武夷山全市接待旅游者165.15万人次，旅游收入仅为6.62亿元。1999年申遗成功后，武夷山旅游接待人数增长至192万人次，旅游收入7.47亿元。2019年，经第三方数据调查，武夷山市全年共接待旅游总人数1625.66万人次，同比增长7.3%，旅游总收入359.11亿元，同比增长16.5%。在二十年的时间里，武夷山旅游业实现了跨越式发展，旅游经济飞速增长，旅游业逐渐成为武夷山的主导和支柱产业。武夷山目前已形成较完善的基础服务接待体系，拥有集航空、铁路、公路为一体的旅游交通网，形成了吃、住、行、游、购、娱配置完善的旅游服务产业。

迄今为止，武夷山已经获得了多个名片——世界文化与自然双重遗产、全球人与生物圈保护区、中华十大名山、国家重点自然保护区、全国重点文物保护单位、国家重点风景名胜区、国家旅游度假区、中国陆地生物多样性保护区、中国茶文化艺术之乡等，它以奇特的自然景观资源、丰富的人文历史资源向世界展示其独特的魅力，吸引着中外游客纷至沓来。

参考文献

1.吴邦才主编:《世界遗产武夷山》，福建人民出版社2000年版。

2.许亦善著:《武夷山》，中国水利水电出版社2006年版。

3.黄胜科:《从武夷悬棺看古闽族文化》,《福建史志》2019年第5期。

4.童丽玲:《关于当前武夷山世界文化遗产保护和利用的几点思考》《中国文物科学研究》2019年第4期。

5.王芳、陈培珠:《武夷山区土地资源与开发利用》,《安徽农学通报(上半月刊)》2009年第13期。

6.张建光:《武夷山申报世界遗产的艰难历程》,《民主》2000年第6期。

7.李辛怡、许南垣:《世界遗产保护与旅游开发的良性互动研究——以武夷山为例》,《武夷学院学报》2015年第4期。

8.徐园园:《武夷山迈上全域旅游发展新征程》,《闽北日报》2019年10月24日第4版。

（撰稿：楚艳娜　谭必勇）

世界生物基因库，天然高山花园

——中国境内面积最大的世界遗产地“三江并流”

在中国云南省西北的崇山峻岭中，有一个世界上独特的自然奇观，叫作“三江并流”。“三江并流”是指金沙江、澜沧江和怒江这三条发源于青藏高原的大江在云南省境内自北向南并行奔流170多千米，穿越担当力卡山、高黎贡山、怒山和云岭等崇山峻岭之间，形成世界上罕见的“江水并流而不交汇”的奇特自然地理景观。其间澜沧江与金沙江最短直线距离为66.3千米，怒江与澜沧江的最短直线距离只有18.6千米。

“三江并流”自然景观由怒江、澜沧江、金沙江及其流域内的山脉组成，涵盖范围达170万公顷，它包括位于云南省丽江市、迪庆藏族自治州、怒江傈僳族自治州的9个自然保护区和10个风景名胜区。它地处东亚、南亚和青藏高原三大地理区域的交汇处，是世界上罕见的高山地貌及其演化的代表地区，也是世界上生物物种最丰富的地区之一。景区跨越丽江市、迪庆藏族自治州、怒江傈僳族自治州三地。

“三江并流”地区是世界上蕴藏最丰富的地质地貌“博物馆”。4000万年前，印度次大陆板块与欧亚大陆板块大碰撞，引发了横断山脉的急剧挤压、隆升、切割，高山与大江交替展布，形成世界上独有的三江并行奔流170千米的自然奇观。

一、“三江并流”的发现与申遗过程

1985年联合国教科文组织的一名官员从卫星扫描图片中发现了这一举世瞩目的奇观，从此它引起全世界的关注。1988年经国务院批准，“三江并流”被定为第二批国家级风景名胜区。2003年7月2日，联合国教科文组织第27届世界遗产大会一致决定，将中国云南省西北部的“三江并流”自然景观列入联合国教科文组织的《世界遗产名录》。

早在一个世纪以前，“三江并流”区域就开始进入世人的视野。独特的地质地貌、水文环境、高原生态类型、生物多样性和地域文化，吸引了人类探询的目光。自1883年起，法国天主教传教士拉佛、杜各洛、叔里先后进入这一地区，采集了包括山茶、百合、龙胆、杜鹃、绿绒蒿、报春在内的大量高山野生物种，偏远的云南从那时起开始了与西方文化的交融和碰撞；1904年，英国爱丁堡皇家植物园包尔福教授获悉法国人在云南西北部取得了“丰硕成果”之后，便认定“云南西北部的高山植物对英国庭院建设最有生成希望”，当即派出标本园助理付利斯到云南采集；20世纪初，美国《国家地理》杂志特约撰稿人约瑟夫·洛克数十年沉迷其间，进行科考和资料搜集，几乎耗尽一生的精力，以至在外国植物学家中流传着这样一句话：“云南西北部是欧洲植物之母。”再后是英国作家希尔顿的小说《消失的地平线》，其所描述的“香格里拉”更是成为人们苦苦寻觅的秘境；俄国人顾彼得在丽江生活十年，著有一本《被遗忘的王国》，给世人留下了

20世纪40年代的“滇西北风情录”。英国植物学家和地理学家金敦·沃德(F.Kingdon Ward)从1911年到1950年的40年间，曾八次考察藏东南、滇西北、川西南这些地势险恶、难以通达的秘境。其中，1913年4月到翌年3月，金敦·沃德在川、滇、藏接壤的横断山区，穿梭于金沙江、澜沧江和怒江的三江流域，对河流归属、水系发育和地质、地貌进行了考察。他估计金沙江、澜沧江和怒江年径流量的比例大致为5∶3∶2；并对玉曲河“S”形河曲以下的三江之间距离进行了测定，从怒江经澜沧江到金沙江，最小间距只有80.5千米，成为发现这一区段三条巨川平行并流这一世界地理奇观的第一人。

新中国成立后，我国不少杰出的科学家都将这一区域作为科学考察和研究的重点。如北京大学教授、我国权威的生物学家陈昌笃先生，他在《中国生物多样性国情报告》一书中，就将横断山南段，也就是“三江并流”所处的位置列为中国生物多样性最丰富的地区，后来陈昌笃先生来到云南，又进一步深化了他的观点:“三江并流”名列中国生物多样性保护17个“关键地区”的第一位。云南省地质学家、动植物专家李恒、梁永宁、王应祥、陆树刚等，一次次、一年年深入“三江”地区，对“三江”区域的科学研究取得了极有价值的成果。

20世纪80年代初，联合国教科文组织世界遗产中心的一位专家，从一张卫星遥感图上惊异地发现一个奇特的现象：在地球上东经98°—100°30′，北纬25°30′—29°的地区，可见到三条大江，相依相傍，从青藏高原并行着奔腾而下。这位经验丰富的遗产专家，在连连称奇之后，觉察到这里边肯定会有丰富的自然价值，随即将这一世界上独一无二的奇观，通报给中国方面。

最初，在接到联合国专家的知会后，国务院以为“三江并流”在四川，即通知四川方面着手进行申报事宜；后来四川方面经过一番勘察，却发现是在云南。“三江并流”的三江即金沙江、澜沧江和怒江。“三江并流”涵盖了云南西部丽江市、迪庆藏族自治州和怒江傈僳族自治州面积为34000千米的广大的区域。高山雄峙，大水泱泱，气势夺人心魄；奇风异俗，绚丽灿烂，令人心醉神迷。“三江并流”自然形成了“五山夹四江”的大气磅礴的峡谷群景观。五山即自西向东的担当力卡山、高黎贡山、怒山、云岭、大小雪山，“四江”即自东向西的金沙江、澜沧江、怒江、独龙江，它们共同构成了独步世界的“大峡谷群”奇观。

澜沧江峡谷 陆江涛 摄

1986年10月6日，由受省政府委托，云南省建委牵头，省科委、省建委、省地矿局参加，成立“三江并流”风景名胜区资源调查领导小组，派出“三江并流”风景名胜区资源调查组。这个调查小组跋涉46天，写出了《滇西北“三江并流”风景名胜区资源调查评价报告》。1988年8月1日，国发（1988）51号文，批准“三江并流”列为国家重点风景名胜区。

1993年，“三江并流”正式列入中国申报世界遗产的预备清单。当年，经省委、省政府同意，云南省建设厅正式向中国联合国教科文组织委员会和国家建设部提出了申报申请。申报申请得到了支持，云南省正式开展申报工作。2002年1月17日，经国

金沙江 李丽川 摄

务院领导签字批准，中国联合国教科文组织委员会、外交部、建设部联合发文同意，“三江并流”作为世界遗产申报项目，正式报送到联合国教科文组织世界遗产中心。

2002年10月8日—20日，联合国教科文组织世界遗产中心委派国际自然保护联盟（IUCN）的专家，对“三江并流”申报世界自然遗产提名地进行了实地考察评估。2003年6月，该联盟向联合国世界遗产委员会推荐，建议将“三江并流”按满足世界自然遗产全部四条标准列入《世界遗产名录》。2003年7月2日，联合国教科文组织第27届世界遗产大会一致决定，将中国云南省西北部的“三江并流”自然景观列入联合国教科文组织的《世界遗产名录》。

二、“三江并流”的独特价值

“三江并流”地区由于它们独特的地理位置和地形、地貌条件，高度集中地反映了地球多姿多彩的独特景观和生物生态类型，因而从科学、美学和保护的角度，具有突出的世界价值，值得人类永久地珍视和保护。“三江并流”在诸多方面都体现了显著的特殊价值。

1.反映地球演化主要阶段的杰出代表地

“三江并流”丰富多样的地质遗迹、地貌景观和地质现象，向世人展示着这里所经历的极其复杂的地壳演变历史及正在进行着的地质作用。“三江并流”地区地处东亚、南亚和青藏高原三大地理区域的交汇处。在地质上，是青藏高原的东南延伸部分、横断山脉的主体，是世界上挤压最紧、压缩最窄的巨型复合造山带，是反映地球演化重大事件，如特提斯演化、青藏高原隆升等的关键地区。强烈的地壳变形和抬升，包括密集的深大断裂和多期的岩浆、变质作用，形成了特殊的地质构造。

“三江并流”地区岩石类型丰富，地质遗存完好。出露的蛇绿岩及相伴的深水硅质岩、枕状玄武岩和层状辉石岩，反映了海洋地壳的演化。古生代到第四纪多样的沉积岩系列，反映了从深海到台地的沉积变相。出露的岩浆岩则提供了地壳深部地质作用的丰富信息。高黎贡山、怒山、雪龙山及石鼓等变质带，则反映了造山运动中多期变质和叠加变形的过程。

努江　李丽川 摄

“三江并流”地区是各种高山地貌及其演化的代表地区。由于特殊的地理位置和复杂的地质演化，在区域内有118座山峰海拔超过5000米，除梅里雪山外，还有白茫雪山、哈巴雪山、碧罗雪山、甲午雪山、

察里雪山等。与雪山相伴的是众多的山岳冰川和大大小小数百个冰蚀湖及其他冰川地貌。例如，明永现代低纬冰川是从海拔6000米以上，延伸至海拔仅2700米左右的青山翠谷。

“三江并流”地区有大面积的侵蚀花岗岩峰丛地貌沿福贡高黎贡山展布。多处有高山喀斯特地貌发育，包括喀斯特洞穴、钙华沉积、高山喀斯特峰丛等。中国面积最大、海拔最高的丹霞地貌（老第三纪红色钙质砂岩侵蚀地貌），发育在黎明、黎光和罗锅箐一带。

“三江并流”地区内出露的晚古生代（距今4亿年）以来比较完整的古生物地层记录，反映了这里曾经是广阔的特提斯古海洋的组成部分；由超基性岩（如蛇绿岩、橄榄岩）、基性岩（如辉长岩、辉绿岩、枕状玄武岩、细碧岩等）与深海相沉积（如放射虫硅质岩）组成的蛇绿岩，反映出这里曾经是类似于现今大洋中脊附近洋壳的环境；类型多样、成分复杂的岩浆类岩石（包括火山岩类、浅成岩类、深成岩类）记录了这里各时期岩浆活动的规模和特点，反映了不同阶段的演化模式；区内的变质岩、混杂岩、构造岩与地层、岩石中的褶皱、断裂、节理、劈理等构造变形及不同地块间的深大断裂系统，反映出这里曾遭受的强烈挤压活动。“三江并流”区域是特提斯大洋演化和消亡、印度板块与欧亚板块碰撞，两个大陆发生陆陆碰撞，造山运动致使喜马拉雅隆升、横断山脉形成的地质演化历史的典型代表区域和关键地段。

在地球演化历史中，海洋总是在地壳运动中开开闭闭，海洋的打开会促成洋壳两侧的陆地分离，海洋的闭合则驱动着两侧陆地的聚合。特提斯海洋就曾经历过不同的打开与闭合过程，留下了许多证明该过程的地层、岩石、化石和地壳形变的地质遗迹。

特提斯海洋的闭合，最终驱动着印度板块冲向欧亚板块，使“三江并流”区域从大洋深海环境演变成大洋岛弧、多岛洋盆环境，再演变成大陆环境、高原环境，两个大陆的强烈挤压将这里的岩石挤碎、揉皱、变质，并引发大规模的岩浆活动。持续的碰撞活动，使这一地区大规模地抬升并产生强烈的构造变形，形成世界上压缩最紧、挤压最窄的巨型横断山复合造山带，即世界上独有的“三江并流”奇观。

多样的、复杂的地质构造背景，为形成“三江并流”地区内多种多样的地貌类型奠定了基础。高大的褶皱山系和断块活动，控制了地表动力地质作用、河流的侵蚀塑造、山岳冰川的刨蚀作用，刻凿出深邃的大峡谷、冰川谷地、冰蚀湖群、瀑布、角峰、鳍脊、峰丛、绝壁，创造出具有世界第一流美感的地质地貌景观区。“三江并流”典型的地貌景观有高山峡谷组成的“三江并流”奇观、冰川遗迹及现代冰川地貌、高山丹霞地貌、花岗岩峰丛地貌、高山喀斯特地貌及高原、雪山、草甸、高山冰蚀湖泊群等。

“三江并流”地区多样的岩石类型、多样的地质构造、多样的地貌景观，为诠释特提斯海洋消亡、印度板块与欧亚板块碰撞机制和模型、陆内巨型复合造山带的形成、青藏高原演化隆升等重要的地球演化历史阶段和重要地质事件提供了典型遗迹，并展示着正在进行着的宏伟的各种动力地质作用和冰川地质作用等地形地貌塑造过程，是多种高山地貌景观类型和演化过程的杰出发展地区。这些珍贵、罕见的地质地貌景观和遗迹，是大自然留给人类的共同财富，具有十分重要的世界意义和保护价值。

这一区域在展现最后5千万年和印度洋板块、欧亚板块碰撞相关联的地质历史、展现古地中海的闭合以及喜马拉雅山和西藏高原的隆起方面具有十分突出的价值。对于亚洲大陆地表的演变以及正在发生的变化而言，这些是主要的地质事件。这一区域内岩石类型的多样性记录了这一历史，而且高山带的喀斯特地形、花岗岩巨型独石及丹霞砂岩地貌，覆盖了若干世界上最好的山脉类型。

2.反映生态、生物不断进化过程中重要阶段的杰出代表地

复杂多样的、特殊的地质演化历史、地质地貌和地理环境特征，控制了“三江并流”地区的原始生物种群来源和水热条件分布特征，进而控制了这里的生物演化过程、特征及演化模式，形成多样性的生物、生态景观。“三江并流”区域中的生态过程是地质、气候和地形影响的共同结果。首先，该区域的位置处于地壳运动的活跃区之内，结果形成了各种各样的岩石基层，从火成岩到各种沉积岩（包括石灰石、砂岩和砾岩）等。卓越的地貌范围：从峡谷到喀斯特地貌再到冰峰，这种大范围的地貌和该区域正好处于地壳构造板块的碰撞点有关。另外一个事实就是，该区域是更新世时期的残遗种保护区并位于生物地理的会聚区（即具有温和的气候和热带要素），为高度生物多样性的演变提供了良好的物理基础。除了地形多样性（具有6000米几乎垂直的陡坡降），季风气候影响着该区域绝大部分，从而提供了另一个有利的生态促进因素，允许各类古北区的温带生物群落良好发展。

“三江并流”地区是世界上生物物种最丰富的地区之一。由于海拔高差达6000米，区域内云集了相当于北半球南亚热带、中亚热带、北亚热带、暖温带、温带、寒温带和寒带等多种气候类型和植物群落类型，是欧亚大陆生态环境的缩影。同时，该地区也是自新生代以来生物物种和生物群落分化最为剧烈的地区。区域内所有山脉和大河均为南北向展布，且大部分未受到第四纪冰期大陆冰川的覆盖，使得这一地区成为欧亚大陆生物物种南来北往的主要通道和避难所。

3. 显著的生物多样性和珍稀濒危物种栖息地

“三江并流”地区是中国生物多样性最丰富的地区，名列中国生物多样性保护17个“关键地区”的第一位。“三江并流”地区被誉为“世界生物基因库”，是世界生物多样性最丰富的地区之一，是北半球生物景观的缩影。

“三江并流”地区占中国国土面积不到0.4%，但拥有中国20%以上的高等植物，包括200余科、1200余属、6000种以上。区内现记录有哺乳动物173种、鸟类417种、爬行类59种、两栖类36种、淡水鱼76种、凤蝶类昆虫31种，这些动物种数达到中国总种数的25%以上。“三江并流”地区也是欧亚大陆生物群落最丰富的地区，有10个植被型、23个植被亚型、90余个群系，几乎拥有北半球除沙漠和海洋外的所有生物群落类型，可以说是北半球生物生态环境的缩影，这在中国乃至北半球和全世界都是唯一的。每年春暖花开时，绿毯般的草甸上、幽静的林中、湛蓝的湖边，到处是花的海洋，可以观赏到20多种杜鹃、近百种龙胆、报春及绿绒蒿、马先蒿、杓兰、百合等野生花卉。因此，植物学界将“三江并流”地区称为“天然高山花园”。

“三江并流”地区由于独特的地理位置，一直是珍稀和濒危动植物的避难所。目前，“三江并流”地区拥有秃杉、桫椤、红豆杉等34种中国国家级保护植物，37种云南省保护植物，栖息着珍稀濒危动物滇金丝猴、羚羊、雪豹、孟加拉虎、黑颈鹤等77种国家级保护动物。

“三江并流”地区是欧亚大陆主要的动植物分化中心和起源

德钦贡卡村附近深海沉积的紫红色放射虫硅质岩
耿弘 摄

中心，如杜鹃、报春、龙胆、绿绒蒿、马先蒿、鸢尾、百合和兰花等植物类群。区内原始与特化物种并存，孑遗种类和进化种类混生，原始类群多，特有类群多，单型属或寡型属的种类多。如小熊猫、原始的鼩鼹类、鼩猬和林跳鼠等就是因为该地区未受到第四纪冰川的大面积覆盖而生存下来的物种。另一方面，印度板块和欧亚大陆的碰撞，喜马拉雅和青藏高原的剧烈隆起，使这一地区剧烈抬升并形成高山或极高山、峡谷等，许多动物演化成为适应于高寒气候和湍急水流生存的特化类群，如羚羊、雪豹、黑仰鼻猴、蹼足鼩、虹雉、马鸡、雪雉、山溪鲵、齿蟾类、齿突蟾类、淡水鱼中的裂腹鱼类、高原鳅类及昆虫中的绢蝶类等。

“三江并流”地区还是世界上最著名的动植物模式标本产地之一，在此采集到的植物模式标本约1500种，动物模式标本80余种。

4.灿烂的民族文化地

“三江并流”地区生活着藏族、傈僳族、纳西族、白族、普米族、怒族、独龙族等16个少数民族，他们长期与自然和谐相处，形成了传统的生活方式，创造了丰富的民族文化，其独特的民居建筑形式和居住环境，构成了“三江并流”自然大背景中的文化景观。金沙江和澜沧江并流进入滇西北“三江并流”区，孕育了数千年来的“江边文化”。金沙江上游的石鼓镇、澜沧江上游的叶枝镇作为历史文化名镇的代表，已成为“三江并流”区域和“茶马古道”上的亮点。该地区是世界上罕见的多民族、多语言、多种宗教信仰和风俗习惯并存的地区。

尖被百合　朱象鸿 摄

澜沧江流域的维西傈僳族自治县叶枝镇2000年被列入“省级历史文化名镇”。历史上叶枝是滇藏“茶马古道”的主要物资集散地，融合了傈僳、藏、纳西等9个民族的智慧，有着傈僳族特色的民族文化和独树一帜的宝贵历史文化遗产。1923年，叶枝新洛村一位名叫哇忍波的傈僳族农民创造了一套傈僳族文字，国内专家曾认定这是一种音节文字，是我国最后发明并得到认定的少数民族文字。这里有成为省级文物保护单位的“王氏土司衙署”，境内集雪山冰川、杜鹃林海、原始森林、湖泊、瀑布、河流及众多野生保护动物为一体。此外，这里还是雪封期由滇进藏的重要通道。

石鼓镇为著名的长江第一湾所在地，是茶马古道的要津和南下大理、北进藏区的交通枢纽，是金沙江上游的一个历史文化重镇。这里1977年建立了红军渡江纪念碑，1999年又配套修建了以“金沙水暖”为主题的红军渡江雕塑。1983年，纪念碑和博物馆被列为云南省级重点文物保护单位；1997年，石鼓被列为爱国主义教育基地。

三、“三江并流”八大中心景区

“三江并流”自然景观位于青藏高原南延部分的横断山脉纵谷地区，由怒江、澜沧江、金沙江及其流域内的山脉组成，整个区域达170万公顷。“三江并流”地区内四条山脉与四条江河由西向东依次交替排列为：担当力卡山、独龙江、高黎贡山、怒江、怒山（碧罗雪山）、澜沧江、云岭、金沙江。澜沧江与金沙江最短直线距离为66.3千米，怒江与澜沧江的最短直线距离只有18.6千米。区域内海拔从760米的怒江河谷到海拔6740米的卡瓦格博峰（云南第一高峰），高差近6000米。区域内雪峰高耸、河谷深切，是世界上最壮观的高山河谷组合。

金沙江、澜沧江和怒江深而平行的峡谷体现了该区域突出的自然特点；而三条江的大截面正好处于该区域的边界之外，川峡是该区域的主要风景。区域中随处可见高山，其中梅里雪山、白马雪山和哈巴雪山构成了壮观的空中风景轮廓。高山雪峰横亘，海拔变化呈垂直分布，从760米的怒江干热河谷到6740米的卡瓦格博峰，汇集了高山峡谷、雪峰冰川、高原湿地、森林草甸、淡水湖泊、稀有动物、珍贵植物等奇观异景。景区有118座海拔5000米以上、造型迥异的雪山。与雪山相伴的是静立的原始森林和星罗棋布的冰蚀湖泊。海拔达6740米的梅里雪山主峰卡瓦格博峰上覆盖着万年冰川，晶莹剔透的冰川从峰顶一直延伸至海拔2700米的明永村森林地带，这是目前世

楔尾绿鸠　马晓峰 摄

界上最为壮观且稀有的低纬度低海拔季风海洋性现代冰川。千百年来，藏族人民把梅里雪山视为神山，恪守着登山者不得擅入的禁忌。

“三江并流”区域几乎包含了整个滇西北的美景，最著名的有八个中心景区，即高黎贡山片区、梅里雪山片区、哈巴雪山片区、千湖山片区、红山片区、云岭片区、老君山片区和老窝山片区。八大中心景区具有非同寻常的科学价值和自然美学价值。

高黎贡山区是“三江并流”区域内植物物种多样性的集中展示区，是现今我国乃至东亚保存最完好的一片，是特有的植物类群最丰富的地区。其中东西绵延的常绿阔叶林，中国科学院生物多样性委员会在《中国生物多样性》中，将其列为“具有世界意义的陆地生物多样性关键地区”和“重要的模式标本产地”。这里是展现怒江流域典型地貌特征的博物馆，包括了以“怒江第一湾”及周边地区为代表的怒江深切河曲地质景观，其中的石月亮景点是怒江流域高山喀斯特溶洞景观的典型代表。

梅里雪山区既有澜沧江流域的典型地貌特征、丰富的地质遗迹，更是“三江并流”的旗舰物种——滇金丝猴的原始栖息地。在横穿保护区的滇藏公路沿线及周边地区，保存着大量的古深海大洋地质、生物遗迹和冰川、造山运动遗迹和广泛的冰川及冻土地貌发育，是“三江并流”世界遗产提名地比较集中的地质遗迹展示区域。滇金丝猴作为“三江并流”区域最具有典型意义的旗舰物种，以白茫雪山自然保护区最为集中。梅里雪山主峰卡瓦格博峰海拔6740米，为提名地范围内的最高峰，由于独特的地形和气候因素，至今仍无人成功登顶。发育于卡瓦格博峰的明永冰川，其冰舌一直延伸至海拔2700米一线，周边青山翠针阔混交湿性常绿阔叶林原生状态保存良好，代表了澜沧江干热河谷典型的多样性自然地理特征。这是目前北半球海拔最低的冰川，同时也是纬度最低的冰川之一。景区内高山雪峰横亘，海拔变化呈垂直分布，从760米的怒江干热河谷到6740米的卡瓦格博峰，景区有造型迥异的雪山、原始森林和冰蚀湖泊。梅里雪山主峰卡瓦格博峰上覆盖着万年冰川，晶莹剔透的冰川从峰顶一直延伸至明永村森林地带，这是目前世界上最为壮观且稀有的低纬度低海拔季风海洋性现代冰川。

哈巴雪山区拥有我国纬度最南的现代海洋性冰川、金沙江流域典型完整的高山垂直带自然景观。在很小的空间范围内，集中了从亚热带干暖河谷到高山寒带的各植被类型。寒温性针叶林是哈巴雪山自然保护区山地生态系统中最重要的生态系统类型，这类森林以丰富复杂的中国—喜马拉雅成分为特色，是“世界遗产提名地”最典型的高山针叶林保护区域。哈巴雪山主峰海拔5396米，是云南著名的极高山之一。山顶发育有现代冰川，它和玉龙雪山的冰川一样，同是我国纬度最南的海洋性温冰川。高山冰碛湖（黑海、黄湖、湾海），体现了大理冰期时的古冰斗积水而形成的冰川遗迹，是“三江并流”提名地内唯一的“大理冰期”冰川遗迹分布区。

小熊猫　马晓峰 摄

千湖山区在位于迪庆州香格里拉县小中甸乡，包括小中甸乡和上江乡的局部地区，是金沙江流域原始植被、高原湖泊的集中展示区之一，具有独特的高原森林湖泊景观价值。千湖山景区具有完整而独特的高山生态系统多样性，其中高山草甸、

杜鹃林及云冷杉林最具特色。黄杜鹃、黑颈鹤等珍稀动植物栖息其间，是“三江并流”区域内高原生物多样性集中体现的地区。千湖山片区遍布高山冰蚀湖，据不完全统计，大小不一的高原湖泊有100多个。其中以碧古天池和三碧海为代表，具有独特的高原森林湖泊景观价值。

红山区包含了金沙江流域典型的高原夷平面、高山喀斯特等地貌特征完整的古冰川遗迹和丰富的植物生态系统以及高原湖泊等多种景观类型，是“三江并流”世界遗产提名地景观资源价值的典型展示区。其中，以尼汝南宝草场、小雪山丫口高原地质景观最具典型意义。同时，南宝河的古冰川地貌遗迹是“提名地”范围内发育最完整、展示最集中的第三期冰川地质遗迹。

云岭片区位于怒江兰坪县境内澜沧江与其支流通甸河之间，以滇金丝猴为代表的野生动物及其栖息环境为保护重点。据调查，栖息在本保护区内的滇金丝猴共有4群，约占滇金丝猴现存总数1500—2000只的10%。这可能是我国特产的滇金丝猴分布区最南端的种群，有极其重要的保护价值。该保护区森林覆盖率高达76%，大多保持原始状态，生物多样性相当丰富。区内野生动物分布广泛，据初步调查，共记录到哺乳动物28种，隶属7目13科。

老君山区是“三江并流”范围内金沙江流域下游，主要包含了金沙江流域的高原冰蚀湖群、高山杜鹃林、冰川溶洞地貌、高山草甸牧场和高山丹霞地貌等典型的景观类型。其中，黎明黎光丹霞地貌片区作为“三江并流”内典型的高山丹霞地貌集中发育区和金沙江流域景区展示和规范化保护管理示范区，具有典型的代表性。九十九龙潭附近的高原湖泊周围，在海拔3200米以上呈杜鹃纯林生态系统，杜鹃种类多达100种，是金沙江流域杜鹃花种类最丰富的分布区。杜鹃林与高山湖泊共同构成了精彩的景观画卷。

老窝山区位于澜沧江流域下游，迪庆藏族自治州维西傈僳族自治县的澜沧江西岸，主要景点包括新化湖、老窝山高山冰积湖群，澜沧江二级支流拉洛河、红岩洞溶洞、栗地坪野生花卉等。以高山湖泊、高原草甸和野生花卉资源为保护重点。

世界上很少有像“三江并流”这样的地区，汇集了如此多的陆地地貌类型和自然人文景观。除“三江并流”奇观外，壮观的雪山冰川、险峻的峡谷急流、开阔的高山草甸、明澈清净的高山冰蚀冰碛湖泊、秀美的高山丹霞、壮丽的花岗岩和喀斯特峰丛……无一不展示着独特的自然美。此处景观类型之多、景观内容之丰富、景观质量之高，举世罕见。从亚热带到寒带的立体气候和植被，加之极为丰富的地貌景观和生物多样性及独特的民族风情，使“三江并流”地区成为世界少有的适应不同层次和背景的人们专业旅游、科考、研究、探险之胜地。

四、“三江并流”符合世界遗产的四项标准

三江并流是一部地球演化的历史教科书，印度板块与欧亚板块的碰撞造成青藏高原的隆起，构成了在150千米内相同排列的独龙江、高黎贡山、怒江、怒山、澜沧江、云岭、金沙江等巨大的山脉和大江形成的横断山脉的主体，这是世界上“三江并流”这一绝无仅有的高山峡谷自然景观。遗产区内高山雪峰横亘，海拔变化呈垂直分布，从760米的怒江干热河谷到6740米的卡瓦格博峰，汇集了高山峡谷、雪峰冰川、高原湿地、森林草甸、淡水湖泊、稀有动物、珍贵植物等奇观异景。景区有118座海拔5000米以上、造型迥异的雪山，与雪山相伴的是静立的原始森林和星

罗棋布的冰蚀湖泊。

这一地区占我国国土面积不到0.4%，却拥有全国20%以上的高等植物和全国25%的动物种数。目前，这一区域内栖息着珍稀濒危动物滇金丝猴、羚羊、雪豹、孟加拉虎、黑颈鹤等77种国家级保护动物和秃杉、桫椤、红豆杉等34种国家级保护植物。同时，该地区还是16个民族的聚居地，是世界上罕见的多民族、多语言、多种宗教信仰和风俗习惯并存的地区。长期以来，“三江并流”区域一直是科学家、探险家和旅游者的向往之地，他们对此区域显著的科学价值、美学意义和少数民族独特文化给予了高度评价。

2003年联合国教科文组织世界遗产委员会根据遗产遴选标准（7）（8）（9）（10）批准“三江并流”为世界自然遗产。标准（7）：金沙江、澜沧江、怒江，江水并流而不交汇，峡谷深邃，是遗产杰出的自然特征，三江大界面位于遗产边界之外，川峡是该地区的主要风景元素。连绵的高山，与梅里、白马和哈巴雪山峰顶构成了一幅壮观的天际线风景。明永冰川是一个引人注目的自然景观：海拔高度从6740米下降到2700米，号称是北半球中在这种低纬度（28° 北）下海拔下降最低的冰川。其他出色的风景地貌有：冰川岩溶（特别是怒江峡谷上方月亮山风景区内的月亮石）和阿尔卑斯式丹霞风化层“龟甲”。标准（8）：这一区域在展现最后5千万年和印度洋板块、欧亚板块碰撞相关联的地质历史、展现古地中海的闭合以及喜马拉雅山和西藏高原的隆起方面具有十分突出的价值。对于亚洲大陆地表的演变以及正在发生的变化而言，这些是主要的地质事件。这一区域内岩石类型的多样性记录了这一历史，而且，高山带的喀斯特地形、花岗岩巨型独石以及丹霞砂岩地貌覆盖了若干世界上最好的山脉类型。标准

（9）：“三江并流”区域中激动人心的生态过程是地质、气候和地形影响的共同结果。首先，该区域的位置处于地壳运动的活跃区之内，结果形成了各种各样的岩石基层，从火成岩到各种沉积岩（包括石灰石、砂岩和砾岩）等都有分布。卓越的地貌范围：从峡谷到喀斯特地貌再到冰峰，这种大范围的地貌和该区域正好处于地壳构造板块的碰撞点有关。另外一个事实就是，该区域是更新世时期的残遗种保护区并位于生物地理的会聚区（即具有温和的气候和热带要素），为高度生物多样性的演变提供了良好的物理基础。除了地形多样性（具有6000米几乎垂直的陡坡降），季风气候影响着该区域绝大部分，从而提供了另一个有利的生态促进因素，允许各类古北区的温带生物群落良好发展。标准（10）：“三江并流”地区是世界生物多样性最丰富的地区之一，是北半球生物景观的缩影。“三江并流”地区名列中国生物多样性保护17个“关键地区”的第一位。“三江并流”地区是世界级物种基因库，是中国三大生态物种中心之一，这里集中了北半球南亚热带、中亚热带、北亚热带、暖温带、温带、寒温带、寒带的多种气候和生物群落，是地球最直观的体温表和中国珍稀濒危动植物的避难所，赋予该自然遗产以突出的价值。

五、加强保护，政策先行

三江并流由15个不同的保护区组成，已被分为八组。2010年修改边界后，核心区占地960084公顷，每个集群由面积816413公顷的缓冲区包围。由于人类活动，一些片区的多样性生命轨迹已经被修改。然而，遗产大部分区域仍然相对稳定，继续执行其生态系统功能，这得益于高山阻挡，居民生活活动影响相对较少。

怒江第一湾 杨发顺 摄

为加快推进三江并流世界自然遗产地生态环境保护工作，云南省政府于2012年发布了《云南省加强三江并流世界自然遗产地保护管理若干规定》(下称《规定》)。《规定》指出，三江并流遗产地所在州、市、县、区人民政府是生态环境保护管理的责任主体。各级政府要严格控制三江并流遗产地内开发强度，防止过度开发建设。在三江并流遗产地内，除必需的保护设施和公共服务设施外，严禁增建其他工程设施，严禁破坏世界自然遗产资源、环境景观，严禁污染环境。《规定》严禁在三江并流遗产地内进行开山采石、挖砂取土、毁林开荒、围湖造田、建墓立碑、勘查开采矿产资源等破坏自然遗产资源和环境的活动，严禁在三江并流遗产地内新设置探矿权、采矿权。对三江并流遗产地内已设置的探矿权、采矿权，依法限期退出；已划入生态保护红线的，要按照国家生态保护红线有关规定从严管理。此外，在三江并流遗产地内拟建的缆车、索道、等级公路、铁路、大型水库、电力设施等对遗产地突出普遍价值可能造成较大影响的重大工程项目，需按照要求在项目批准建设前6个月，将项目选址方案报国家有关行政主管部门审批或备案。在三江并流遗产地内进行改变水资源、水环境自然状态的活动也被禁止。

目前，云南省已初步建立健全遥感监测系统，实现三江并流遗产地省、州市、县三级长效动态监测机制。省政府强调，三江并流遗产地所在州、市、县、区人民政府要将三江并流遗产地生态环境保护工作纳入重点督查范围，加大专项督促检查力度；省监委将对在三江并流遗产地保护管理工作中履责不力、弄虚作假、敷衍应付、失职失责的责任单位和责任人员进行严肃问责；对涉嫌职务违法和职务犯罪的问题，及时立案调查。

参考文献

1.云南省世界遗产管理委员会办公室编:《三江并流》，云南美术出版社2002年版。

2.费嘉、王明达、连芳:《“三江”激荡世界——“三江并流”申报世界自然遗产纪实》，《边疆文学》2003年第9期。

3.符文军、颜旭编著:《青少年不可不知的世界自然文化遗产》，北京工业大学出版社2012年版。

4.云南省人民政府办公厅:《云南省人民政府关于印发云南省加强三江并流世界自然遗产地保护管理若干规定的通知》，2018年7月20日云政发〔2018〕35号。

（撰稿：张　卡）

国宝的乐园

——四川大熊猫栖息地

四川大熊猫栖息地——卧龙·四姑娘山·夹金山脉，简称四川卧龙—夹金山脉大熊猫栖息地、四川大熊猫栖息地，位于中国四川省境内，地跨阿坝藏族羌族自治州、雅安市、成都市、甘孜藏族自治州四个地级行政区的12个县或县级市，全世界30%以上的野生大熊猫栖息于此，是全球最大最完整的大熊猫栖息地，也是全球除热带雨林以外植物种类最丰富的区域之一。作为四川大熊猫栖息地的重要组成部分，四川卧龙—夹金山脉大熊猫栖息地的动植物种类繁多，古老物种丰富，拥有终年雪山、大面积珙桐林与野桂花林、秋季红叶林等独特美丽的自然奇观，构成了一个相对完整的生态系统。2006年7月12日，联合国教科文组织第30届世界遗产大会决定，中国四川大熊猫栖息地作为世界自然遗产被列入《世界遗产名录》。

大熊猫栖息地四川四姑娘山　何世尧 摄

一、生态博物馆

（一）奇异的地形地貌

四川卧龙—夹金山脉大熊猫栖息地属横断山系邛崃山脉的南端，覆盖其主峰区的四姑娘山地区和其南延主支夹金山脉地区，处在青藏高原东缘向四川盆地的过渡地带，其中包括7个自然保护区和9处风景名胜区，总面积达9510平方千米。

由于位于青藏高原东缘向成都平原过渡的地带上，地层基本走向为北东向，倾角甚陡，褶皱与断裂比较强烈。短距离巨大的地貌反差加上气候环境的作用，形成了高山峡谷地貌、水域湿地景观、高山气象气候景观。沿分水岭与较高海拔区发育典型的U形谷、刃脊、角峰等冰川侵蚀地貌与侧碛、冰碛湖等堆积地貌，成排的冰川槽谷与冰斗蔚为壮观。据不完全统计，四姑娘山地区、石喇嘛与大雪峰等极高山还发育现代冰川4条，除提名地北缘的毕棚沟景区长3.4千米与2.2千米的山谷冰川外，其余均为冰斗冰川与悬冰川。许多支流的源区为较宽阔的冰蚀谷，其中有冷箭竹覆被的亚高山冰蚀谷往往成为大熊猫的良好栖息地。除此之外，各主要支流的中游段，如渔子溪的皮条河与正河、宝兴河的东河与西河、天全河的喇叭河与白沙河，多出现深切峡谷地貌，峡谷内侧的竹林洼地与周边竹林缓坡，不仅是大熊猫的良好栖息地，也为地质演化过程的研究提供了环境支持。

覆盖面积大、海拔范围宽，加上特殊的植物地理位置和西部高原的屏障作用，使得栖息地气候即使在最干旱时期依然保持湿润，具有极其重要的水源涵养、水土保持等生态功能。虽然垂直差异明显，但处在长江上游的岷江与大渡河两大干流之间，受大气降水、冰雪融水与地下水补给，均为常年水系，是长江自然保护的核心地区之一。

（二）天然的生物基因库

1. 植物物种多样性

四川卧龙—夹金山脉大熊猫栖息地植物垂直自然带谱明显，植物物种丰富。植物种数超5000种，其中有花植物超过4000种，苔藓类46科102属、蕨类30科70属、裸子植物9科24属、被子植物147科794属。在全国被子植物的总属数中，栖息地的双子叶植物占62%，单子叶植物占15%。被列为国家重点保护野生植物的有珙桐、连香树、水青树等27种，其中属于国家一级保护的有4种，二级保护的有13种，三级保护的有10种。植物区系成分复杂，除中亚分布外，热带分布、温带分布、特有分布等13个类型在栖息地均有存在。植被类型多样，药用植物有80种，如维生素类、食用菌类、皂素类植物和观赏花类植物的种类与积蓄量等植物资源都十分丰富。这里不仅是珍稀濒危植物的重要分布区，也是孑遗昆虫中单属寡种的大卫两栖甲和光叶蕨的唯一产地，还是中国和全球的杜鹃多样性中心之一。作为植物类群的多样性富集区，区内的杜鹃高达95种，比以杜鹃多样性闻名的东喜马拉雅地区的尼泊尔和不丹的总和还要多。

珙桐是我国特有的单型属稀有孑遗种，国家一级保护植物。珙桐俗名“鸽子树”，是著名的观赏乔木花卉植物。夹金山脉的四川省宝兴县邓池沟，是大熊猫与珙桐的模式标本产地。夹金山脉的“T”形分水岭的东—南坡，青衣江水系溯源河谷所流经的中山—高中山地，是散生状和聚群片状珙桐分布区。其分布自东北而西南，跨芦山河支流的黑水河、黄水河、大河，宝兴东河支流的邓池沟、大小沟，宝兴西河支流的若碧沟、扑鸡沟、赶羊沟、梅里川，天全河支流的老场河、白沙河、塔拉河、喇叭河、门坎河、茶禾河，分布范围约40万平方公顷。珙桐树形美观，花朵奇特雅丽，盛花期花序下的两大白色苞片非常显著，酷似展翅欲飞的群鸽栖于树上，国外称之“中国的鸽子树”，国内誉之为“植物界的大熊猫”。

2.动物物种多样性

四川大熊猫栖息地也是大量珍稀濒危脊椎动物和蝶类的高密度分布区。有国家重点保护野生动物86种，包括一级保护动物大熊猫、金丝猴等16种，二级保护动物小熊猫、白马鸡等62种，四川省重点保护动物香鼬、豹猫等8种。动物物种也非常丰富，有365种鸟类、132种哺乳类、14种鱼类、32种两栖类、40种爬行类和1700种昆虫，是柳莺、噪鹛、朱雀和雉类等特有鸟类的分布中心。由于动物种群的垂直分带比较明显，海拔1000—2200米的常绿阔叶林、常绿阔叶与落叶阔叶林混交林以南中国和东南亚热带—亚热带动物为主；海拔2200—3600米的针阔叶混交林与针叶林，以横断山—喜马拉雅山动物为主，其中以血雉、大熊猫、金丝猴等中国或四川特有种为多；海拔3600米以上的灌丛草甸与流石滩植被，以山原动物为主。

四川卧龙大熊猫
何世尧 摄

国宝大熊猫，是第三纪古热带森林动物残遗种，中国特产稀有“活化石”动物。古籍和地方志记录表明，2世纪在河南省，5世纪在云南省，10世

纪在贵州省，16—19世纪在湖南省西部、湖北省西北部与西南部、四川省东北部与东南部，都曾有大熊猫广泛分布。如今，栖息地的大熊猫活动痕迹分布在海拔3600米以下的地带，以海拔1800—3200米的常绿阔叶与落叶阔叶混交林、针阔叶混交林、亚高山针叶林为主要分布带。同时，大熊猫分布区域阴凉湿润，适合竹类生长，这里也是大熊猫的最佳食物基地，对大熊猫的自然繁衍十分有利。

物种的珍稀性、古老性、特有性与区分系成分的复杂性，是四川卧龙—夹金山脉大熊猫种群生存环境的突出特点，因而被学术界称为“天然的生物基因库与动植物博物馆”。

二、极具特色的人文资源

四川卧龙—夹金山脉大熊猫栖息地具有众多与藏、羌民族文化、汉族寺庙、道教和清代天主教相关的历史遗迹。其中，羌族和藏族独特的建筑、服饰、语言、舞蹈、宗教等传统文化最具代表性。

羌族主要聚居地为四川省阿坝藏族羌族自治州的茂县、汶川、理县，部分散居在甘孜藏族自治州的丹巴县，以及成都市都江堰市、雅安市等，大多位于大熊猫栖息地。四川古为巴蜀国，古羌人建有自己的羌国，最早的四川羌王叫蚕丛，统辖区域包括现在四川阿坝的茂县、汶川、理县、黑水、松潘、九寨沟、马尔康、金川、小金、壤塘、阿坝、红原、若尔盖等地。三国时，羌王国疆域尚包括现在的都江堰市、彭州市、北川县、青川县、平武县、文县。汉代羌都在今茂县凤仪镇。人类的迁徙是从高到低，羌族就是一个半山上的民族，居住地被称作“白云上的山寨”。

碉楼是羌族人用来御敌、储存粮食柴草的建筑，一般多建于村寨住房旁。碉楼的高度在10至30米之间，形状有四角、六角、八角几种形式，有的高达十三四层。碉楼的建筑材料是石片和黄泥土。墙基深1.35米，以石片砌成。石墙内侧与地面垂直，外侧则由下而上向内稍倾斜。1988年在四川省绵阳市北川县羌族乡永安村发现的一处明代古城堡遗址“永平堡”，历经数百年风雨仍保存完好。

羌族民居为用石片砌成的平顶房，呈方形，多数为3层，每层高3米多，房顶平台的最下面是木板或石板。木板或石板上密覆树枝或竹枝，再压盖黄土和鸡粪夯实，厚约0.35米，有洞槽引水，冬暖夏凉。房顶平台是脱粒、晒粮、做针线活及孩子老人游戏休息的场地。

羌族人民能歌善舞，民间对此的说法是“没有歌不行，没有舞亦不行”。羌族音乐原始古朴，属我国民族调式，以五声、六声为主。羌族舞蹈保留着原始乐舞粗犷、古朴的风格，大多是在民俗宗教祭祀活动中进行，舞者既可以通过舞蹈取悦祖先神灵，又可以自己娱乐。舞蹈时以羊皮鼓、手铃等打击乐器伴奏，加深人们对神的敬畏心。舞蹈动作的表现与歌词内容没有直接的联系，多数舞蹈是用歌来伴随舞步的循环往复。同一乐句男领女合，动作完全重复，节奏的强弱起落同舞蹈的起落结合协调巧妙。羌族舞蹈形式多样，内容丰富，在什么样的场合跳什么舞，均按功能和礼仪要求有一定的程序。羌族舞蹈按其形式和功能可以分为自娱乐型、祭祀型、礼仪型、集会型4种。

羌民以高半山的特有作物青稞为主料，或和以大麦、小麦、玉米精心酿制出一坛坛的青稞咂酒。有诗赞曰：“万颗明珠一坛收，王侯将相尽低头。双手抱定朝天柱，吸得黄河水倒流。”民间更是有“岷江边上酿咂酒”“杆杆的酒里找黄河”的民歌传唱。

羌族人的主食是玉米、小麦、土豆等，民间送礼基本上少不了挂面、猪肉、咂酒等生活资料。后来随着物质生活水平的提高，大米逐渐取代玉米的地位，成了羌民的主食，鸡、鸭、鱼也都变得不再稀奇。近几年由于旅游业的发展，在一些景点周围的“羌家乐”里，“金裹银”等富有羌族特色的食品又慢慢出现在餐桌上。此外，羌族的特色食品还有腊肉、野菜、荞面等。

释比文化是古老的羌民族遗留至今的一大奇特原始的宗教文化现象，是羌族非物质文化遗产中最为核心的部分。羌族因其特殊的历史、生活变迁、独特的居住环境以及生产生活等的制约，逐渐形成了自然崇拜和先祖崇拜，信奉“万物有灵”的多神信仰，在此基础上产生了释比和以释比为代表的释比文化。“释比”，汉族人称端公，羌族不同地区的称呼有“许”“比”“释古”等。

在羌族社会中，每年祭山、祭庙、还愿祈福，都有规定的时间。在众多祭祀活动中，不但有一套约定俗成的仪轨，而且必须请一位德高望重、知识渊博、能歌善舞的人出任主祭。这个人就是释比。

释比来源于羌族族群，根植于羌族族群，引领着羌族族群传承羌族文化，指引整个族群的生产生活。

大熊猫栖息地的藏族人民，自古有动植物保护的意识，这对人类与自然的和谐相处及可持续发展具有深远的意义。

此外，位于四川卧龙—夹金山脉大熊猫栖息地东北入口的都江堰市，以庙宇和水利工程著称。青城山则是著名的道教圣地，已经单独列入世界文化遗产。位于宝兴邓池沟的法式天主教堂完整地保存了独特的中西融合的文化形式。

三、突出价值的典型体现

四川大熊猫栖息地——卧龙·四姑娘山·夹金山脉是大熊猫栖息地中具有最大种群、最广范围和最具完整代表性的。显著的生物多样性与高度的地域代表性，对生物物种分类和演化研究有着极高的科学意义。

以大熊猫这一物种如何从热带动物演化为适应山地亚热带—亚高山温带环境的动物为例。迄今所发现的最古老的大熊猫成员——始熊猫的化石出土于中国云南禄丰和元谋两地，地质年代约为800万年前中新世晚期，这是一种由拟熊类演变成的以食肉为主的最早的熊猫。而后，始熊猫主支在我国的中部和南部继续演化，在大约300万年前的更新世最早期出现小种大熊猫。大熊猫小种体形比现代大熊猫小，约为现代大熊猫体型大小的三分之二左右，脸部较长，体态原始，更接近熊的模样，已进化成为兼食竹类的杂食兽。此后，大熊猫小种主支向亚热带扩展，广泛分布在华北、西北、华东、西南、华南，同时逐步衍生成为大熊猫巴氏亚种。在更新世中晚期，秦岭及其以南山脉出现了大面积冰川等自然环境的剧烈变化，大部分动物灭绝，北方的大熊猫绝迹，南方的大熊猫分布区也骤然缩小，进入历史的衰退期。更新世化

大熊猫栖息地

石表明，史前大熊猫与史前猩猩曾栖息在相同的环境条件下，然后都离开了原始栖息地，一个成为遥远热带雨林的树栖动物，另一个适应于亚高山地区的极端环境。现今大熊猫主要分布在中国四川、陕西、甘肃地区，生活在海拔1400—3500米的茂密箭竹林中，这里气温相对稳定，是大熊猫生存和繁衍后代的理想地区。

四川大熊猫栖息地是保存大熊猫及其生物多样性遗产的关键地区，也是金丝猴、扭角羚、小熊猫等稀有濒危物种的重要栖息地。这一地区还对中国的经济和人民生活有着极其重要的作用。我国大约四分之一的人口居住在长江下游流域，这些人口的生活受到长江上游的影响。大熊猫栖息地的植被覆盖从涵养水源、水土保持、气候调节等方面有效地改善了生态环境，其生态资源和水利资源为长江流域的发展提供了条件。

四、自然遗产保护的典范

为了保护大熊猫及其栖息地，政府从1963年开始先后建立了卧龙及喇叭河自然保护区、蜂桶寨自然保护区。由于大面积竹林开花，原有保护区食物来源不足，因此又建立新的保护区，并开展国际合作。1978年中国与世界自然基金会（WWF）签署了国际合作协议，在卧龙建立中国大熊猫保护研究中心。1989年中国与世界自然基金会（WWF）又签署《中国大熊猫及其栖息地保护与管理计划》。随着国际合作的开展、大熊猫生态研究与繁育研究计划的实施，新的研究发现不断涌现，极大地推动了大熊猫及其栖息地的保护。7个自然保护区和9个风景名胜区（卧龙自然保护区、喇叭河自然保护区、蜂桶寨自然保护区、青城山—都江堰风景名胜区、鸡冠山—九龙沟风景名胜区、天台山风景名胜区、黑水河自然保护区、四姑娘山风景名胜区、西岭雪山风景名胜区、夹金山风景名胜区、米亚罗风景名胜区、金汤—孔玉自然保护区、四姑娘山自然保护区、灵鹫山—大雪峰风景名胜区、二郎山风景名胜区、草坡自然保护区）逐步建立起来，并从法律、规划等方面加强整治力度。除了进行依法保护、规划保护、环境整治等，还建立世界遗产统一管理机构，对遗产地实行功能区划管理，以加强对世界遗产的保护与管理。为了保证遗产地管理的可行性和有效性，依照《四川省世界遗产保护条例》的规定对所提名的遗产地进行了功能区划，所划分的区域有如下类型：遗产地分为核心保护区和保护区，遗产地周边又限定了缓冲区。在划定边界时考虑了以下原则：遗产地的边界主要考虑覆盖邛崃山脉大熊猫分布区和重要、特殊的自然生态景观；遗产地核心保护区是大熊猫的集中分布区，保存较完整的现有大熊猫栖息地，核心保护区也是生物多样性的集中分布区和重要物种的模式标本产地，保留相对完好的原生生态系统和自然景观，人类活动稀疏；保护区是核心区以外的遗产地部分；缓冲区则是为了确保遗产地的保护而需要控制的区域。

大熊猫栖息地

随着我国社会的改革发展与进步，大熊猫栖息地的管理模式经历了“封闭式”—“参与式”—“社区共管”三个阶段发展历程。封闭式的管理忽视了社区利益，参与式管理体现出了管理理念的转变和对社区主体地位的重视，而社区共

管成为一种新型的管理模式，对生物多样性的保护、人与自然的协调发展，以及缓解栖息地和当地社区的矛盾等多方面问题起到积极作用。

大熊猫栖息地

在教育方面，为了展示大熊猫遗产和进行保护大熊猫遗产的科学教育，国家与四川省政府批准在卧龙自然保护区、喇叭河自然保护区与蜂桶寨自然保护区设置陈列室与野外观测试验场，用于公众科普教育、教学实习与科学研究。传媒与社会团体发起被称为“熊猫文化”的社会活动，除了做大量新闻报道，还制作了一批科教影视片，组织了摄影、国画展，出版了科普读物。其中影响较大的展示活动有：北京科教电影制片厂1992年摄制的《卧龙自然保护区》与《蜂桶寨自然保护区》，1993年8月参加在日本举行的“世界野生动物电影节”并获奖；中国·四川国际电视中心摄制的《神秘的大熊猫世界》，在“93’中国四川成都国际熊猫节”展出；宝兴县两河口雕塑厂与大理石工艺厂为世界野生动物基金会制作了大熊猫石雕，大型石雕安放在世界野生动物基金会总部，15只小型石雕由世界野生动物基金会分送各国分会；应各国的强烈要求，经中国政府批准，1980—1999年有63只次大熊猫赴15个国家以及中国香港展出。

发展生态旅游是遗产展示的主要形式。随着遗产旅游开发的深入，四川卧龙—夹金山脉大熊猫栖息地旅游基础设施不断完善，风景区数量不断增加，逐渐树立了“生态统领、旅游推动、多元发展”的发展理念，形成“一个中心、三条主干旅游线、三个重点旅游区、四大旅游品牌”的旅游发展布局，确立以大熊猫为核心的旅游产业的支柱地位，区域旅游知名度和认可度不断提升。

但栖息地遗产旅游可持续发展也面临着众多压力，如工业三废排放量、地震等自然灾害、人口增长、城镇化趋势、偷猎等问题。因此，下一步的工作是加强公众宣传力度，努力维持生态系统平衡，促进大熊猫栖息地的良性发展，更好地保护与展示世界自然遗产。

参考文献

1.赵学敏主编:《大熊猫——人类共有的自然遗产》，中国林业出版社2006年版。

2.傅之屏、刘昊主编:《大熊猫栖息地——资源包》，四川大学出版社2015年版。

（撰稿：邵翠婷　张　伟）

云贵川南方地，喀斯特类型最完美

——中国南方喀斯特

中国南方喀斯特作为中国第一个跨省市联合申报世界自然遗产的项目，是世界上最为壮观的湿热带—亚热带喀斯特地貌之一，它集中了中国最具代表性的喀斯特地形地貌、世界绝妙的美学景观以及罕见的生态环境，为其他同类型、跨区域的自然遗产地的申报提供了参考。

一、中国南方喀斯特遗产概况

中国南方喀斯特景观十分古老，是中国向联合国教科文组织世界遗产委员会分期申报的系列世界自然遗产，总面积97125公顷，缓冲区176228公顷。根据世界遗产委员会决议和世界自然保护联盟（IUCN）（2007）的建议，中国南方喀斯特将分两期申报完成。第一期遗产地于2007年以满足世界遗产标准（7）（8）被列入《世界遗产名录》，由石林喀斯特、荔波喀斯特和武隆喀斯特三个组成地构成。其中，石林经历了2.7亿年的发育阶段，展示了剑状喀斯特演化特征，因拥有丰富剑状喀斯特形态而被认为是世界剑状喀斯特参考基地；荔波喀斯特包含了众多高耸的锥峰、深层

桂林山水 高超 摄

封闭洼地以及地下河、地下洞穴，其锥状喀斯特也被认为是世界圆锥形岩溶的参考点；武隆喀斯特经历了显著抬升的内陆喀斯特化过程，其巨大的塌陷漏斗和天生桥是中国南方天坑景观的代表，不仅集中了喀斯特负地形的完整发育类型，还体现了长江及其支流的地质演化历史。

第一期中国南方喀斯特列入《世界遗产名录》后不久，中国便开始了第二期申报准备工作。在申报准备过程中，世界自然保护联盟（IUCN）和世界遗产委员会为第二期的申报提供了基本框架和指导原则，即第二期组成地不仅数量要少，而且要与第一期的组成地密切相关，在喀斯特特征及自然景观方面形成互补。为此，中国开展了一系列申报前的调查研究和咨询。至2012年，第二期中国南方喀斯特的组成地最终确定为桂林喀斯特、施秉喀斯特和金佛山喀斯特，此外还包括对荔波喀斯特的扩展区域——环江喀斯特。至此，中国政府正式提出了包含6种喀斯特地貌变型及7个片区的中国南方喀斯特名单。

二、细览中国南方喀斯特风光

综合两批遗产地考察可以发现，如果将喀斯特地貌看作一个个有着鲜活生命的个体，那么，地处云贵高原之上的石林，就代表了喀斯特地貌发育的幼年阶段；武隆、施秉和荔波、环江地区代表了喀斯特地貌发育的壮年阶段；而处于低山丘陵地区的桂林地区，则代表了喀斯特地貌发育的老年阶段。它们犹如一幅幅记录喀斯特生命年轮的历史照片，记录了完整的喀斯特演化谱系、展示出了热带—亚热带喀斯特从青年期到老年期、从云贵高原山地到广西低山丘陵发育的完整序列，生动地描绘了二叠纪至今的喀斯特景观演化过程，以其绝妙的自然现象以及自然美的美学价值入选世界遗产，可谓当之无愧。让我们一起感受这多姿多彩的地表奇景和神秘丰富的地下世界吧！

（一）“世界地貌的博物馆”——石林喀斯特

石林喀斯特遗产地位于云南省昆明市石林彝族自治县境内，地处第二阶梯面上的云南高原之滇东喀斯特南部，地势东高西低、北高南低，海拔1720—2203米。年均温度约为16℃，冬无严寒，夏无酷暑，四季如春，干湿分明，属珠江流域上游的南盘江水系。石林喀斯特总面积为35000公顷，其中核心区面积为12070公顷，缓冲区面积为22930公顷。

荔波喀斯特小七孔鸳鸯湖

sophoto 摄

石林喀斯特遗产区不仅高大、形态多变、组合丰富，且几乎囊括了世界上所有的喀斯特地貌类型，如典型的洼地型喀斯特地貌、谷地型喀斯特地貌、地下喀斯特地貌以及泉与瀑布等。这些与石林喀斯特相互配套、相互辉映，构成了一幅丰富多彩、蔚为壮观的喀斯特地貌全景图，其林林总总的景致让人们赞叹不已，被誉为

“世界地貌的博物馆”。

（二）“地球腰带上的绿宝石”——荔波喀斯特

荔波喀斯特遗产地位于贵州省荔波县境内，隶属黔南布依族苗族自治州，地势西高东低，由北向南部广西盆地逐渐过渡，海拔变化在385—1109米之间，平均海拔747米；处于中亚热带季风湿润气候区，是深受河流切割的亚热带喀斯特高原。荔波遗产地总面积为73016公顷，核心区面积为29518公顷，缓冲区面积为43498公顷。

荔波遗产地内的锥状喀斯特景观由最典型的峰林和峰丛组成，这些地貌形态呈有序排列，展示了峰丛景观与峰林景观的相互演化与递变。相较于东南亚和中美洲等地区，贵州荔波锥状喀斯特因独特的地质背景和发育形态，呈现出锥峰稳定对称且气势磅礴、万千锥峰层层叠置又错落有致的势态，又因人类活动稀少、森林植被浩瀚，形成了“万顷翠峰映青天”的喀斯特景观，被誉为“地球腰带上的绿宝石”。

云南石林　杨新民 摄

（三）“三桥、二坑、一峡谷”——武隆喀斯特

武隆喀斯特遗产地位于重庆市武隆县，地处四川盆地东南边缘大娄山、武夷山与贵州高原的过渡带，是厚层碳酸盐岩遭受大地构造抬升演化的喀斯特景观的突出例证，也是深切峡谷喀斯特景观的代表。遗产地是以天坑、天生桥群、洞穴群和峡谷为代表的峡谷喀斯特景观，展示了深切峡谷喀斯特景观。武隆喀斯特总面积为38000公顷，核心区面积为6000公顷，缓冲区面积为32000公顷。

重庆武隆　sophoto 摄

武隆天坑　卞志武 摄

重庆武隆遗产地核心区面积很小，但却具有天生桥、天坑、峡谷洞穴相间分布的景观格局，除了有天下第一洞芙蓉洞、亚洲最大的天生桥群，还有全世界罕见的后坪天坑。芙蓉洞位于武隆县江口镇的芙蓉江畔，主洞长2700米，洞底总面积3.7万平方米。一进芙蓉洞游览，便让人感叹大自然的神奇造化，并联想到中国著名岩溶学家朱学稳教授对芙蓉洞的评价：“一座斑斓辉煌的地下艺术宫殿，一座内容丰富的洞穴科学博物馆。”天生三桥是指天龙桥、青龙桥、黑龙桥，位于重庆市武隆县城东南20千米处，分布在同一峡谷的1.5千米

的范围内，这三座天生桥在总高度、桥拱高度和桥面厚度等最重要的指标上皆居世界第一位，以气势磅礴著称于世。后坪天坑位于重庆长江三峡腹地的武隆后坪乡境内，其景区内有举世罕见的五大天坑群，总面积为15万平方米，且均藏于原始森林和竹林中，口径和深度都在300米左右，呈圆桶状，附近还有1.5万亩成片的原始森林，以及3万亩左右的石林、水库等，极具科考和旅游价值。

（四）“苍烟夕照拱云台”——施秉喀斯特

施秉喀斯特提名地位于贵州省施秉县境内，地处云贵高原东部边缘向湘西低山丘陵过渡的山原斜坡地带，即中国阶梯地势第二级与第三级的过渡地区，地势北高南低，海拔600米—1250米，总面积为28295公顷，其中核心区面积为10280公顷，缓冲区面积为18015公顷。施秉喀斯特提名地是一个深受河流切割的中亚热带白云岩喀斯特峡谷区，以白云岩峡谷、柱状孤峰、簇状峰丛和刀脊状山岭为景观特色。整个提名地山脊千沟万壑，变化多端；谷地清幽，柱峰奇特，山岭险峻，水流娟秀，而山体连绵更显现出其整体的雄浑气势。值得一提的是，提名地年日照1195.4小时，日照率仅27%，终年云雾缭绕，云雾形态各异，有轻雾、薄雾、浓雾等，使施秉喀斯特的高山峡谷景致显得险峻而幽远，让人体味到“行到水穷处，坐看云起时”的意境。

（五）“洞天佛国”——金佛山喀斯特

金佛山喀斯特提名地位于重庆市东南部南川区，地处我国阶梯地势第二级与第三级的过渡地区，地势北高南低，最高峰海拔2238.2米。金佛山提名地是以喀斯特台原、地下河洞穴系统及两级夷平（剥夷）面和一级剥蚀面为代表的喀斯特系统，总面积为17419公顷，核心面积为6744公顷，缓冲区面积为10675公顷。

金佛山喀斯特以台原、陡崖与悬瀑为主要景观特色，从云贵高原脱胎而出，形成一座独树一帜的喀斯特台原，具有鲜明的二级陡崖、峡谷和高山洞穴系统。由于地质古老、地形独特，受人为活动干扰小，金佛山喀斯特保存着大片原始森林，形成了非常优越的生态环境；又因其山势高大，垂直落差达1600米，且地处两大气流交汇处，导致终年云雾缭绕。整个山体的植被景观垂直变化显著，不同植物群落四季景象变化明显。每当夏秋晚晴，落日余晖把这里层层山崖照耀得金碧辉煌，如一尊金身大佛闪射出万道霞光，异常壮观而美丽，金佛山因此而得名。

（六）“峰林喀斯特‘模式地’”——桂林喀斯特

桂林喀斯特提名地位于广西壮族自治区桂林市，处于中国地形阶梯第三级，四周山地海拔1000—2100米，中部漓江喀斯特谷地地势低平，地面海拔130—200米，气候类型属于亚热带湿润季风气候。桂林喀斯特提名地总面积为70064公顷，核心区面积为25384公顷，缓冲区面积为44680公顷。

桂林阳朔喀斯特
高超 摄

桂林喀斯特洞穴及其沉积物发育十分完全，揭示了桂林喀斯特地表水与地下水联合作用模式及发育历史。桂林南边村泥盆系和石炭系地层面具有独特的生物演化多样性；桂林喀斯特也是陆地发育最完美的峰林和峰丛喀斯特，并以峰林喀斯特景观独具特色。桂林喀斯特是最著名、最典型的陆上塔状喀斯特地貌与景观的代表，是世界上公认的塔状喀斯特（峰林）的“模式地”。典型完美的塔峰、清澈秀美的漓江与独特的民族风情相互映衬，构成了一幅绝美的画卷。

（七）“养在深闺人未识”——环江喀斯特

环江喀斯特提名地位于广西壮族自治区环江毛南族自治县境内，东濒古宾河上游，西近打狗河；地形上属于云贵高原向广西丘陵盆地过度的斜坡地带，即中国阶梯地势第二级与第三级的过渡地区；地势西高东低，海拔390—1025米。环江提名地作为荔波世界自然遗产地的拓展，与荔波同为世界上同类喀斯特的模式地，是典型中亚热带锥状峰丛喀斯特地貌发育区域。环江喀斯特提名地总面积为11559公顷，核心区面积为7129公顷，缓冲区面积为4430公顷。

环江提名地海拔高差大，但提名地的海拔自西北向东南逐步降低，使层层叠叠的峰丛在视觉上显得极为整齐和连续，这种整齐划一给人以宏伟的观感。荔波喀斯特世界遗产如同一首优美的旋律在高潮之处戛然而止，经过环江喀斯特提名地的延续与补充才构成一曲完美的乐章；环江喀斯特与荔波喀斯特缺一不可，共同组成了一个巨大而又连续的锥状峰丛景观。环江喀斯特以雄伟和幽静为特点，峰丛之雄伟与低谷之幽闭体现出中国传统山岳景观的审美意识。

三、中国南方喀斯特的价值

中国南方喀斯特世界自然遗产地出露的碳酸盐岩发育于不

同地质年代，经过几百万年的喀斯特作用，塑造了显著的石林喀斯特、锥状喀斯特和峡谷喀斯特，成为世界上同类喀斯特的模式地，形成了特殊而又美丽的地貌景观。除了独特的地质构造、绝妙的美学景观，还包括罕见的生态环境。

（一）古生物的王国

中国南方喀斯特地区碳酸盐岩地层发育地质年代跨度大（寒武纪—三叠纪），岩石类型多样，厚度巨大。岩石中生物化石异常丰富，在很多地方都有发现，是名副其实的“古生物的王国”。尤其以贵州三叠纪地层中的化石最引人注目，已知产出海生爬行动物的层位有五个之多，全世界已发现的六类海生爬行动物贵州都有，涵盖了目前已知三叠纪海生爬行动物的主要类群。中国南方喀斯特地区是地球生命的重要记录仪，是研究生物演化进程包括部分生物类群的起源与早期演化、重大地质历史时期的生物辐射与海洋生物多样性演变的重要地点。

（二）地貌演变的历史教科书

中国南方喀斯特发育史可以追溯到震旦纪，从震旦纪以来，喀斯特发育特征及重要历史事件记录了地貌的演变，反映出中国南方喀斯特地貌演变、重叠和继承发育的过程。不同喀斯特化时期构造运动和气候条件都不同，营力作用也发生多次变化，导致喀斯特发育程度和地貌形态也不一样，后一喀斯特化时期便在前一喀斯特化时期的基础上继承性发育。如中国南方地区热带喀斯特的分布范围远远超过自然地理学上的热带，说明亚热带地区的喀斯特早在其处于热带的时候已经发育，经历了多个发育期，现今处于亚热带条件下又继承以前的形态继续发育，而现在风景区内热带喀斯特地貌就是在漫长地质历史阶段性继承发育的结果。因此，中国南方喀斯特经历了很长的历史演化时期及多期喀斯特化，喀斯特地貌呈叠加、积累、继承性发育，记录了地球演化历史，是一部天然的地质历史教科书，是反映地球上热带—亚热带喀斯特发育演化历史主要阶段的杰出范例。

（三）珍稀植物栖息地

据不完全统计，中国南方喀斯特有高等植物225科1213属4287种，保存了全球同纬度地带上类型最为独特、覆盖面积最大且连续分布的喀斯特原始森林，区内复杂的生态环境和特殊的地理条件成为许多古老植物的避难所。

由于各遗产地海拔高差大、地势特殊、人类活动少，中国南方喀斯特区域植物既有热带雨林到亚热带湿润、半湿润常绿落叶阔叶混交林，再到山地暖性针叶林、草甸的分布，又有喀斯特特色地域植被的分布，森林覆盖情况地区性差异大。有些区域原始森林保存面积较大，如贵州茂兰自然保护区、重庆金佛山自然保护区、广西木论自然保护区等，植被长势很好，对其下土壤层保持较高二氧化碳浓度、促进喀斯特发育非常有利。这在推动喀斯特发育的同时，也形成了热带—亚热带独特的喀斯特生态系统，并成为众多珍稀濒危物种、地方特有种的栖息地，进一步提升了中国南方喀斯特的保护价值。

四、小结

中国南方喀斯特世界自然遗产的成功列入，填补了《世界遗产名录》中全球重要的两个喀斯特演化模式地之一——热带—

亚热带喀斯特景观及演化系列的空白。两期遗产地共同构成一个更加完整的遗产系列，包含了从高原到低地平原最具代表性喀斯特的地貌如塔状喀斯特（峰林）、剑状喀斯特（石林）、锥状喀斯特（峰丛）地貌，反映了一个热带亚热带地区完整的喀斯特演化过程，同时也展示了一些世界上最壮观、最多样的喀斯特景观，如台原喀斯特、天坑地缝喀斯特和白云岩喀斯特，生动描绘了从二叠纪到现在间隔为两亿年的喀斯特景观演化史和地质演化史，具有突出的科学价值和美学价值。其生物资源和人文资源非常丰富，不论是在过去、现在还是将来，都与中国南方喀斯特的地质地貌演化和自然景观形成密切关联，不仅是现有地质地貌形成的推动者，也是现有自然景观的重要元素，而且正参与着重要的地质地貌演化过程和自然景观的塑造，是遗产地可持续发展的基础。

相较于文化遗产，自然遗产因其脆弱性和不可再生性更显珍贵。除了不可避免的自然因素，人类活动半径不断扩大使动物栖息地破碎化甚至面临恶化的威胁，给中国南方喀斯特生物多样性的保护带来了较大压力。鉴于这些威胁的存在，我们要加强对七个遗产地片区的保护，使之更有效地避免地质灾害及人类活动的影响和威胁，并在有效保护遗产资源的基础上，合理利用景观资源，约束不当开发行为，促进中国南方喀斯特地区的生态、社会和经济效益协调发展，使其成为世代流传的永久性的自然遗产地。

参考文献

1.李高聪:《中国南方喀斯特地貌全球对比及其世界遗产价值研究》,贵州师范大学2014年硕士学位论文。

2.于维墨、陈玲玲、陈沙沙、孙克勤:《世界自然遗产价值及旅游开发探析——以云南石林为例》,《资源与产业》2012年第3期。

3.仲艳:《中国南方喀斯特景观美学全球对比及其世界遗产价值研究》,贵州师范大学2014年硕士学位论文。

4.龚克、邓春凤、刘声炜:《桂林喀斯特区与世界遗产“中国南方喀斯特”对比分析》,《资源与产业》2010年第5期。

5.肖时珍:《中国南方喀斯特发育特征与世界自然遗产价值研究》,贵州师范大学2007年硕士学位论文。

6.谌妍、盈斌、熊康宁:《中国南方喀斯特系列遗产地保护策略研究》,《山地农业生物学报》2017年第3期。

（撰稿：顾纯纯）

江南第一仙峰，天下无双福地

——江西三清山

三清山又名少华山、丫山，位于中国江西省上饶市玉山县与德兴市交界处。因玉京、玉虚、玉华三峰宛如道教玉清、上清、太清三位尊神列坐山巅而得名。其中玉京峰为最高，海拔1819.9米，是江西第五高峰和怀玉山脉的最高峰，也是信江的源头。三清山是道教名山，冠有世界自然遗产地、世界地质公园、国家自然遗产、国家地质公园之名。

三清山主体南北长12.2千米，东西宽6.3千米，平面呈荷叶形，由东南向西北倾斜。三清山位于欧亚板块东南部的扬子古板块与华夏古板块结合带的怀玉山构造块体单元内，属花岗岩构造侵蚀为主的中山地形。不同成因的花岗岩微地貌密集分布，展示了世界上已知花岗岩地貌中分布最密集、形态最多样的峰林；2373种高等植物、1728种野生动物，构成了东亚最具生物多样性的环境；1600余年的道教历史孕育了丰厚的道教文化内涵，按八

三清山　载中国世界遗产网

卦布局的三清宫古建筑群，被国务院文物考证专家组评价为“中国古代道教建筑的露天博物馆”。

世界遗产大会认为：三清山在一个相对较小的区域内展示了独特花岗岩石柱与山峰，丰富的花岗岩造型石与多种植被、远近变化的景观及震撼人心的气候奇观相结合，创造了世界上独一无二的景观美学效果，呈现了引人入胜的自然美。它被《中国国家地理》杂志推选为“中国最美的五大峰林”之一；中美地质学家一致认为，三清山是“西太平洋边缘最美丽的花岗岩峰林”。

一、三清山的形成过程

从距今108亿年至距今16亿年期间，三清山地区经历了三次大海浸，造成地质结构的大幅度升降和岩体的剧烈切割，形成高低差达数千米的山峰和峡谷。距今1.8亿年的强烈造山运动，奠定了三清山的地质基础。

在二三千万年以前，相继发生了喜马拉雅造山运动，即新构造运动，山岳大幅度抬升，加之伴随水力侵蚀作用的强烈下切，三清山地势的高低差变得十分悬殊。由于三清山的地质环境正处于造山运动既频繁又剧烈的地段，所以断层密布、节理发育，尤其是垂向的断层和节理发育突显。山体不断抬升，长期风化侵蚀，加上重力崩解作用，形成了峰插云天、谷陷深渊的奇特地貌。三清山风景区的形成，可以说是天工造物的杰作。

二、三清山的地质构造

三清山在地质上有其不可替代性，它记录了10亿年几乎不间断的地质演化史，是国际上研究地球历史和华夏古板块构造的最佳地段，是花岗岩山岳峰林地貌的一座天然博物馆，是地貌学的一部生动的教科书，具有不可替代的科学和美学价值。

三清山的基底岩石为1.8亿年前地下岩浆侵入活动形成的燕山期黑云母花岗岩。而作为盖层的震旦、寒武系浅变质砂岩、板岩、千枚岩，在山顶的三清福地附近可见到局部残留，呈顶垂体状态孤立于花岗岩体之上。花岗岩体走向呈北东—南西向分布，与怀玉山花岗岩和大茅山花岗岩岩体连成一片，构成一个大岩基，面积约389平方千米。花岗岩多为肉红色，主要矿物成分有长石、石英和黑云母、角闪石以及少量的磷灰石、磁铁矿等，故定名为黑云母花岗岩和黑云母斜长石花岗岩。花岗岩岩体无论纵向还是横向上都断层密集，垂直节理、立方体节理发育，沿断裂方向多有更为坚硬的脉岩（闪长岩、石英斑岩、流纹岩等）充填穿插其间。边缘相和过渡相的花岗岩是构成三清山峰峦的主要岩石，近谷底则多为中粗粒斑状或似斑状结构的黑云母花岗岩，属过渡相和内部相，极易风化剥蚀，因此多形成稍缓地形。

三清山的土壤母质，主要是以斑状花岗岩、普通花岗岩和花岗岩长岩为主的一类酸性结晶岩类风化物。质地疏松，有较多的石英颗粒，还能看到长石和云母碎块。矿质养分贫乏，易受侵蚀。但由于云雾多、日照少、湿度大及枯枝败叶厚积，在海拔800—1200米之间的山地一带，多属黄色土壤，亦称山地黄壤。1600米以上的玉京峰等山顶，平坦地或山凹地则属山地草甸土。由于山顶气候寒湿，植被繁茂，积累大量有机质，加之土壤湿度大，特别是秋冬两季土壤冻结，有机质分解缓慢，表土层出现大量腐殖质聚积和多量草根盘缠的未风化物母质层，或有一定淋淀现象的土层，可见少量铁锰淀积物。玉京峰一带的薄层，多有机质、酸性结晶岩类山地草甸土，呈灰黄色，有大量半风化物碎块，土壤基础肥力高。

三清山由于地球内外的地质营力复杂作用，山势东、南、西三面陡峻，北面平缓。从山脚到山顶，水平距离5千米，海拔由200米陡增至1816米，地势高差很大，为侵蚀构造陡峻中山形，又细分为侵蚀构造陡峻中山地形、侵蚀构造低山地形、构造剥蚀丘陵地形、侵蚀剥蚀堆积地形。

三、三清山的气候与物产

三清山地处中亚热带，东距海约340千米，故受海洋性气候影响较大。其水平性气候为中亚热带季风气候类型，具有四季分明的特点。三清山冬季漫长，且盛行干冷的偏北风，气候寒冷，降雪较多；夏季以偏南风为主，火热时间短促，春秋两季时间较长，春季多雨且潮湿，秋季多晴朗天气，亦常有连绵秋雨。年平均气温为10.9℃，1月份气温最低，平均为-0.6℃。

三清山年平均降水量为1857.7毫米，月平均降水量6月份最高，为330.6毫米。最低降水量为11月份，仅有50.5毫米。三清山的地表水属于冲沟水系，主要形成东西分流。东南面数股顺沟壑而下，流入信江；西北面经乐安河流入鄱阳湖。四面均有很多泉、瀑、溪、池，著名的有泸泉、丹井、禹门泉、玄泉、应元泉等五大泉。瀑布以玉帘、扬清、庆云、冰玉洞、石鼓岭、水乐坑、八磜龙潭等著称。山顶有净衣、清华、涵星三口天然大池。山上的水源均来自雨水，降水顺着发达的构造裂隙很快地流入沟谷。雨季水源充足，旱季水源枯竭，季节性变化明显。三清山由于花岗岩岩基裂隙多，透水性强，天降雨水直接渗入裂隙中，成为潜水。凡裂隙密集的岩石，含水量都十分丰富，为滋润遍布全山的花木提供了优越的条件。在地形比较低凹、缓形山坡处，花岗岩的风化岩残碎屑和黏土物质呈片状分布地带，多为孔隙渗透水。

由于海拔高，山势陡峭，因此三清山植被垂直分布明显，主要的植被类型有常绿阔叶林、常绿和落叶阔叶林、针叶林、针阔混交林、山顶矮林等。三清山是东方中亚热带湿润常绿阔叶林珍稀植物品种保存完好的地区之一，保存了大量的东亚至北美间断分布的物种，也有世界上的珍稀物种，是华东黄杉、南方铁杉、中国鹅掌楸等中生代至第三纪残遗的珍稀濒危物种及第四纪冰期东亚重要物种的“生物避难所”。三清山共有植物157科、500属、1088种，其中有不少种类为首次发现，具有极高的研究和开发利用价值。三清山主要珍稀植物是黄山松、华东黄杉、华东铁杉、天女花、福建柏、玉兰、青果树、高山黄杨、樱花、木莲、杜鹃、红花油茶、滴水珠、灵芝草、石耳和黄连等，多为国家保护物种，树龄达百年、千年以上的比比皆是，有很高的经济价值和观赏价值。三清山是杜鹃花的故乡，这里有云锦、猴头、紫丁香、马银花、映山红等19种，大的高达数米，直径约40厘米，树龄达1700多年，花开时节香气袭人。最奇特的是天女花，天女花是世界珍稀花卉，也是三清山群芳之冠，花瓣洁白如美玉，重瓣厚质，细嫩晶莹，花蕊赤红，香气馥郁，经久不散。与北美花旗杉相对应的三清山华东黄杉为全国罕见的珍贵树木，分布面积达8000余亩，居华东地区之首，乃世界罕见。株数最多的每亩有23株。在海拔1280米的泸泉井西侧，树龄有180年至200多年的，胸径达100多厘米，树高18.7米。华东黄杉以海拔1150米至1550米为集中分布区，多生于西北坡，南坡未见有分布。三清山还有药用植物349种，隶属于124科，如黄连、黄精、何首乌、大血藤、绞股蓝、草珊瑚等。

根据1982年的普查资料记载，这里有各种野生动物300余种，其中不少为珍稀动物。如飞仙谷一带的金钱豹，是国家一级保护动物。还有一种短尾猴，成年体长约60厘米左右，常栖息于1000米以上的山地常绿落叶混交林带，为国家二类保护动物。其他如黑鹿、狗熊、穿山甲、相思鸟、五音鸟、百舌、画眉鸟、猫头鹰、山羊、野猪等也很常见。

当地还盛产有“田园灵芝”之称的马齿苋。这是野菜中唯一经原国家卫生部批准的药食两用植物。另有著名的减肥野味菜“蕨”，又名龙头菜，具有清热、降气、化痰、治食嗝、肠风热毒的功效。经现代医学鉴定，还有防癌减肥之功效，被誉为“山菜之王”，是集营养药用于一身的天然无公害绿色食品。三清山特产“新田园蕨菜干”采摘于三清山山区的高山丛林中，自生自长，不受农药、化肥、城市污水的污染，是真正的纯天然野生保健食品。三清山还有“黄金茶”，这是产于三清山风景区海拔1300米以上悬崖绝壁间的稀有茶种，是一种高品位、纯天然、无公害的绿色食品，因其为三清山独有且产量极少，珍若黄金而得名。三清山黄金茶不仅香高、汤碧、味醇、叶浓，而且是目前市场上颇具医疗和保健功效的茶叶，对降低血压、胆固醇以及滋阴补肾、养颜排毒、解暑提神有独特疗效。

三清山周围百余千米范围内还有大量的金、银、铜、铅、锌、硫、玉石等矿藏。例如，距三清山40多千米的德兴铜矿，为全国最大的铜基地之一。距三清山90多千米的银山矿，为全国著名的金银古冶炼场，目前已进行大规模现代化的开采、冶炼，为国家提供了大量的金银铜锌。与三清山同属一个岩基且东西相望的大茅山金矿、富家坞铜矿，近几年也开始大量开采。由三清山西北麓经山洪切割而流入皈大乡、新岗山镇乐安河的砂屑中，含有很高的黄金碎粒或碎屑。在三清山北麓皈大乡，当地民众用普通工具就可以采掘到乌金。三清山西麓金刚峰下菜坞以东至南山乡枫林、紫湖乡拓坑一带，也有大面积的地下矿藏。在宋代朱熹所建的“草堂书院”附近的“银尖”，还保留有古代开采金银的老矿洞。在怀玉山七盘岭一带地下有玉石矿，它在200多年前便已开采。葛岭一带则盛产萤石，年产千吨以上。在三清山九天应元府，海拔1600多米处，还有许多洁白晶莹的石英露出地表。

四、三清山历史风貌

三清山得天地之灵秀，吸引了古往今来众多的墨客文人、名流学者，他们或结庐炼丹，或设帐讲学，或登临揽胜、索隐寻幽，探索大自然造化万物的奥妙。三清山积累了数千年的历史文化精华，蕴藏着丰富的人文内涵。有“女娲填海”“禹王治水”“卞和采玉”的传说阶段；之后是有迹可考的“葛洪炼丹”、有文记载的名流归隐阶段；唐宋两代是三清山道观的创建阶段，明代为大规模的重建阶段；清代后一度衰微，直到新中国成立后大力保护、开发、建设，被列为国家重点风景名胜区，三清山重放异彩。

相传三清山的玉台，就是远古时代“娲皇”率领大臣们在这里腰斩“共工”、炼石填海的地方。玉台还是三清山蕴藏美玉最多的地方。传说当年没有用完的玉石都散落其间。古代诗人咏三清山的作品中，多处写到玉石，如宋代王安石《题玉光亭》诗：“传闻天玉此埋堙，千古谁分伪与真。每向小庭风月夜，却疑山水有精神。”

传说禹王治水时，他也曾登上三清山玉台的最高处，至今还保留禹皇顶这个地名。禹皇顶是三清山东南角的最高峰，海拔1700多米，是仅次于最高峰玉京峰的一个奇峰，并有通道可以登临揽胜。另有传说，战国时代著名的“和氏璧”就是楚人卞和从三清山玉台获得的。

东汉以后，三清山人文因素的兴衰沉浮，始终与道教的兴衰有密切的关系。三清山与龙虎山东西相望，同属古信州。三清山的道教人文景观历史悠久、源远流长，这里不仅保存了1600多年来的道家胜迹和历代道教古建筑群，以及丰富多样的宫、殿、府、坊、亭、台、塔、墓、泉、池、门、桥等，更重要的是在总体布局上体现了中国五千年来《易经》八卦文化，开创了古建筑中的罕见风格。同时，在景点布局上融会贯通道家“有无相生”的哲理。在石刻、楹联、题词方面，更是充分反映了中国古典哲学朴素唯物主义思想或朴素辩证法思想。

三清山道教文化开始于晋代葛洪，葛洪在三清山拥有特殊地位。曾师从三国左慈学道的葛玄，就在龙虎山之东的葛仙山炼丹修道。葛玄是葛洪的堂祖父，曾仕晋王朝。由于晋王朝政治日益黑暗，很多有识之士归隐山林，一时玄学兴起，炼丹之风盛行。葛洪正是在这一背景下，辞去散骑常侍、关内侯等官职，来到江西信州三清山炼丹修道。据史书记载，东晋升平年间，葛洪上三清山结庐炼丹，著书立说，宣扬道教教义。与葛洪同来修道的还有尚书令李褒山。今在三清山玉华峰上刻有“尚书悟仙台”字迹。葛洪在三清山也留有“丹水井”遗迹。这口丹水井历时一千余载，至今尚存，而且终年不涸，清洌味甘，被后人称为“仙井”，供登山游人饮用。葛洪便是三清山的“开山始祖”，三清山道教的第一位传播者。

这一时期，还留有不少的炼丹遗迹。如三清山北麓德兴市境内的银山矿，留有“妙元观”炼丹遗址和古冶炼金银处“邓公场”。德兴铜矿和银山铅锌矿也在隋唐时代进行过大规模的人工开采与冶炼，至今还留有当年人工开掘的“古坑道”和“老龙洞”出入口遗迹。德兴市银城镇还堆积有几座小山般的老矿渣，“银城”因此而得名。

三清山自葛洪结庐炼丹修道之后，逐渐为历代信奉道学者所向往。尤其是李唐王朝，尊奉道教为国教。赵宋王朝，更是注重道教，兴建道教宫观。宋徽宗甚至自号“道君皇帝”。道教到此，进入了一个前所未有的兴盛时期。三清山的道教宫观正是在这一历史背景下产生的。

唐（周）证圣元年（695），朝廷为了加强统治，割衢州须江（今江山市）之南乡、常山之西乡和饶州弋阳之东乡，设玉山县，遂将三清山划为玉山县所辖。其后，方士将化缘所得，在葛洪结庐炼丹之处营建了三清山上第一座道教建筑——老子宫观（此观被称为“三清福地”）。

唐代咸通、乾符年间，信州太守王鉴奉旨抚民到三清山北麓。王鉴见此山青水秀，便携家归隐于此，古为“隐将村”，今为“引浆”“汾水”等村落。到了宋代，王鉴后代王霖，捐资在三清山创建三清宫道观殿宇，供奉道教三清教祖神像。王霖，字季深，号东山，乐善好施。王霖信奉道教，于乾道六年（1170）亲率工匠从三清山北麓汾水村登山，穿岩绝壁，终于开出了一条登山道路，直达天门峰下三清福地，找到了当年葛洪的丹水井和丹炉遗迹，遂决定把三清宫建在丹水井附近的“碧蓬宫”遗址前。宫观坐北朝南，门朝玉京峰，背倚天门峰，东有龙首山，应青龙之象，西有虎头岩，应白虎之象，南有玉京峰，应朱雀之象，北有古丹水井，应玄武之象。历时一年，三清宫道观落成。正殿中供奉玉清元始天尊、上清灵宝天尊、太清道德天尊三位教祖神像。自此，三清山一带开始出现成批的道教建筑，三清山遂成为道家洞天福地之一。方士们为了纪念葛洪开山之功，还在山上建起了葛仙观，内中供奉葛仙翁和李尚书石像；同时建起的还有福庆观、灵济庙。尤其值得一提的是，方士们在天门峰的悬崖之上，用天然花岗岩砌成一座六层五面的风雷塔，此塔历尽千年风雨，至今巍然不动，被誉为三清山上道教建筑中的一颗灿烂明珠。

此时的三清山也成为历代名人慕名登临的名山。王安石有《题玉光亭》诗；苏轼送其子赴任德兴县尉时，亦寻访葛洪在妙元观炼丹的遗迹。宋代著名理学家朱熹于淳熙二年（1175）在三清山西部金刚峰下草堂书院（怀玉书院）结庐讲学，历时达19年。

南宋后期和金元时期，由于战乱纷争，三清山道教宫观多倾圮荒废。元代，三清山出现了信奉全真派的方士，他们专门从事道教活动，多时达几十个人；更多的方士则信奉正一道，他们受道教经典戒规约束，熟谙各种醮祷仪式，在民间从事道教活动。据元人鲁起元在《游三清山记》中说，此时三清山正在大动土木，扩建三清观。观内供奉石刻石仙君、葛仙翁、李尚书、金童、玉女、潘元帅神像；山上景物、地点也以道教称谓命名，如仙人桥、雷公石、判官石等等。

明王朝和唐宋王朝一样，把道教作为巩固统治的工具。南方的“正一道”一开始就受到明太祖朱元璋推崇，并加封张天师为“正一道派”的统领，贵溪龙虎山也成为全国道教活动中心。此时三清山上朝拜之风极兴盛，散居于赣、浙、皖、闽的方士和信徒，每年的八九月份，都要组织香会“一年朝三清，一年朝少华”。他们结队而行，以三清神像和旌旗开道，点燃香烛，抬着猪牛羊各种祭品，并鸣三眼铳助威，配以鼓乐，吹吹打打，浩浩荡荡向三清山进发，每日多则上万人，少则几千人。

张天师于明洪武年间奏请明王朝兴建道教宫观，移檄府县。于是王霖后裔王祐，于明代景泰年间在三清山进行大规模的重建宫观的工程，山上的道教建筑如雨后春笋般涌现，此为三清山道教活动的鼎盛时期。王祐少好诗书，长而笃信道教，有志于重建三清宫道观，并延请浙江全真道士詹碧云上山担任三清宫住持，协助其事，布景缀点，摩崖刻石，铺路架桥。景泰至天顺年间，自汾水青龙桥、迎瑞亭，沿途经登山入口处步云桥、杨清桥、西华台、碧玉岩、风门玄关、乘鸾涧、蹑云岭、沪泉井、众妙千步门、冲虚百步门，直到天门三清福地和玉京峰极顶处，共布设了宫观、亭阁、石刻、石雕、山门、桥梁等200多处，如新建的龙虎殿、方士羽化坛、玉灵观、纠察府、演教殿、九天应元府、潘公殿、方壕上、天门石坊、飞仙台、流霞桥、石阶等，重建了三清观，并改名为三清宫，在宫前建成三清宫牌坊。此时三清山道观与宋代比，不仅规模大，而且布局和谐，全山建筑主次分明，遥相呼应。至此，三清山进入一个鼎盛时期。

三清宫　王晓峰 摄

全山建筑以三清宫道观为最，位于海拔1532.8米的三清福地九龙山下。

总体建筑面积518平方米，坐南向北，正殿三间，分前后两殿。歇山式屋顶，梁柱和外墙均为花岗岩石质结构。前殿正殿有三间大门，正门上方悬挂有青石竖匾一方，上刻“三清福地”四个楷书大字。正门两边刻有“殿开白昼风来扫，门到黄昏云自封”的对联。大殿神龛上供奉玉清元始天尊、上清灵宝天尊和太清道德天尊三位教祖神像。后殿正中供奉观音等神像，两旁偏殿亦供奉神像。后殿有偏门可以通向演教殿和万松林。

三清宫正殿门前有一水池，池内有一石雕龙头，泉水从龙头中涌出。殿门前则是面积约400平方米的花岗岩地面的小院。当中有一香炉，高1.4米。香炉前方为一方形的石香亭，高约3米，亭盖为完整的石块雕琢而成。

小院两侧有石级，当中横跨一座玲珑精致的石牌坊，为单开间花岗岩石结构。牌坊石柱前后刻有两副楹联，分别为“云路迢遥入门致鞠躬之敬，天颜咫尺登坛皆俯首之恭”和“登殿步虚升太虚上之无上，入门求道悟真道玄之又玄”。柱下有云纹抱鼓石，上为石坊横额，横额为长方形青石匾，上面镌刻有“三清宫”三个楷书大字。两头则分别镌刻“资政大夫兵部尚书孙元贞书”和“大明景泰七年……王祐正立”等数行小字。

王祐重建的三清宫不仅规模更大，地址更是改迁至九龙山下，背倚九龙山，门朝紫微星。三清宫总体建筑按先天八卦图式布局，坐南向北。与宋代最大的不同，就是从布局上改“后天八卦图式”为“先天八卦图式”。前后两殿为太极图中心的阴阳二极，南面建有一幢演教殿，象征乾；北面建有福池门，象征坤；东南洼地里建有“九天应元府”，象征兑；正东建有龙虎殿，象征离；东北建有风雷塔，象征震；西南以金鼓石象征巽；正西开掘涵星池，象征坎；西北则为飞仙台，象征艮。以上八部景物建筑，围绕着三清宫，形成了一个有机整体。其建筑布局在我国建筑史上极为罕见，既突出中心建筑物的主导地位和庄严神圣的非凡气概，又显示了周围建筑物的凝聚力、向心力和自身应有的灵动性，充分体现了道法自然的哲理和《易经》所蕴藏的八卦变易的潜能和内在的力度。

三清山至明代进入鼎盛时期，仅三清宫道观就有道士120余人，并拥有山田数百亩。据不完全统计，这时三清福地有石雕石刻神像130尊，摩崖题刻45处。可以说这时的三清山已成为明代建筑和石刻艺术的一座宝库。这座宝库，引来各方方士云集其中，更吸引了众多的文人墨客登山揽胜，留下了许多脍炙人口的诗篇。著名地理学家徐霞客也两度游历玉山，在他的游记《江右游日记》中，对三清山做了明确无误的记载。明代的许多学者文人也都喜欢登临三清山。《玉山县志》记有明代海瑞朝三清的传说。明李梦阳也有诗云："怀玉之山玉为峰，四面尽削金芙蓉。东峰破碎瀑布落，有潭十八龙为宅。山头草堂开者谁，斩木通道余心悲。白猿啸雨岩竹裂，石路上天风树吹。我闻龙乃变化物，群然卧此龙何为？何不滂沱惠下土，一洗四海无旌旗。"

清兵入关以后，道教继续得到推崇，龙虎山依然是全国道教活动的中心。三清山与龙虎山道缘相通，香火自然有增无减。康熙年间，抚州、南丰、福建等地方方士纷纷迁来，三清山道教形成了抚州、南丰、福建和玉山本地四大派系，以玉山本地势力最大。为了更好地组织道教活动，县里设有道委司，对上负责接受龙虎山天师府的旨意，对下负责指导所属宫宇的教务活动。此时，由于方士骤增，教务活动日益频繁，三清山在道教领域中影响越来越大。清雍正四年（1726）《钦定古今图书集成》所附的《广信府疆域图》，就准确地标出了三清山的地理位置。

乾隆登基以后，兴佛抑道，道教在全国思想领域中的统治地位受到了冲击，自此直至民国，三清山道馆荒废，山道残毁。

新中国成立后，党和各级政府十分重视三清山的保护开发。1982年，玉山县成立了风景资源普查领导小组，对三清山进行全面的普查，首次发现了三清山梯云岭广大地区千峰竞秀、万石争奇、流泉飞瀑的原始、粗犷而秀丽的独特景观。江西发现三清山风景区的喜讯不胫而走，很快传遍了五湖四海。

1983年元月，江西省人民政府决定开发以三清山为中心的赣东旅游区，并拨出巨款用于开发三清山风景资源。

1984年，江西省人民政府邀请全国各地的教授、学者120余人考察三清山。经过半个多月的实地考察、评议，大家一致认为三清山是我国一流的风景名胜区，可与黄山相媲美，堪称“黄山的姐妹山”，有的学者题词称：“揽胜遍五岳，绝景在三清。”这一年，上饶地委、行署专门成立了上饶地区风景名胜开发领导小组和县级建制的上饶地区三清山风景名胜区管理局。

1985年，江西省政府批准三清山为省级第一批重点风景名胜区，并将它列为全省四大旅游区之一。

1986年，国家拨款建成上山石阶路，将各个景点相互沟通。1988年，国务院批准三清山为国家级风景名胜区。

五、风景秀美三清山

随着国家旅游事业的蓬勃发展，三清山将以她绚丽多彩的风姿迎接更多的国内外宾客。

三清山由于处在造山运动频繁而剧烈的地带，因此断层密布、节理发育，山体不断抬升，又经长期风化侵蚀和重力的崩解作用，形成了三清山别具一格的奇峰怪石、急流飞瀑、峡谷幽云等雄伟景观。三清山东险、西奇、北秀、南绝，美在古朴自然，奇在形神兼备，山上奇峰怪石不可胜数，仙灵众相，惟妙惟肖。特别是历代宫观建筑与雄险奇秀的自然景观融为一体，有“天下第一仙峰，世上无双福地”之誉。

三清山聚“仙”显名。三清山以山岳景观为主，玉京、玉虚、玉华三大主峰，高凌云汉，象征道教所尊玉清、上清、太清三仙列坐其巅。玉京峰是三清山最高主峰，海拔1819.9米，玉虚峰紧靠其北面，海拔1776米，而玉华峰又与玉虚峰并列，海拔1752米。日出后或日落前观赏三清并坐这一景观时，更为神奇。由于日光照射的原因，群山融入一片苍茫黛色之中，唯有这三座山峰沐浴在金红色的光辉下，宛如仙境一般。另有蓬莱、方丈、瀛洲诸峰，拔地摩天，雾涌云回，一起组成了山顶的仙境奇观。

三清山以“奇”见称。三清山多奇景，云海雾涛，争奇斗艳，变幻莫测。三清山由于得天独厚的地理环境，高峰插天，幽谷纵横，森林茂密，气候湿润。一年四季，随着气温的变化，风雨霜雪，云海雾涛，变化无穷；一日之中，晨霞暮霭，飘逸多变，形成了三清山独特的气象景观。三清山的云海，四季皆有，冬春季气温低，多在海拔1000米上下；夏秋

玉京峰

三清山日出 舒剑 摄

气温高，多在1600米上下。玉京峰的日出云海最为壮观。日出前，云层就开始从四面凝聚，逐渐汇集成白茫茫的云海。一轮红日喷薄而出，万丈光华照彻天地，火红的朝霞给云海镶上了金紫色的花边，仿佛朵朵金莲。随着红日高升，云涛急剧变化，由悠悠漾漾变为奔腾澎湃，激荡排空，随后又迅速蒸腾，转瞬间消逝无踪。古人有诗赞道："四海云涛朝福地，三峰香雾拥玉京。"夏秋时节，雨后的三清山还时有彩虹出现，彩虹横贯长空，架于两峰之间，仿佛一座神奇的天桥。三清山的"宝光耀金轮"亦是气象奇观之一，每当有雾的日子，上午10时前、下午3时后，出现在与太阳相对的雾屏上。宝光如彩虹，又不同于彩虹，由七色组成，却是呈圆形彩色光轮，且随人移动，或近或远，奇特而又美丽。"云中五彩路"是三清山又一奇特动人的气象景观。这一气象奇观多出现在晴天云海的上空，在日出之时太阳跃出云海的刹那间，突然会在云海的平面上显现出一条宽大的、耀眼的彩色光路，从日边一直铺展到人们的脚下，光华夺目，瑰丽无比。

三清山以"绝"惊世。峰峦"秀中藏秀、奇中出奇"，是"云雾的家乡，松石的画廊"。奇峰怪石、古建石雕、虬松丽鹃、旭日晚霞、响云荡雾、神光蜃景、珠冰银雪异美无比，"司春女神""巨蟒出山""观音赏曲"惟妙惟肖。除三清列坐外，最象形的山峰还有南天门的"观音听琵琶"。这一组象形奇峰位于三清山梯云岭景区，海拔1600米，由三座山峰叠合成一幅美妙绝伦的画面。第一峰上尖下圆，状如琵琶。第二峰小而圆，状如和尚，呈打坐姿态，左腿微翘，似在专心弹奏琵琶。第三峰在和尚对面，大于和尚数倍，酷似观音菩萨，高立云天，双手拢于袖中，似在垂目倾听。

司春女神 舒剑 摄

“观音听琵琶”是三清山十大绝景之一。另有一座世所罕见的象形奇峰“女神峰”，位于梯云岭景区玉台东侧，海拔1300多米。女神端坐在山峰前，高约86米，眉眼清晰。膝上有一对高约1米的小青松，如两个小儿伸臂玩耍。在女神峰对面的峡谷中，则腾空窜起一条硕大无朋的巨蟒峰，它海拔1200米，相对高度128米。巨蟒峰有着三角形的蟒头，丑陋凶恶，与女神峰形成鲜明对比。

三清山不仅有着各种象形的奇峰异石，而且古松花草、溪泉飞瀑都是形象生动，禀赋殊异。如岩珑峭壁上的青龙探海松、清华池中的凤凰松、天门前的姐妹松、涵星池畔的并蒂松、方丈峰顶的天罡松等，都是松如其名，极其形象。在众多奇花异草中，三清山有一种世界珍稀花卉，名为“天女花”，为三清山群芳之首。“天女花”花瓣洁白如美玉，重瓣厚质，细嫩晶莹，花蕊赤红，香气馥郁，经久不散。三清山的流泉瀑布亦有独到之处。从山脚到山顶，沿途九千米，无处不流泉。有形如珠帘高挂悬崖的“玉帘瀑布”，有奔流激石发出滚雷之声的“水乐坑瀑布”，有喷珠溅玉发出钟磬之音的“杨清瀑布”。最为灵异的是“八磜龙潭瀑布”，高30多米，宽14米，水流湍急，直落深潭中，声传数里，响彻幽谷，冲起的水花雾气弥漫山谷达数十米，人不能近，日光映射下可见隐隐彩虹。水帘里，石岩突出，宛若龙头，其额头、眼睛、嘴皆清晰可辨，龙潭因此而得名并传为蛟龙藏身之窟。龙潭雾气升腾，与山顶雾气汇成一片时，往往预示阴雨天气。每年农历五月初八，当地经常会风雨大作，传说是小青龙回乡探亲。清吴理有诗赞美这一景色：“举步抠衣八磜风，藤萝古木翠重重。名山得自名贤庙，灵水还因灵雨龙。石上泉飞千尺雪，岩前花落万年松。天然一水无人识，并作诗家月夜咏。”

三清山得“道”而彰。三清山道教人文景观历史悠久，源远流长。在漫长的1600多年中，三清山保存了大量的道教古建筑和文物，有宫、观、府、殿、亭、台、坊、阁、塔、桥、池、泉、井以及山门、华表、石像、石雕、石刻等230余处。这些古建筑群以道家太极八卦图的模式进行总体布局，即以三清宫为一个中心（无极），前后两殿象征阴阳二极（太极），围绕着这个中心的各部景点建筑物向八方辐射。这些道教建筑与自然景物巧妙地交织在一起，依山水走向，顺八卦方位，将自然景观与道家理念合一，相辅相成，融为一体，突出体现了道家的宇宙观。三清宫作为总体布局的中心，在天、地、人三才的构思上，在地形、地势、风向、气候、阳光、水源等选择上，都极为讲究。这里是一块十分难得的山顶盆地，背倚九龙山，前有涵星、清华、映辉三口天然大池，后有千年古木万松林不竭之源泉，东有龙首山为天然屏障，西有虎头岩蹲踞拱卫，不仅气势非凡，更是依山傍水，避风向阳。

三清山道教人文景观，不仅在总体格局上体现了道家的宇宙观，而且在每一个景物的设计上，也充分体现了“有无相生”的“变易”法则，渗透着道家“动与静、虚与实、巧与拙、藏与露”的朴素辩证观。每一方位的景物都能因形制胜，借势造型，分散而又能围绕中心，突出主体而又各有发挥。如三清山从山下第一景“步云桥”起，直到最高主峰玉京峰的名称，都蕴含着道家古典哲学思想和道教的特定内涵。三清山第一道山门为“玄关”，即“入道之门”的意思。第二道山门的“众妙千步门”和第三道山门的“冲虚百步门”都是源自《道德经》。玉京峰的“玉京”一词亦是与道教有观。《魏书·释老志》记载：“道家之原，出于老子，其自言也，先天地生，以资万类。上处玉京，为神王之宗；下在紫微，为飞仙之主。”三清山作为道教圣地，玉京峰为最高峰，为教祖所居之地，故曰玉京。

三清山的建筑格局极为独特，与规模宏大的龙虎山上清宫、全国道教中心北京白云观及金碧辉煌的武当山、山东崂山太平宫等道教名山名观都有所不同，可谓独树一帜。

三清山由道家丹道发展而来的独特的“三清自然意功”健身法，融合了道家内养功、中医原理、气功武术等，对增强体质、预防疾病，有一定的功效。

六、三清山七大景区

经过多年的保护管理、维护修缮以及开发利用，三清山正以更加光彩夺目的面貌呈现在世人面前。现在的三清山风景区开发出七个旅游景区，分别是梯云岭景区、西华台景区、三清宫景区、玉京峰景区、石鼓岭景区、三洞口景区、玉灵观景区，它们几乎涵盖了三清山所有的风景和名胜，成为人们向往的旅游胜地。

参考文献

1.刘鹏飞编著:《中国国家风景名胜区丛书·三清山》，浙江大学出版社1992年版。

2.丘富科主编:《中国文化遗产辞典》，文物出版社2009年版。

3.符文军、颜旭编著:《青少年不可不知的世界自然文化遗产》，北京工业大学出版社2012年版。

4.王晓峰著:《三清山》，江西美术出版社2003年版。

（撰稿：张　卡）

丹霞夹明月，华星出云间

——中国丹霞

2010年8月1日，在巴西利亚举行的第34届世界遗产大会上，经联合国教科文组织世界遗产委员会批准，贵州赤水、湖南崀山、广东丹霞山、福建泰宁、江西龙虎山、浙江江郎山共同申报的中国丹霞项目被正式列入《世界遗产名录》，成为中国的第40项世界遗产。

一、中国丹霞简介

“色如丹渥，灿若明霞”，这是人们形容丹霞地貌时最经典的用语，而且只有中国用“丹霞”二字称呼这种地貌。丹霞地貌指以陡崖坡为特征的红层地貌，具体指红层盆地在地壳运动中被抬升并受断裂切割，以流水侵蚀为主，并在风化、溶蚀、重力等外动力共同作用下，塑造成的以陡崖坡为特征的一类地貌。在国外，这类地貌一般被称为红层地貌，红层地貌在全球都有分布，除南极洲外各大洲均有分布，尤以中国分布最广最有特色。

“丹霞”字面意思指的是红霞，语出曹丕《芙蓉池作》中的“丹霞夹明月，华星出云间”。第一个用“丹霞”形容红层地貌的是民国时期的地质学者冯景兰，1928年他在两广地区调查时发现这类红色砂砾岩层，并注意到丹霞山红层形成的千奇百怪的山峰和奇石，遂将这种红层命名为“丹霞层”；1939年，著名地质学家陈国达在对丹霞山和华南地区的红层地貌做了深入研究以后，以发育最典型的丹霞山为名，将这一地貌命名为“丹霞地形”，得到学术界的广泛认可，因而广东丹霞山就成了丹霞地貌的命名地；后来，地质学家曾昭璇第一次把“丹霞地貌”作为地貌学术语进行使用，使其成为极具中国传统文化特色的科学名词。

丹霞地貌最突出的特征是“赤壁丹霞”，即红色的陡崖坡。“不同体量的赤壁丹崖组合，构成了山梁状、城堡状、墙状、柱状的丹霞地貌。从其宏观组合来看，丹霞地貌区往往山块离散，群峰成林，高下参差，错落有序。赤壁丹崖上色彩夺目，洞穴累累，山与山之间高峡幽谷，静谧深邃，山石造型丰富，变化万千。其雄险可比花岗岩大山，奇秀不让喀斯特峰林。丹霞地貌由于具有鲜艳的色彩、奇妙的造型以及与人文景观完美的组合，构成了一支重要的地貌类型。”（彭华等:《中国丹霞　美景与物种辉映》）

丹霞地貌是以红层为物质基础，在地质构造控制和流水、风力侵蚀等外动力的作用下发育的。地质研究认为，红层大多形成于中生代晚期和新生代早期。这一时期地壳运动非常激烈，众多高山与盆地相继形成，流水将周围陆地抬升形成的泥沙和碎石冲到盆地堆积起来。学者们考察认为当时气候炎热，沉积物发生氧化反应，三氧化铁富集，形成了铁锈色的碎屑层，这层红色的碎屑经过漫长岁月固结为岩石，形成了砾岩、砂砾岩、砂岩等各种红色碎屑岩层。后来，在新的地壳运动影响下，盆地抬升，开始受到流水的侵蚀，红层被切割得支离破碎，最后被流水沿断裂面侵蚀出山沟和山谷，在风力、流水、重力等外力作用下，形成各种形态的山块，最终形成千姿百态的丹霞地貌。

贵州赤水丹霞 佛光岩

中国是世界上丹霞地貌分布最广、发育最典型、类型最齐全的地区。“目前在中国已发现丹霞地貌1100多处，分布在全国28个省区市。在热带、亚热带湿润区、温带湿润—半湿润区、半干旱—干旱区和青藏高原高寒区均有分布，最低海拔的丹霞地貌可出现在东部的海岸带，最高海拔的丹霞地貌可以出现在5000米以上的青藏高原。大的足以成为国家级风景名胜区，小到只是一个独立的山崖，却各具特色，姿态纷呈。”（彭华等：《中国丹霞 美景与物种辉映》）但是选择任何一处单一的丹霞地貌都无法完全代表中国丹霞地貌的类型特征，也无法全面体现中国丹霞地貌的普遍价值，所以中国在申报世界遗产时经过多次考察与筛选，精选出六个最具代表性的丹霞地貌即贵州赤水、湖南崀山、广东丹霞山、福建泰宁、江西龙虎山、浙江江郎山，用系列捆绑的方式进行联合申请，最终成功列入《世界遗产名录》。

贵州赤水丹霞位于赤水市境内，地处四川盆地和云贵高原结合地带，面积达1200多平方千米，是全国面积最大、发育最美丽壮观的丹霞地貌。这里发育了最为典型的阶梯式河谷与最为壮观的丹霞瀑布群，同时保持了最完整、具有代表性的中亚热带森林生态系统和物种多样性，森林覆盖率超过90%。“丹山”“碧水”“飞瀑”“林海”构成丹霞景观，具有极高的审美价值。

湖南崀山丹霞位于邵阳市新宁县境内，是密集型圆顶、锥状丹霞峰丛的代表。崀山丹霞圆顶密集式丹霞峰丛峰林雄奇壮观，丹霞赤壁宏伟险峻，高峡低谷神秘幽深，石塔石柱惟妙惟肖，是一座天然的丹霞地貌博物馆，被地质专家们誉为“丹霞之魂、国之瑰宝”，联合国教科文组织世界自然遗产保护联盟专家的考察报告称崀山地质价值在中国丹霞中名列第一。

广东丹霞山位于湘、赣、粤三省交界处的仁化县境内，是广东四大名山之一。丹霞山有大小石峰、石墙、石柱、天生桥680多座，群峰林立，山高谷深，丹山碧水，景色十分迷人。丹霞山发育在南岭褶皱带中央的构造盆地中，具有单体类型的多样性和地貌景观的珍奇性，是中国丹霞地貌的命名地及主要类型和基本特征的模式地。

湖南崀山丹霞　丛林峰

福建泰宁丹霞位于三明市泰宁县境内，它保存了清晰的古剥夷面，犹如天上降下一张大网，山原面被天网切割得横七竖八，形成了密集的网状峡谷和巷谷。泰宁丹霞山崖壁众多、洞穴密布、峡谷密集、沟壑丛生，构成罕见而秀美的自然特征，并保持了生态环境的原生性、生物和生态的多样性。泰宁丹霞地质遗迹十分丰富，记录了白垩纪以来华南板块东部大陆边缘活动带的演化历史，是研究中生代西太平洋活动大陆边缘地质历史构造演化的理想场所，地质价值十分优秀。

江西龙虎山丹霞位于鹰潭市西南20千米处，地处信江盆地，是疏散型丹霞峰林与孤峰群造型多样性的代表。这里分布着疏落的孤峰残丘，呈现出一派丹霞地貌晚年景色。残存的峰丛之间，崖深涧险，洞窟密布，悬崖洞窟中众多的古代悬棺群更为其增添了神秘色彩；孤峰之上又有道观分布，这里是著名的中国道教祖庭，文化氛围和宗教氛围十分浓厚。

浙江江郎山丹霞位于江山市城南的江郎乡，是高位孤峰型丹霞地貌的代表，抗侵蚀性不同的岩石由于受到差异性侵蚀而形成地貌上突出的孤峰、狭窄的巷谷、巨大的石墙，地形底部大部分是古代剥夷面，呈现出一马平川的景象。最典型的景观是平坦的剥夷面上三块300多米的巨石（三爿石）拔地而起，形成的石巷长200多米、宽3.5米，犹如刀砍斧劈一般，不禁让人感慨大自然的鬼斧神工。

二、中国丹霞的普遍价值

在第34届世界遗产大会上，世界遗产委员会决议确认，中国丹霞以其独特的丹霞景观展现了罕见的自然美，是红层地貌发育中的一个杰出例证，其地貌丰富性无与伦比，构成了一个完整的地貌演化序列。最终，世界遗产委员会认定中国丹霞符合具有突出普遍价值的标准（7）和标准（8）。其中标准（7）即独特、稀有或者绝妙的自然现象、地貌或具有罕有自然美的地带，标准（8）即构成代表地球演化史中重要阶段的突出例证。

第一，中国丹霞拥有绝美的自然景观。“中国丹霞发育了绝妙的自然景观，突出的（地）表现了千姿百态的山石形态，大气磅礴的丹霞崖壁，幽深曲折的峡谷群，融山、石、林、水等要素于一体的景观特征，展示了亚热带湿润区丹山—碧水—绿树—蓝天—白云等极其优美的景观组合，构成世界上非同寻常的自然美的区域。”（彭华：《中国丹霞的世界遗产价值及其保护与管理》）贵州赤水丹霞是国家重点风景名胜区、国家地质公园、国家森林公园、国家级自然保护区，其赤壁丹霞颜色艳丽动人，孤峰高岭直插云霄，奇山异石仪态万千，岩廊洞穴神秘幽深，河流飞瀑秀美壮观，蓝天碧树相映成趣。湖南崀山丹霞是国家重点风景名胜区、国家地质公园、国家AAAAA级旅游景区。其丹霞景观繁简互补、刚柔并济、动静结合，富有节奏感和韵律感，加上湛蓝的天空、碧绿的江水及随四季变化而呈现不同颜色和色调的植被，赋予崀山绝美的自然景观，其造型、色彩和气质达到最佳组合境界，衬托出气势磅礴和厚重雄

广东丹霞山　姐妹峰

浑的高贵品质，素有“中国国画灵感之源”美誉（中国丹霞申遗办：《中国丹霞》）。广东丹霞山是国家级重点风景名胜区、国家地质地貌自然保护区，被誉为“中国红石公园”“世界丹霞第一山”，山石形态丰富多彩，峰丛布局错落有致，赤壁丹崖崇高险峻，深谷云雾缭绕，森林清静幽深，不仅单山单峰极富美感，而且整体空间结构也极富韵律，形成最为典型的“丹山、碧水、绿树、蓝天和白云”丹霞美景。福建泰宁丹霞核心区域具有世界地质公园、国家AAAAA级旅游景区、国家重点风景名胜区、国家森林公园等数顶桂冠，旅游价值很高，泰宁丹霞景观峡谷深切，丹崖高耸，洞穴奇特，山水秀丽，峡谷密布的网状谷地和宏伟壮观的红色山块形成独具一格的丹霞美景。江西龙虎山是世界地质公园、国家自然与文化双遗产地、国家AAAAA级旅游景区，其丹霞景观群峰林立，千姿百态，秀美多姿，绿水环绕，白云悠悠，以“奇、险、秀、美”闻名天下，素有“丹霞仙境”之称。浙江江郎山是国家重点风景名胜区、国家AAAAA级景区，其丹霞地貌以三爿石峰丛和石墙、一线天巷谷最具特色，整体上群山苍莽，石窟深潭引人遐想，清泉河流清澈幽深，悬崖飞瀑雄伟壮观，林木叠翠，风光旖旎。

第二，丹霞地貌代表了地球上一种特殊的自然面貌。“丹霞地貌是一种特殊的红层地貌，展现了地球上一种与众不同的自然面貌。突出反映了中国东南部大陆地壳在中生代以来的演化特征，包含了正在进行的地质作用和地貌演化、重要的地貌形态或自然地理特征。”（彭华：《中国丹霞的世界遗产价值及其保护与管理》）首先，丹霞地貌与其他类型的地貌具有明显的差别，最典型的是赤壁丹崖广泛发育，不同尺度和形态的赤壁陡崖坡构成了形态各异的石峰、石堡、石墙、石柱、峡谷等景观，这是其他

福建泰宁丹霞　大赤壁

地貌形态所不具备的；其次，红层地貌虽然遍布全球，但是中国丹霞属于特殊的红层地貌，它集中发育于白垩纪，而其他古陆普遍较早，而且世界上其他地区的红层地貌大部分属于干旱区，而中国丹霞六大遗产地的红层形成后，新生代区域环境发生了逆转，由干热型转向湿润型，形成了世界上亚热带常绿阔叶林发育最好的红层景观区。

第三，中国丹霞展现了丹霞地貌完整的生命周期。如前所述，丹霞地貌的演化过程从红层盆地的抬升开始，然后完整的红层被流水侵蚀出沟谷，进而形成峰丛林立的景观，最后孤峰散落后形成辽阔的侵蚀平原，是为地貌的整个生命周期。

中国丹霞六大遗产地综合展示了丹霞地貌从青年期到老年期的完整演化系列，贵州赤水、湖南崀山、广东丹霞山、福建泰宁、江西龙虎山、浙江江郎山六大遗产地的顺序并非随便确定，而是按照丹霞地貌的演化阶段排列的，展现了流水侵蚀最小到最大的过程。贵州赤水丹霞属青年早期丹霞，是高原峡谷型丹霞的代表，块状高抬，尚有完整的高原面，峡谷深切成阶梯状；福建泰宁丹霞属青年晚期丹霞，为山原峡谷型丹霞的代表，表现为抬升先慢后快、水流切割先弱后强，从而呈现出V形套巷谷、等高的雏形峰丛以及密集的峡谷、崖壁和洞穴等景观；湖南崀山丹霞属壮年早期丹霞，是密集峰丛型丹霞的代表，长期稳定，峡谷宽阔，峰丛密集，圆顶峰丛与单面山式峰丛对列；广东丹霞山属壮年晚期丹霞，是簇群式峰林峰丛型丹霞的代表，长期稳定，沟谷宽缓，峰丛与孤石疏密相间；江西龙虎山丹霞属老年早期丹霞，是宽谷疏散峰丛型丹霞的代表，长期稳定，河谷宽阔，圆顶峰丛疏散分布；浙江江郎山丹霞属老年后期丹霞，是高位孤峰型丹霞的代表，三爿石孤峰插天，峰间巷谷幽深，如暮年老者俯视群山。总之，“中国丹霞系列遗产选择了不同演化阶段、不同景观类型和不同组合特征的丹霞地貌区，总体的科学价值为任何一个单独的同类遗产地所不可替代”。（彭华：《中国丹霞的世界遗产价值及其保护与管理》）

江西龙虎山丹霞　排衙峰

第四，中国丹霞地貌区具有丰富的生态系统多样性，是众多珍稀和濒危动植物物种的栖息地。以赤水丹霞遗产地为例，经调查，这里具有丰富的生物多样性，有高等植物2116种，动物1668种，国家重点保护动植物59种。拥有数量众多的IUCN物种红色名录和中国物种红色名录物种483种，其中植物115种、动物368种，地方特有植物27种，长江上游特有鱼类25种，《濒危野生动植物种国际贸易公约》（CITES）物种71种。此外，有数量较多的孑遗植物和古树名木等。可见，赤水丹霞世界自然遗产地是多种濒危和特有生物的栖息地和避难所。丹霞地貌的形成过程和气候环境，与这里的生态系统形成了相伴而生的伙伴关系，是生物多样性保护的关键区域。

三、中国丹霞的文化内涵

中国丹霞不仅具有绝美的自然景观和杰出的地球科学价值，而且六大遗产地都具有很高的文化价值和丰富的文化内涵，其所蕴含的宗教文化、古典文学文化、石刻与书法文化、崖葬文化等赋予了中国丹霞深厚的人文情怀。

1.中国丹霞遗产地的宗教文化

丹霞地貌独特的红色调与中国审美文化和宗教文化中对红色的推崇相合，加之丹霞地貌往往峰丛形状独特、深谷洞穴神秘、碧水蓝天、雾气缭绕，符合宗教氛围，因而很多丹霞地貌所在地都成为宗教圣地。中国丹霞六大遗产地中的龙虎山就是著名的道教文化和佛教文化名山。龙虎山是中国道教的发源地，五斗米道教创始人张道陵云游天下名川大山，曾于东汉永元二年（90）在龙虎山结庐悟道、传道炼丹，第四代天师开始定居龙虎山，此后天师后裔一直居住在龙虎山天师府，历经1900多年承袭63代。龙虎山上道观曾经盛极一时，道观、道院和道宫随处可见，现在的天师府、正一观、兜率宫仍坐落在苍松翠柏之中。丹霞地貌所形成的丹霞岩洞，为石窟佛造像创造了天然的条件，龙虎山的南岩石窟被称为“中国最大的天然佛洞”，依天然形成的岩洞开凿而成，现在窟内有佛像40座，种类齐全，雕刻精美。另一遗产地广东丹霞山则是佛教文化名山。明末清初的禅师澹归在丹霞山开山建立著名的古刹别传寺，澹归也成为别传寺的第一代祖师，他在此参悟佛法和传播佛教文化，并坐化于此。澹归的佛教著述和佛教文化传播使丹霞山成为南方禅宗文化圣地，别传寺也成为著名的古刹，现在仍旧是丹霞山重要的旅游资源。

2. 中国丹霞遗产地的古典文学文化

中国丹霞六大遗产地具有极致的自然景观，自古以来就是文人墨客书写和歌颂的对象，承载了厚重的中国古典文学文化。四大名著之一的《水浒传》第一回“张天师祈禳瘟疫，洪太尉误走妖魔”，可谓将龙虎山设置成了整个故事的引线，文中对龙虎山道观如是描写：“三清殿上鸣金钟，道士步虚；四圣堂前敲玉磬，真人礼斗。献香台砌，彩霞光射碧琉璃；召将瑶坛，赤日影摇红玛瑙。早来门外祥云现，疑是天师送老君。”丹霞地貌是中国山水诗重要的描写对象，谢灵运、鲍照、谢朓等诗人都曾为丹霞地貌景观作诗。而在这六大遗产地中，面对江郎山的雄奇秀美，大诗人白居易不吝溢美之词，《江郎山》写道：“林虑双童长不食，江郎三子梦还家。安得此身生羽翼，与君来往共烟霞。”同时丹霞地貌还是中国游记文学的重要书写对象。《徐霞客游记》中《江右日记》曾记载“又三十里，日已下舂，西南渐霁，遥望一峰孤插天际，询之知为龟岩”，描写的正是龙虎山著名的龟峰。而且徐霞客还在其游记中详细记载了对丹霞山的山川、河流、人文和交通情况的考察。

3. 中国丹霞遗产地的石刻与书法文化

丹霞地貌的赤壁丹崖主要由红色砂岩构成，其岩性结构均一，硬度较小，是进行精雕细刻的优质载体，所以很多地方的丹霞地貌都存有摩崖石刻，使丹霞地貌成为展示中国石刻书法艺术的重要场所。比如，龙虎山保存有自唐朝以来的200余条摩崖石刻，涉及篆体、隶书、楷书、行书和草书，石刻刀法精湛，书法艺术成就很高；丹霞山摩崖石刻集中分布在锦岩寺和别传寺等区域，存有北宋至民国年间的摩崖石111条，具有很高的文化艺术价值以及历史研究价值，其中宋元石刻和“锦岩”“丹霞”“别有天”等大字摩崖最具代表性。

4. 中国丹霞遗产地的崖葬悬棺文化

在古人眼中，丹霞地貌高耸入云的山峰犹如踏入天上世界的阶梯，灿若明霞的红色象征生命的来源和灵魂的寄托并能够保佑逝者，因而丹霞地貌存在悬棺葬的文化现象。“自皖南经浙江、江西、福建、湖南直至两广这样一个弧形地区是我国东南丹霞地貌集中分布区，也是悬棺葬分布集中区之一，这其中龙虎山、武夷山、丹霞山等丹霞地貌区都发现了悬棺葬遗迹。”（葛云健、张忍顺：《悬棺葬及其与丹霞地貌的关系》）广东丹霞山绝壁上的悬棺为丹霞山增添了神秘气息，引人遐想和探索；龙虎山的悬棺葬分布在高山崖壁之上，大都利用天然的丹霞岩洞构筑墓室，洞穴内葬一棺或者多棺，洞口散开并在洞口安置封洞板。龙虎山崖葬的年代为2600年前的春秋战国时期，它是中国年代最早、现存数量最多、随葬品最为丰富、崖葬景观最为优美之地，具有很高的科学和美学价值。（中国丹霞申遗办：《中国丹霞》）其中龙虎山的悬棺葬，在洞口安置封洞板就是很有地方特点的悬棺葬结构。

浙江江郎山丹霞 三爿石

四、中国丹霞的保护与利用

贵州赤水、湖南崀山、广东丹霞山、福建泰宁、江西龙虎山、浙江江郎山六大国家风景名胜区捆绑联合申遗的工程声势浩大，联合申遗成功后如何进行科学的保护和利用，引发社会的关注。

申请世界自然遗产的过程，其实是对遗产地的普遍价值进行深入梳理、认知和凝练的过程，同时也是按照世界自然遗产的标准进行自我管理和升级的过程，更是对遗产地进行综合治理的大好良机。六大遗产地将申遗的过程与遗产地的治理与保护密切结合，把申遗工作与保护治理工作融为一体，使遗产地的自然环境、生态环境和人文环境得到保护与恢复，使景区的基础设施和展示设施得到升级，使社区居民的遗产保护意识得到很大的提升。赤水景区为了恢复丹霞地貌的原生景观，对景区内截断河流的电站进行了拆除，对影响赤水大瀑布景观整体性的宾馆进行了拆除，并拆掉了景区和周边的电线杆和支架，将电线、网线等进行地埋处理。崀山景区对区内及周边的污染企业实施搬迁，并为区内居民更换清洁能源、新建饮水设施和改造厕所，极大改善了景区及周边的生态环境。同时，为了升级景区的基础设施和展示设施，崀山新建了高水准的游客管理中心和展示中心。丹霞山景区为了恢复自然绿地，拆除或搬迁了区内多家商铺、餐馆、宾馆，较好复原了丹霞山的原生自然景观。泰宁景区同样为了恢复自然景观，实施了违章建筑拆除、旅馆餐馆搬迁的工程，对已经造成的破坏进行了修补和复原，为了减轻景区的生态环境保护压力，还对区内居民的人口密度进行了调整。龙虎山景区拆除水电站、搬迁造纸厂，建设遗产管理中心，完善生态监测网络，并使区内居民用上了清洁能源。江郎山景区同样严格按照世界自然遗产的管理标准，进行了大规模的生态综合治理工程。

中国丹霞申遗成功后，按照申遗期间制定的保护规划进行遗产地的保护与利用。

第一，各遗产地进行了合理的分区，主要分为禁止建设区或一级保护区、限制建设区或二级保护区、适度利用区或三级保护区、缓冲区等。比如丹霞山，“在遗产地168km^{2}范围内，划分为特级保护区（51km^2，禁止活动区，除科考外禁止一般人类活动），一级保护区（60km^2，禁止建设区，可组织步行观光与科教旅游线，禁止服务设施项目建设），二级保护区（52km^2，为限制建设区，可发展步行观光与水上活动，允许结合保护岗的配套，建设补给性服务点和游船码头），遗产地内部几个村落及附近地段属于三级保护区（5km^2，生态修复与限制建设区），允许发展生态旅游和乡村服务点。遗产地之外的124km^{2}的缓冲区大部分属于三级保护区，可结合乡村改造发展乡村服务点，允许建设停车场、游船码头及小型服务设施等”（彭华:《中国丹霞的世界遗产价值及其保护与管理》）。

第二，加强保护点和监测网的建设。为了加强对核心区域的管理，遗产地设置了专门的保护站或保护岗，避免游客进入禁止活动区域造成破坏；同时，六大遗产地设立了大量对遗产地内水环境、大气环境、地质环境、火灾与病虫害等的监测点，并形成了监测网络。

第三，在“保护第一”的前提下对丹霞资源进行合理的开发，并加强对中国丹霞地貌的科学研究和学术交流。《世界遗产名录》设置的目的不仅仅是为了保护，也是为了传播与交流，不可否认世界遗产开展的旅游服务是最好的遗产传播方式，所以联合国教科文组织是鼓励世界遗产地在保护为主的前提下适度开展旅游活动的。中国丹霞六大景区在申遗成功之后，以“保护第一”为原则，重新进行旅游路线的规划与调整，并对旅游基础设施进行搬迁和升级，科学计算景区的游客承载量，建设展示中心和博物馆进行丹霞地貌知识的科普等，这在很大程度上提升了旅游产品的品质，改善了游客的旅游体验。同时，组织专家学者加强对中国丹霞地貌的全面研究，并积极举办关于丹霞地貌研究、丹霞遗产保护等主题的国际国内学术会议，加强学术交流，扩大中国丹霞影响力。

第四，成立了中国丹霞世界遗产保护管理委员会、中国丹霞世界遗产专家委员会和顾问委员会。中国丹霞六地联合申报虽然完整展示了丹霞地貌的地球科学价值，但是如何对分布在我国南方六个省的遗产地进行科学的统筹管理是很大的问题。面对这一难题，遗产地所在的省、市、县各级政府和相关单位共同组建了中国丹霞世界遗产保护管理委员会，遗产地所在市县均设立遗产管理办公室，前者负责上下和横向的联络、协调，后者负责具体的保护与利用工作；同时，组织中外专家组成中国丹霞世界遗产专家委员会和顾问委员会，负责相关的研究、培训、交流和规划设计审定等工作。这一管理机制的成立，较好解决了六大遗产地的统筹管理问题。

值得一提的是，中国丹霞六大景区联合申遗终获成功，社会、媒体和公众更为理性和谨慎。据媒体报道，中国丹霞六地申遗共花费12亿元巨资，其中湖南崀山所在的新宁县付出了4亿多的申遗经费，远超该县当年财政收入，其他县市也存在贷款申遗的情况。社会和公众担心付出如此大的巨资，管理部门会为了收回成本带来景区门票的“报复性”上涨，更担心景区会对丹霞资源进行过度开发。有的专家学者则呼吁我们要理性申遗，在投入巨大的申遗经费和将适度经费投入自然遗产和文化遗产的保护中进行合理选择。这些质疑和反思，说明随着我国的世界遗产数量的增加和国内申遗热潮的兴起，人们对申遗的价值、申遗的目的、申遗后的保护、申遗与地方发展的关系等有了更清醒的认识，这无疑形成了对世界遗产地的社会监督。面对质疑和反思，中国丹霞在“后申遗时代”更是需要为社会提交一份满意的答卷，中国丹霞的保护和利用任重而道远。

参考文献

1.中国丹霞申遗办：《中国丹霞》，湖南人民出版社2011年版。

2.朱诚、马春梅、张广胜等：《中国典型丹霞地貌成因研究》，科学出版社2015年版。

3.彭华等：《中国丹霞 美景与物种辉映》，《森林与人类》2016年第11期。

4.彭华：《中国丹霞的世界遗产价值及其保护与管理》，《风景园林》2012年第1期。

5.余志勇：《论澹归与丹霞山佛教禅宗文化旅游深度开发》，《韶关学院学报（社会科学版）》2013年第7期。

6.张忍顺：《丹霞山水景观与中国山水文化的兴起》，载彭华主编《红层与丹霞——第十四届全国丹霞地貌会议论文集》，地质出版社2015年版。

7.葛云健、张忍顺：《悬棺葬及其与丹霞地貌的关系》，《南京师大学报（自然科学版）》2004年第3期。

8.梁章萍：《“中国丹霞”地貌捆绑型世界自然遗产的管理机制研究》，《长春教育学院学报》2014年第13期。

（撰稿：陈少峰）

揭秘生命大爆发，世界古生物圣地

——中国第一个化石类世界遗产：澄江化石地

中国云南澄江化石地是迄今世界上发现古生物门类最多的区域。遗产地核心区5.12平方千米、缓冲区2.2平方千米，是我国及亚洲唯一化石类世界自然遗产。这里不仅保存了生物的硬体组织，也保存了大量软体生物化石，展示出了完整的寒武纪早期海洋生物群落和生态系统。

澄江帽天山

澄江化石地位于我国云南澄江帽天山附近，产出地层为云南下寒武统筇竹寺组玉案山段黄绿色粉砂质页岩中，是保存完整的寒武纪早期古生物化石群。澄江生物群的发现和研究，生动地再现了5.3亿年前海洋生命壮丽景观和现生动物的原始特征，为研究地球早期的生命起源、演化、生态等理论提供了珍贵证据。澄江生物群至今已发现40多

个“门”一级生物类别、200余种早寒武纪珍稀动植物化石，且80%属于新种。另外，还有大量化石不能分入已知的门类，如绝灭类群古虫类。澄江化石拥有目前发现的世界上分布最集中、保存最完整、种类最丰富的早寒武纪地球生命现象的记录，是已知的著名古生物化石“模式标本”，被学术界誉为“世界古生物圣地”。

一、澄江化石地发现与研究概况

澄江化石地在云南省玉溪市澄江境内抚仙湖帽天山、马鞍山一带，东距澄江县城约5千米，三面环山，南临抚仙湖，以帽天山为核心，向北、向南各延伸约4千米，面积约18平方千米。

1909年和1910年，法国古生物学者迪帕特（J.Deprat）和曼苏（H.Mansuy）就在滇东南进行地质古生物调查，发现了化石的存在，后来著有《滇东地质状况备忘录》，记录了他们发现化石的过程。1940年，中国老一辈地质学家何春荪来到澄江东山调查磷矿资源，并发表了《云南澄江东山磷矿地质》一文，其中就有帽天山“页岩内有一种低等生物化石”和“德国米士教授获有三叶虫化石”的记载。这些研究，奠定了澄江地区地质研究的基础。直到70多年后的一次偶然发现，澄江化石地才得以被正式发现

1909年法国学者在澄江进行地质和古生物调查

和命名。

澄江化石地因1984年发现的5.3亿年前早寒武纪时期化石而得名。1984年6月中旬，刚刚从中国科学院南京地质古生物研究所硕士毕业的侯先光来到澄江县帽天山，想采集一种叫作高肌虫的化石。7月1日下午3点左右，他选择帽天山西面山坡上的地层出露面开始系统采样工作。在发现两个不寻常化石之后，一种之前仅见于加拿大伯吉斯页岩中的节肢动物化石纳罗虫，出现在岩石的新辟开面上。他初步判断，这是一块寒武纪早期的无脊椎动物化石。后来的几天，侯先光先后又发现了节肢动物、水母、蠕虫等几种化石。随后，他带着这一重大成果返回南京，写出了发掘初期的调查报告，并与他的导师张文堂教授发表了科学论文《纳罗虫在亚洲大陆的发现》，师生二人在文章中把在澄江发现的古生物正式命名为“澄江动物群”，打开了距今5.3亿年澄江动物化石群的大门。这一研究成果也震惊了世界地质界。

此后20多年间，中外20多个国家的百余名古生物学家、地质学家、细胞生物学家、海洋生物学家及科普作家，云集帽天山进行调查、发掘和研究，陆续又有许多重要发现。

澄江动物群复原图

澄江化石地的重要发现，也引发世界多个国家如美国、瑞典、巴西、德国、加拿大、英国、法国等数十家媒体的关注和报道，许多权威学者也给以高度评价。

从1984年7月1日发现澄江动物化石群至今，中外地质、古生物学家对其进行了大量的科研工作，澄江动物群的主体内容已经基本清楚。这些生物小的只有几毫米，大的有几十毫米甚至更大，它们有的像海绵，像今天的蠕虫，像水母，像海虾，或者像帽子，像花瓶，像花朵，像圆盘……千奇百怪，美不胜收。它们展示的是5.3亿年前浅海水域中各种生物的奇异面貌。

2012年7月，联合国教科文组织以澄江化石地保存有“寒武纪生命大爆发”的最好实证、具有突出的普遍价值为标准，将其列入《世界遗产名录》。这是目前亚洲唯一的化石类世界自然遗产，其生物多样性及独特的保存特征，被国际科学家称为“20世纪最惊人的科学发现之一”。

二、澄江化石地的重要价值

澄江化石地发现的价值和意义是多方面的。澄江化石地是动物界各个门类多样性起源的直接证据；澄江化石地记录了目前已知最完整的寒武纪早期海洋生物群落；澄江化石是一个特异埋葬的生物群，类群繁多，其化石标本揭示了大量生物种类（包括无脊椎动物和脊椎动物）的硬体和软组织精美的解剖学细节特征；澄江化石对回答生命演化中的基本问题产生了重要影响，如后生动物身体基本构造的起源演化、形态演化革新的遗传学背景；澄江化石地记录了寒武纪早期形成的复杂海洋生态系统，包括食物网顶端的高级捕食动物；澄江化石的特异埋葬方式赋予其一种罕见美感等。因此，澄江化石不仅具有重大的科学价值，也具有重要的美学价值。

古生物学研究表明，地球生命从出现至今有38亿年的历史，而寒武纪时代是生命大爆发最重要的时期。寒武纪时代以前，生命只能以藻类和菌类等单细胞简单形式生存于海洋里。寒武纪以后，大量的新生动物才开始出现，并快速向多细胞动物演化。这其中的演化过程只用了1000多万年的时间，科学家将这种快速进化的情况叫作“生命大爆发”。澄江动物群恰好记录了这段特殊时期生物群的全貌，成为揭开寒武纪生物群面貌的“金钥匙”。

澄江化石地保存了距今5.3亿年早寒武纪地球上生命快速多样化的独特记录。这一短暂的地质间隙包含了几乎所有主要动物类群的起源。其多样化的地质证据代表了化石遗迹保存的最高质量，传承了早寒武纪海洋生物群落完整的记录。它是复杂海洋生态系统最早的记录之一，也是一个进一步认知早寒武纪群落结构的独特窗口。

澄江生物群为揭示地球早期生命演化的奥秘提供了极其珍贵的证据，它们以全景式写照，生动地再现了5.3亿年前的“寒武纪大爆发”发生的真实过程，从而将大多数现生动物门类的演化历史追溯到了寒武纪的开始阶段。科学家通过采集到的化石发现，几乎所有的现生动物的门类和已灭绝的生物，都出现在寒武纪地层，而更古老的地层中却没有其祖先的化石被发现。澄江生物群以软躯体化石的罕见保存最有特色。虽经5亿多年的沧桑巨变，这些最原始的各种不同类型的海洋动物软体构造依然保存完好，千姿百态，栩栩如生，是目前世界上所发现的最古老、保存最好的一个多门类动物化石群，生动如实地再现了当时海洋生命的壮丽景观和现生动物的原始特征，为研究地球早期生命起源、演化、生态等理论提供了珍贵证据。

澄江生物群的发现，如实地展现了地球海洋中最古老的动物原貌：自寒武纪生物大爆发时，地球海洋里就生活着纷繁众多、生态各异的动物，纠正了我们对早期生命的很多错误认识。现已发现的澄江生物群化石有海绵动物、腔肠动物、鳃曳动物、叶足动物、腕足动物、软体动物、节肢动物等多个动物门以及一些分类不明的奇异类群。此外，还有多种共生的海藻。动物化石群中的水母化石填补了我国古生物研究的空白。寒武纪早期水母化石的发现，在国际上也属首次。除水母化石外，还有海绵、蠕虫、腕足类、腹足类、软舌螺、金碧虫和其他类型的节肢动物等，其软体结构及骨骼保存完好，并以种类之多、保存之完整，可与世界著名的澳大利亚晚前寒武纪的埃迪卡拉动物群、加拿大中寒武纪的伯吉斯页岩动物群相媲美。尤其是这一发现，填补了伯吉斯、埃迪卡拉这两个动物群之间演化的一个重要缺环。

又如叶足动物门有爪动物，只生活在南半球少数陆地地区。澄江生物群告诉我们，有爪动物在寒武纪大爆发的时候不但在北半球存在，而且其形态还出乎意料地比现代有爪动物更加丰富多彩。以前所知道的最古老的保存软体的生物群是中寒武纪的加拿大伯吉斯页岩生物群，但它比早寒武纪生命大爆发要晚1000多万年。而在现代的海洋中，70%以上的动物种和个体都是由软组织构成的，因而极少有形成化石的可能。澄江生物群化石保存在细腻的泥岩中，动物的软体附肢构造保存精美，且呈立体状，构造细节能比较容易地在显微镜下显露出来。通过澄江化石的研究，我们完全能够修正关于某些同类生物群过去的错误观点。如动吻动物门的大型奇虾类动物的研究，已有100余年历史，过去一直把此类动物认为是无腿的巨大怪物。澄江生物群不但存在这类动物，而且保存好、类型多，从根本上改变了人们关于它们的原来的观点。加拿大伯吉斯页岩叶足动物门的怪诞虫的研究，科学界一直把它作为不可思议的奇形怪物。澄江同类化石的研究证明，原来的研究成果是背、腹倒置。如果没有澄江生物群，我们对这些动物的认识永远是一个谜。

节肢动物是动物界中最庞大的一类，但是关于节肢动物的原始特征以及各类群之间的关系，科学界了解很少。以往所发现的化石，多是节肢动物的外骨骼，而解决节肢动物的分类，论述其演化关系，关键构造是腿肢，但保存完好的腿肢在化石中很少发现，如今澄江化石地也解决了这一问题。通过对澄江节肢动物的研究，科学界现在对节肢动物分类关系和原始特征已经有了一个清楚的认识。澄江节肢动物具有一个非常原始的体躯分化，例如现代虾大约有18个不同类型的体节，而澄江节肢动物仅仅有3～4个。这充分展示了在漫长时间的推移过程中，节肢动物通过体节特化而行使不同功能的演化趋势。澄江生物群中，双瓣壳节肢动物多种多样，小者1毫米左右，大者可达100毫米以上，许多种类保存有完美的软体附肢。研究证实，相似壳瓣却包裹着十分不同的软体和附肢，因此它们的壳瓣不能作为分类和相互关系的依据，壳是趋同演化的结果。

澄江生物群向人们展示了在寒武纪大爆发时，现在生活在地球上的各个动物门类几乎都已存在，而且都处于一个非常原始的等级，只是在后来的演化中，各个不同类群才演化为一个固定模式。如现在所有昆虫的头部体节数量都是一样的，而原始的节肢动物类群头部体节的数量变化则相当大（从1节到7节）。从形态学的观点来讲，早寒武纪动物的演化要比今天快得多。在寒武纪，新门动物（例如腕足动物门）的不同器官在成长过程中，通过简单的转换就可以产生，以致成年个体能够保存祖先幼虫的滤食生活方式。这个过程在几百年或几千年内就可以完成，并因此而产生新门。澄江生物群给我们提供的生物高级分类单元快速演化的证据（突变）是我们在教科书中所读不到的。这也纠正了达尔文认为较高级的分类范畴是生物种级水平演化慢慢堆积的结果的结论。

澄江化石遗产地的门类非常丰富，几乎包含了现今的各个动物门，从海绵动物到脊索动物都出现了各自的代表。这里是地球生命的摇篮，是现代动物界的“根”。迄今为止，至少已经记录到16门以及多种神秘的类群，共200余种物种。已发掘的类群从藻类、海绵动物、刺胞动物，到数量众多的两侧对称动物门，其中包括已知最早的脊索动物、人类的祖先——云南虫。《纽约时报》曾这样评论，如果云南虫夭折，那么地球将会像月球一样寂寞冷清。多个门类已知最早的标本，诸如刺胞动物门、栉水母门、鳃曳动物门以及脊椎动物门等都在此发生，其中很多类群代表了动物的老祖宗基群到现存门。

澄江动物群的发现，为早期动物的功能形态、生存习性、演化过程等提供了可靠的科学依据。澄江生物群给我们提供了一个完整的最古老的海洋生态群落图。通过这个群落图就能知道在寒武纪大爆发时产生了哪些动物，初步了解不同动物的生活方式和食性。澄江生物群或许还能解开寒武纪生物大爆发中生物演化的原因，以及诱发这种大爆发的理由。

三、澄江化石地的古地理和古环境

地质学家认为，在距今5.3亿年的早寒武纪，现今的整个滇东地处热带或亚热带地区，属于扬子古陆块西南缘的浅海，海底坡度小，地势低平，大面积海侵形成了范围广阔的陆表海。在陆表海域的西部和南部有三个较大的古岛陆：东南为牛头山岛陆，西南是滇中岛陆，西北面稍远处有泸定、西昌岛陆。澄江—昆明浅海既有古岛屏障保护，形成了相对稳定有利的生态环境，又有潮口相通，接受深海营养和富氧海水补充，生存条件优越，海水清澈透明，气候温暖，水深不超过100米，特殊的地理地貌造就了寒武纪生命大爆发。

由于处于低纬度热带、亚热带信风区，是热带风暴活动的中心区，该海域风暴作用频繁、强烈。当时这里的气候相当湿热，岛陆上没有任何植物、动物，到处都是突兀的岩石。历经5亿多年的沧桑巨变，这些地球先民的软躯体构造居然能成为化石而保存在岩层中，可以说是大自然的奇迹。对于动物石化的秘密，科学家的意见还不统一，主要有风暴说、辐射说、火山说和地震说等。如有学者根据沉积学的观察，认为正常生活的远古动物被不期而遇的风暴和陆上因洪水而来的泥流淹没，经历千万年的历史而形成化石；有些学者认为快速掩埋的大量泥质沉积物可能来自陆地的大风暴；另有学者依据地层中夹有数层火山灰沉积的现象，认为化石的快速掩埋可能与火山爆发提供的大量沉积物有关。

小滥田剖面是澄江化石最重要的产地之一，200余个澄江化石物种中绝大部分物种在该剖面被发现，例如栉水母、云南虫、抚仙湖虫等。小滥田剖面位于遗产地的东北侧，帽天山北偏东约2千米处，属于帽天山向斜的西翼，地层出露好。自下而上包括渔户村组、筇竹寺组和沧浪铺组，代表了前寒武纪末期至寒武纪早期连续的地层沉积，剖面长度485米，地层出露厚度282米。地层内包括寒武系/前寒武系的界线、寒武纪开始时期的成磷事件及寒武纪大爆发时期重要化石小壳化石和闻名世界的澄江化石。

小滥田剖面筇竹寺组玉案山段泥岩即为澄江化石的富含层位。岩性呈灰黑色、灰绿色泥岩，风化后呈黄绿色。快速沉积的泥岩层颗粒细腻，以保存大量软躯体的和具弱矿化外骨骼的后生动物为特征。澄江生物群最早便是在这一种黄绿色细粒泥质岩中发现，在岩石地层的划分被归属于筇竹寺组的玉案山段。不过，在泥岩地层之上的粉砂岩中也发现有丰富的澄江生物群化石，并且在地理上的分布也扩及云南的东部地区。

小滥田剖面风化化石段

随着研究的深入，许多学者发现不同地区的澄江生物群组成，会因为沉积环境与埋藏条件的不同而有所差异，如在澄江帽天山地区的澄江生物群，古介形虫类的小昆明虫在个体数量上便占绝对优势，甚至占了总数的八成左右；而在昆明海口地区的澄江生物群（已描述过的化石超过14门64属85种），则以大附肢纲中的林桥利虫与线形虫动物门中的环饰蠕虫与帽天山虫较占优势。

澄江生物群由于大多保存了软躯体构造，因此吸引了许多中外学者投入研究，以探讨各门类最早起源的问题。在云南东部地区，寒武纪大爆发的始末罕见并完整地被记录在渔户村组与其上的筇竹寺组地层之中：由小歪头山段底部出现最早的小壳动物群开始，揭开这一地区寒武纪生命大爆发的序幕，此一事件也是标示“有壳”生物开始发展的初期阶段。此后，依次是以小壳化石为主的梅树村动物群、石岩头段壳体纹饰较复杂的小壳化石群、玉案山段底部最古老的三叶虫动物群与古介形虫动物群（此时相当于寒武纪大爆发的中晚期），而澄江生物群的出现则代表寒武纪大爆发的最终结果。基于这个时间序列，除了澄江生物群的化石，我们也将地质时代较早的石岩头组及梅树村组与较晚的沧浪铺组地质的几个珍贵标本一并纳入这一系列。

四、澄江动物化石群的组成

澄江化石物种极为丰富，目前至少200个物种被描述发表，除7个藻类物种外，其余至少有177属193个动物物种，分别归属于16个动物门和分类位置不定类群。其中有146个新属，162个新种。

澄江生物群除了藻类化石之外，16个动物门分别为多孔动物门、刺丝胞动物门、栉板动物门、线形虫动物门、曳鳃动物门、毛颚动物门、软体动物门、环节动物门、叶足动物门、动吻动物门、节肢动物门、腕足动物门、帚形动物门、棘皮动物门、脊索动物门、古虫动物门。古生物组成的多样性，加上在地质时代上要比著名的伯吉斯页岩至少要早上一千万年，使得澄江动物群成为目前已知大部分现代动物门起源最早的地质记录。

八瓣帽天囊水母：该动物是澄江化石中的稀有分子，构造细节保存精美，目前所发现的标本不到10枚。身体表面有八条从口面到反口面排列很均匀的栉板列，每一栉板由一横基部相愈合的纤毛组成，每一栉板列由许多栉板组成。八条纤毛栉板列是该动物的运动器官。

中国先光海葵：该动物是澄江化石中的特有分子，构造细节保存精美。动物体形态非常类似现代海葵，呈向上收缩的锥状，基部最宽处约30毫米，整个动物体高度约为60毫米，有一呈圆柱形的基盘，似乎为其埋入泥沙之中固着海底之用。极少数标本顶视保存，触手沿口盘张开延伸，触手弯曲，保存为似葵花状。

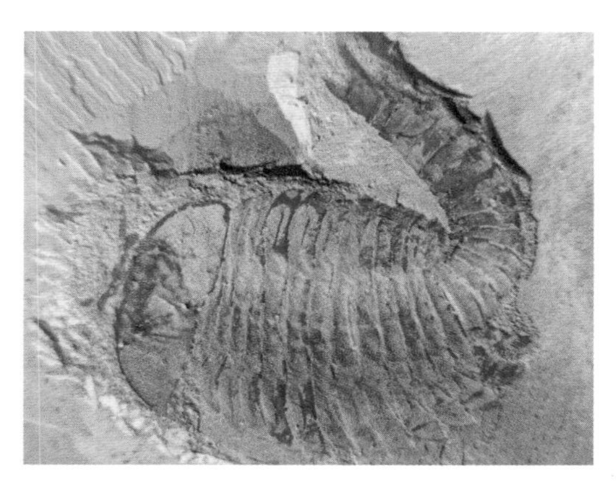

延长抚仙湖虫

延长抚仙湖虫：抚仙湖虫被采集有几百块标本，成虫最长约11厘米。头部长有一对短的柄状眼，有31个体节。抚仙湖虫身体腿肢的数量达35—45对，平均每个体节2—3对。腿的原始形态特征显示，抚仙湖虫是节肢动物的祖先类型。

强壮怪诞虫：怪诞虫是寒武纪最著名的绝灭动物，只发现于中寒武纪加拿大布尔吉斯动物群和早寒武纪澄江动物群。英国古生物学家莫瑞斯观察到其身体上规则分布两排刺，感觉其奇异形状只可能出现在梦中，故命名其为“怪诞虫”。

中华微网虫

中华微网虫：中华微网虫只发现于澄江动物群。其身体长形，头短而小，尾长，躯干有9对网形骨片和10对带爪叶足。在澄江发现的完整微网虫化石十分令人惊讶，因为谁也未曾想到这些奇形怪状的骨板竟然长在毛状动物的身上。微网虫还因此荣登英国《自然》杂志第6232期封面，成为化石明星。

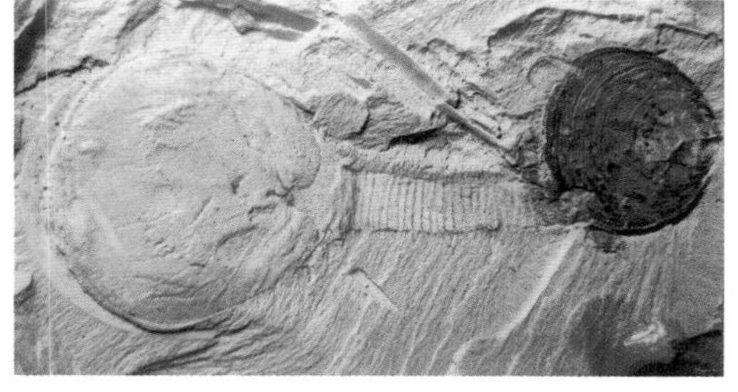

澄江龙潭村贝

澄江龙潭村贝：该物种是澄江化石中的稀有化石之一，目前仅有10多个标本被发现。该物种常常附着于其他动物壳体，在海底生活。

卵形瓦普塔虫：瓦普塔虫是澄江动物群常见的节肢动物，以其宽大的头甲为特征。澄江动物化石群有块标本十分珍贵，

卵形瓦普塔虫

圆筒帽天山蠕虫

因为它完好地保存了卵形瓦普塔虫的软体躯干和肠道组织。

圆筒帽天山蠕虫：澄江动物群线形动物以帽天山蠕虫为代表，虫体化石还保存有肠道、表皮等软体细节。本种首次发现于帽天山，故名帽天山蠕虫。

楔形古虫：古虫动物是一类绝灭的动物类群，仅发现于中国澄江的早寒武纪地层。其外形分节，曾被认为是一类独特的节肢动物。古虫动物共发现8属9种，不过也有一些专家对其后口动物的定位存在争议。

凤娇昆明鱼：昆明鱼是仅发现于澄江动物群中的最古老脊椎动物，被称为“天下第一鱼”，其长28毫米，宽6毫米。昆明鱼可能出现了头颅和未矿化的软骨系统。

凤娇昆明鱼

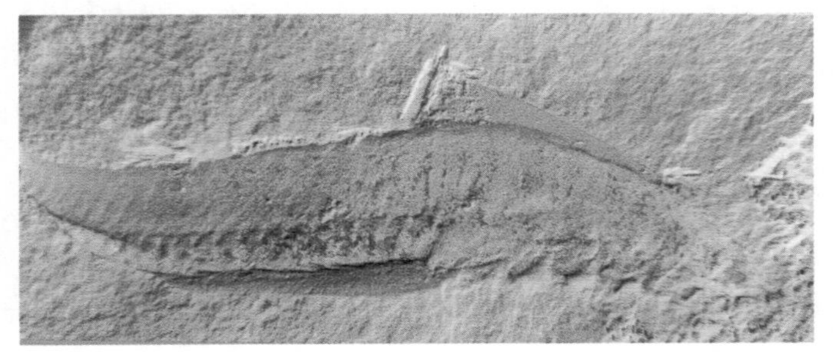

帚刺奇虾虫：奇虾是寒武纪海洋的梦魇，其身体最前端有一对分节的、具刺状构造的大抓肢。奇虾动物庞

大的身躯和强壮的大抓肢暗示，它可能是寒武纪海洋系统中位于食物链最顶端的类群。目前普遍认为奇虾动物可能和节肢动物具有较近的亲缘关系，或者是原神经动物中的一个绝灭分支。

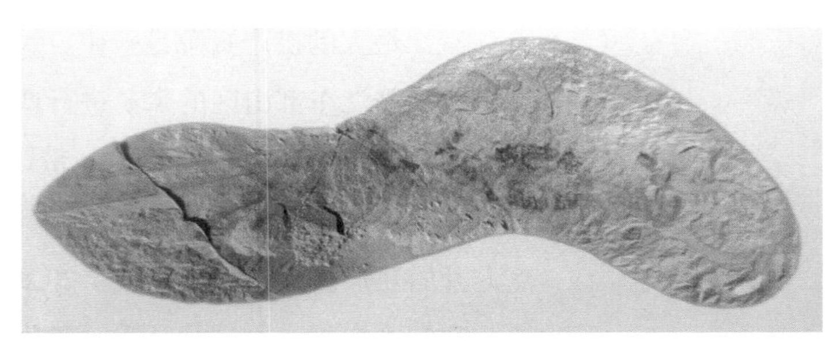

帚刺奇虾虫

五、中国第一个化石类世界遗产

澄江化石地登录《世界遗产名录》，成为中国第一个化石类世界遗产，丰富了我国作为世界遗产大国的内涵，翻开了中国化石保护、研究崭新的一页。

中国化石遗址众多，但是一直无缘《世界遗产名录》。中国自1985年加入《保护世界文化和自然遗产公约》以来，截至2012年澄江化石地成功列入世界遗产之前，中国已有世界遗产41项，但没有一处是化石类遗产。与此同时，其他国家正在积极申报化石类遗产，如澳大利亚的哺乳动物化石遗址、德国梅塞尔坑化石遗址、埃及阿尔西丹河道、加拿大艾伯塔省恐龙公园等近10个项目陆续申报成功，有力推动了化石遗产地的保护、研究工作。

2012年7月1日，第36届世界遗产大会上，澄江化石地在全世界所有的寒武纪化石遗址中脱颖而出，因其岩石和化石展示了杰出的保存记录，是距今5.3亿年寒武纪早期地球上生命快速多样化的见证，其科学价值无与伦比。同时，澄江化石地自然要素完整、保护管理到位，受到了世界遗产委员会成员国的一致赞誉。

澄江最大的矿产资源是磷矿。20世纪80年代，云南省地质矿产局曾对澄江东部山区的磷矿进行调查勘探，探明澄江的磷矿主要分布在抚仙湖以北的渔户村一带，矿区C级以上的工业储量达2.3亿吨，主要分布在帽天山。1984年，澄江县根据已探明的磷矿点，开始建厂发展磷化工产业。20多年来，澄江的磷化工骨干企业一直在渔户村南段进行开采，磷化工产业也成为澄江的优势产业。与磷矿伴生的，便是让中外科学家震惊的澄江动物化石群。澄江化石群发现后，得到了国内外学术界、当地政府及国家领导人的极大关注。1987年5月7日，澄江县人民政府发布《澄江县人民政府关于保护澄江无脊椎动物群化石暂行规定》，并成立了“澄江动物群化石管理和保护领导小组”，具体实施保护和管理工作。1988年1月1日，澄江动物群陈列馆正式开放，宣传动物群的重要价值和意义，提倡保护第一的理念。

1992年2月，中国地质博物馆研究员潘江受孙卫国博士（中国科学院南京地质古生物研究所研究员）的委托，向世界地质遗址工作组特别会议介绍了澄江动物群的情况，与会代表一致同意将其列入东亚区优先一等第4号古生物遗址（代号A），编入《全球地质遗址预选名录》。在澄江化石地进入联合国教科文组织的视野后，潘江研究员建议云南省尽快成立申报小组，组织地质、文化、科教部门专家开展工作，尽快使其载入《世界遗产名录》。

申报世界遗产工作是一项浩大的系统工程。由于长期采矿，澄江动物群遗址周边自然环境遭到破坏，需要较长时间才能恢复。遗产地管理机构设置和人员配备较为单一，边界划定和土地权属混乱，基础工作不完善，管理工作难以开展。这些都成为阻碍其申报的障碍。而且，有遗产的国家每年只能申报一个项目作为世界遗产提名，我国近20年需要申报的候选项目清单中并不包括澄江动物群遗址。

此后，当地政府对澄江动物群遗址进行了一系列整顿，也取得了一些成果。如1997年6月，云南省人民政府将帽天山及其周边18平方千米列为自然保护区，颁布第51号令，批准并公布《云南省澄江动物化石群保护规定》。1998年，澄江动物群保护区被云南省政府批准为爱国主义教育基地。2001年3月，“云南澄江动物群国家地质公园”被国土资源部批准为国家首批地质公园。2003年，“澄江动物群与寒武纪大爆发”研究项目荣获国家自然科学一等奖。

然而，直到2004年，事情才出现了真正意义上的转机。这一年，第28届世界遗产大会在我国苏州召开，会议决定自2006年始，每个有遗产的缔约国每年申报的世界遗产项目数量从只能有一项增为最多两项，其中至少包括一项自然遗产提名。这对申报自然遗产的澄江化石地极为有利。这一年的9月5日，温家宝总理也对澄江动物化石群保护做出专门批示：“要保护澄江化石群，保护世界化石宝库，保护这个极具科学价值的自然遗产。”在温家宝总理批示之后的短短一周内，当地政府立即召开了七次研讨会及工作会进行安排部署，关闭帽天山周围的采矿点14个，所有采矿设施撤出帽天山，并逐步恢复植被原貌。9月17日，澄江县所在的玉溪市迅速召开“三个保护”现场办公会。9月24日，召开澄江世界化石宝库保护研讨会。随后，关于化石地周边环境的一系列整顿行动紧锣密鼓地开展起来，一边填埋矿坑，一边着手恢复帽天山一带的生态植被，澄江化石地真正得到了重视和保护。这一年，澄江化石地正式启动了申遗工作，成立了专门的管理机构，制定了具体的保护措施，并且与国际古生物协会、美国国家地理学会、瑞典皇家科学院、英国皇家科学院、牛津大学、剑桥大学、美国加州大学、中国科学院、云南大学、西北大学、云南省地质科学研究院等众多国内外学术机构，开展了广泛的学术研究和交流活动，影响不断扩大。2005年2月，玉溪市完成了申遗文本和相关保护规划的编制，召开了由五位院士和省内专家参加的评审会，此后又相继完成了国际相似遗产地的对比考察，为申遗奠定了坚实基础。2006年，澄江动物化石群保护地被列为首批《国家自然遗产预备名录》，同年被云南省政府授予“云南省科普教育基地”。

2007年，世界自然保护联盟的资深专家桑塞尔博士对澄江化石地进行了预考察。他表示，澄江化石地是申报世界自然遗产的强有力的提名地。此后，当地又多次组织专家学者召开澄江化石地申遗相关会议，对申遗工作做了翔实的规划和准备。根据专家学者和申遗行政主管部门的评价，“澄江化石地”完全满足世界自然保护联盟对自然遗产规定的评价标准。澄江动物化石群保护地的申遗工作得到了国务院领导的高度重视和大力支持，国家住建委也组织权威专家到澄江进行实地勘察。

2011年1月14日，“澄江动物化石群”以“澄江化石地”为最终定名，正式被国务院确定为中国政府2011年申报世界自然遗产唯一项目。2011年3月，澄江化石地申遗文本正式通过联合国教科文组织世遗中心审核。联合国教科文组织世遗中心认为，澄江化石地申遗文本完整，申报符合《世界遗产名录》要求。2011年9月23日至26日，世界自然保护联盟专家帕特里克·迈克基维尔教授和莫哈·塞非亚·莱马教授对澄江化石地进行了为期四天的现场考察评估。

2012年7月1日，在俄罗斯圣彼得堡举行的世界遗产委员会第

36届会议上，澄江化石地顺利通过表决，正式列入《世界遗产名录》，成为中国第一个化石类世界遗产，填补了中国化石类自然遗产的空白，也是亚洲唯一一个化石类世界自然遗产。

2011年6月21日，中国首席申遗专家、昆明理工大学教授梁永宁（右）进行实地勘查

联合国教科文组织评审认为：位于中国云南省的澄江化石地，保存了具有独特重要意义的化石遗迹。澄江化石地的岩石和化石展示了杰出的、保存非凡的记录，是距今5.3亿年寒武纪早期地球上生命快速多样化的见证。在这一短暂的地质间隙时段中产生了几乎所有主要动物类群的起源。澄江化石地多样化的地质证据代表了化石遗迹保存的最高质量，传承了早寒武纪海洋生物群落完整的记录。它是一个复杂的海洋生态系统最早的记录之一，也是一个进一步认知早寒武纪群落结构的独特窗口。

六、政策保护、开发与利用

澄江化石地申遗成功后，当地政府把澄江化石地的保护放在第一位，加快开展保护、科研、科普及开发利用的工作。

2015年4月，澄江化石地被中国科协办公厅授予“全国科普教育基地”称号，被云南省科技厅授予“精品科普教育基地”称号。2016年7月，被中共玉溪市委宣传部和玉溪市社会科学联合会评为“玉溪市社会科学普及宣传示范基地”。2017年5月26日，云南省第十二届人民代表大会常务委员会第三十四次会议通过了

《云南省澄江化石地世界自然遗产保护条例》，条例自2017年7月1日起施行。由于政府采取了有效的保护措施（包括颁布有关法律法规、成立管理机构、进行公共教育和科学研究、实施环境复原），澄江化石地的化石和含化石地层得到完好的保护和管理。

2020年8月10日，位于云南省澄江市寒武纪小镇的澄江化石地自然博物馆面向公众开放。澄江化石地自然博物馆建于澄江动物群古生物国家地质公园内，投资6.3亿元，占地面积190亩，建筑面积4.2万平方米。博物馆以“生命大爆发、生命大演化、生物多样性”为主要脉络，包含博物馆主馆、球幕影院和游客接待中心、科研中心、研学中心、文化创意中心等。博物馆收藏了来自世界各地的珍稀古生物化石标本和现生动物标本6万余件。在展陈上使用低反射玻璃展柜、恒温恒湿系统等技术设备对展品进行保护。同时，博物馆采用柔性屏、透明屏、高清LED球型屏、VR、智能体感互动等前沿科技手段，配合200多个多媒体视频，展示寒武纪生命大爆发的生动场景及地球生命演化的壮丽和神奇。

澄江化石博物馆

当地还完成了对《澄江化石地》申遗文本及图册的翻译，出版了《澄江生物群：寒武纪大爆发的见证》一书，并结集成册为《寒武纪海洋世界——澄江化石（小学版）》《世界自然遗产——澄江化石地（初中版）》《早期生命起源与演

化——澄江动物群（高中版）》。

为把澄江化石微小的个体形象变为人们身边触手可及的文化符号，树立遗产地品牌，进一步拓展化石地价值，当地还创作了澄江化石绝版木刻、陶器、瓷器、文具、丝巾等一系列文创产品，将澄江化石的艺术形象变成了吸引大众的生活用品。

参考文献

1.玉溪日报社、澄江化石地世界自然遗产管理委员会编：《澄江化石地（内部资料）》，2015年。

2.董恒年主编：《美丽云南》，蓝天出版社2014年版。

（撰稿：张　卡）

新疆申遗的第一张名片

——天山

天山位于欧亚大陆腹地，与北面的阿尔泰山、南面的昆仑山和西面的帕米尔高原共同组成中亚山地的主体。它东起新疆哈密星星峡戈壁，西至乌兹别克斯坦克孜勒库姆沙漠，横跨中国、哈萨克斯坦、吉尔吉斯斯坦和乌兹别克斯坦四国，呈东西向延伸，

天山雪景　李欣 摄

全长2500千米，是全球七大山系之一。

新疆天山位于中华人民共和国新疆维吾尔自治区中部，西起中国与吉尔吉斯斯坦边界，东至新疆哈密星星峡戈壁，长达1760千米。其中，作为世界遗产保护地的新疆天山系列，包括托木尔、喀拉峻—库尔德宁、巴音布鲁克和博格达四个组成地。四个组成地包括了南天山和北天山的主峰区域、中天山生物多样性最丰富的谷地以及天山内部最典型的大型山间盆地，反映了新疆天山显著的地理多样性、生物多样性和景观多样性。各具代表性的组成地相互补充，共同构成了新疆天山的完整图画。2009年，自治区启动了天山申报世界自然遗产项目；2013年6月21日，在柬埔寨金边召开的第37届世界遗产大会上，联合国世界遗产委员会将新疆天山列入《世界遗产名录》，实现了新疆世界遗产“零”的突破，新疆天山成为我国第十处世界自然遗产。

一、离海最远的山系

（一）天山地貌与形成

新疆天山横亘新疆全境，由三条大山链及其二十多条山脉和十多个山间盆地或谷地构成，跨越了喀什地区、阿克苏地区、伊犁哈萨克自治州、博尔塔拉蒙古自治州、巴音郭楞蒙古自治州、昌吉回族自治州、乌鲁木齐市、吐鲁番地区和哈密地区等九地、州、市，纵向为北天山、中天山和南天山，横向为阶梯状山地。横亘新疆的天山改变了区域大气环流，导致了南北两部分自然气候差异明显。

新疆天山气候类型复杂多样，大部分山区属于中温带半干旱区，南坡山麓地带属暖温带干旱区，并具有显著的垂直气候带，自上而下可划分为寒带、亚寒带、寒温带、温带、暖温带。与周边盆地、沙漠相比，新疆天山受西风气流影响更为湿润，成为荒漠中的巨大“湿岛”。

山体拦截了大量的水汽，形成干旱区中的巨大水塔，成为众多内陆河流的发源地。新疆天山共发育河流373条，山泉沟160个。水系呈羽状分布，河流多数垂直于山脊发育，呈南北流向；只有西部伊犁河等少数河流受到大地构造的影响，在山区的干流平行于山脊呈东西走向。河流干流流程短，河道坡度大，河网密度北坡明显高于南坡。新疆天山径流补给来源主要是降雨及季节性积雪融水、地下水和冰川融水三部分，分别占河流总径流的37%、33%、30%。地表水在春夏季为丰水期，秋冬季为枯水期。

不同地带水热条件的差异导致天山不同坡向的土壤的垂直结构有很大差异。新疆天山北坡的土壤垂直带谱结构相当完整，而南坡缺失山地黑钙土带，除托木尔峰南坡台兰河区域外，大多无森林土带和亚高山草甸土带。

现今的天山是新生代以来印—藏碰撞作用引起的塔里木板块与哈萨克—准噶尔板块南北向地壳俯冲、缩短和隆升的产物，且基本具有相似的地层岩性序列与古生物地理区系特征。新疆天山已发现的最古老的岩石是库鲁克塔格辛格尔一带的低绿片岩—低角闪岩相的变质岩，它们是原始的古陆核，地质年龄为30亿年。30亿年来，新疆天山经历了海洋盆地俯冲、消减、大陆边缘褶皱隆起等漫长的造山过程。

17—25亿年前的古元古代时期，现今新疆天山区域是一片广阔的天山大洋。6—17亿年前的中、新元古代时期，受准噶尔构造与塔里木构造块体的板块俯冲活动影响，天山古陆核范围不断扩大，天山大洋逐渐消失，范围与目前天山轮廓大体相似。

天山地质地貌
赵利军 摄

距今4—5亿年的早古生代是天山洋盆发育时期。此后晚古生代，天山开始褶皱隆起。上古生代板块活动强烈，火山喷发十分频繁。上古生代末，古天山形成，最高海拔为2000米。中生代，在地壳运动相对平静的情况下，天山山地遭受长期的侵蚀夷平作用，最后成为起伏和缓、海拔很低的准平原。6500万年前的古近纪，特别是新近纪以来，受印度板块对欧亚板块强烈碰撞的远程效应影响，天山准平原产生了巨大的断块差异升降运动。

经过第四纪以来的冰川作用、流水作用、干燥剥蚀作用等各种外营力作用，形成了群峰林立、沟壑纵横的断块山脉与山间断陷盆地，雄伟壮观的山地夷平面与阶梯层状地貌，以及典型的现代冰川地貌、古冰川地貌、峡谷地貌、红层地貌等地貌类型。

天山雪莲　晏先 摄

（二）物种乐园

新疆天山是温带干旱区山地生态系统的最典型代表，有一级生境类型7个，二级生境类型22个，有9个植被型、25个植被亚型、82个群系。在垂直自然带方面，尤其以托木尔峰地区和博格达峰地区最为典型。托木尔峰地区在70千米的水平

天山溪流和野生动物
赵利军 摄

距离内，海拔从约1500米迅速升高到7000多米，巨大的高差之间，发育了从暖温带的荒漠带到冰雪带的7个垂直自然带；而博格达峰地区在不到30千米的水平距离内，海拔从1300多米上升到5000多米，高差之间发育了从山地草原带到冰雪带的6个垂直自然带。两地垂直自然带联袂，如同条条彩带环绕着山冈。

天山山脉内保留了许多第四纪冰期之前的山地残遗生物物种，是中亚山地残遗物种、众多珍稀濒危物种、特有种的重要栖息地。地质历史自然环境几经变迁，为各个植物区系的接触、混合、特化提供了有利条件，因而是多种野生植物的集中分布区。共有维管束植物2622种，其中被子植物2566种，占总种数的98.44%，占绝对优势地位。被子植物中属于世界分布的有65属566种，属于热带分布的有29属，其余基本属于温带性质类型。

在动物地理区划上，新疆天山既对野生动物种类尤其是鸟类和兽类在北部的阿尔泰山和南部的昆仑—阿尔金山的地理分布起着限制作用，又对新疆南北部某些种类的交流起着桥梁作用。属于古北区的陆生脊椎动物占绝对优势，与周边中亚荒漠动物形成鲜明的对比。天山共有野生脊椎动物36目90科276属550种，各类珍稀濒危野生动物367种。哺乳动物有102种，包含种类丰富的珍稀濒危物种，如雪豹、棕熊、石貂、兔狲、虎鼬、盘羊、北山羊等。新疆天山是棕熊分布栖息最为集中且种群数量较多的原分布区，在新疆天山和中亚等周边国家分布的棕熊又称“天山棕熊”。依据科考记录和现有的科学研究，新疆天山作为迁徙性鸟类迁徙路线上的一个重要节点，共有370种鸟类，包含大天鹅、金雕、高山雪鸡等国家重点保护野生动物。内部发育的河流形成廊道，为迁徙性鸟类提供安全且食物充足的迁徙通道。

（三）自然画卷

新疆天山拥有世界上最为典型的干旱荒漠区山地综合景观，最突出的自然景观有雪峰冰川、河流沼泽、高山湖泊、五花草甸、森林草原、湿地河曲、红层峡谷和荒漠戈壁等。天山冰川面积达9235.96平方千米，规模宏伟，遍布山峰之间。

中天山巴音布鲁克草原拥有典型的低地高寒湿地生态系统，由大尤尔都斯盆地和小尤尔都斯盆地组成。大尤尔都斯盆地内1370平方千米的沼泽草地和湖泊，形成九曲十八弯的河曲沼泽景观。登高远眺，开都河曲犹如一条玉带，在数千个小湖镶嵌的绿色的地毯上蜿蜒回转，形成几百个弯曲，夕照落日倒映河曲，金光闪烁，波光粼粼，形成“九日映湖”的壮美奇景。

高山草甸和山地草原在新疆天山广泛分布，主要有高寒草甸、高寒草原、高山草甸、亚高山草甸、山地草甸、山地草原和荒漠草原等植被类型。喀拉峻—库尔德宁和博格达提名遗产地植被以鲜花植物居多，如野罂粟、龙胆、金莲花、白花老鹳草、报春花、高山紫菀、虎耳草、风毛菊、橐吾等。4—5月，绿草如茵，翠绿欲滴，大地铺满绿色绒毯；6—7月，繁花似锦，绚丽多姿，草原如花的海洋；8—10月，秋草泛黄，灌丛凝红，缓丘连绵，金色镶边，尽显五花草原色彩之美。

新疆天山南北麓溪流在新生代红色砂岩层中，切割雕塑出红层大峡谷造型丰富的地貌景观。因流水作用沿着地层走向和垂直节理切割、崩塌，形成沟壑纵横的侵蚀景观，呈现出多种不同的造型。该区域红层地貌单体形态类型丰富，有红层崖壁、石峰、石墙、石柱、孤峰、峰丛、峰林、峡谷、线谷、巷谷、凹槽、岩槽、洞穴等。托木尔大峡谷是以第三纪红色砂砾岩为主的褶皱及断裂构造带，东西绵延数十千米，南北宽约七八千米，河谷深切崖壁高达几十米至上百米，是天山南北两侧美学价值最高的红层峡谷地貌景观，是新疆天山峡谷风光的典型代表。

天山整体规模雄伟，景观单体丰富，景观类型多样，景观组合完美，而景观反差强烈则是新疆天山最突出的景观特征，它展现出天山的层次感和立体感，使得新疆天山成为中华美景的象征之一。

二、灿烂的文化艺术

自古以来，新疆天山就是连接东西方的重要通道，是举世闻名的丝绸之路上的咽喉要道之一，是一个对人类文明发展和东西方文化交流做出过巨大贡献的地区。

绵延千里的新疆天山见证了古丝绸之路悠久的历史。新疆天山及其哺育的绿洲成为丝绸之路上络绎不绝的商旅们重要的庇护所，对于往来于东亚、中亚、西亚、南亚乃至欧洲之间的商旅，新疆天山就是他们的心灵家园与精神寄托。

新疆天山特殊的地理环境和交通位置导致了多个民族、多种文明、多样宗教在这里交汇，生活在天山南北麓的各族人民，历尽磨难而又自强不息，李白、岑参、陆游、丘处机、纪晓岚、林则徐等许多历史文化名人也在这里留下了足迹。在古代，这里是游牧文明、波斯文明、希腊文明、中华文明以及原始宗教、祆教、佛教、摩尼教、印度教、基督教、伊斯兰教等辐射传播地区，留下了丰厚的文化遗产。木卡姆和玛纳斯就是新疆天山地区非物质文化遗产的代表。

（一）木卡姆

木卡姆，是流存于中亚、西亚、南亚、北非等地区以绿洲农耕为主要生产方式的一种民族音乐现象。中国新疆维吾尔木卡姆艺术是人类木卡姆大家庭中最东端的一员，是世代维吾尔族人及其先民智慧的结晶，更是东西方乐舞文化撞击、交融的产物。

据《隋书》和新旧《唐书》记载，隋唐时期龟兹乐、疏勒乐、高昌乐等西域乐部相继传入东土，成为隋唐宫廷“七部乐”“九部乐”“十部乐”的重要组成部分，这些西域乐部包括“歌曲”“解曲”“舞曲”等不同的体裁。另据《唐六典》卷十四“协律郎”条注云：“燕乐、《西凉》、《龟兹》、《安国》、《天竺》、《疏勒》、《高昌》，大曲各三十日，次曲各二十日，小曲各十日。”引文断章取义。这些西域乐曲以其宏大的结构、歌舞乐一体的形式、与中原音乐不同的新声律变、繁音急节和奇异瑰丽的风格，深受中原朝野的喜爱，对汉民族传统文化的发展产生了重要的影响，并以隋唐王朝的首都长安为中介影响到缅甸、越南、朝鲜、日本，推动了东南亚和东亚音乐文化的发展。

2003年11月，新疆维吾尔自治区成立了“申报‘中国新疆维吾尔木卡姆艺术’为‘人类口头和非物质遗产代表作’工作组”，并在新疆各维吾尔族聚居区开始了有关维吾尔木卡姆传承现状的普查。2005年11月25日，“中国新疆维吾尔木卡姆艺术”顺利地被联合国教科文组织接纳为第三批“人类口头和非物质遗产代表作”。

（二）玛纳斯

柯尔克孜族的《玛纳斯》与藏族史诗《格萨尔王传》、蒙古族史诗《江格尔》并称为我国三大英雄史诗。这部史诗在柯尔克孜族民众中妇孺皆知，家喻户晓。

柯尔克孜族的发祥地，位于漠北高原北部的叶尼塞河上游山林地带。从10世纪起，部分柯尔克孜人开始西迁，至15世纪，柯尔克孜民族完成了从叶尼塞河上游向天山一带的民族大迁徙。从此，他们一直定居于西域，在深山中过着逐水草而居的游牧生活。目前，我国柯尔克孜民族人口近17万，其中绝大多数分布于新疆南部的克孜勒苏柯尔克孜自治州境内。

柯尔克孜民族以勇猛剽悍著称，从10世纪开始，柯尔克孜族屡遭外族的侵犯，反抗侵略的战争从未间断过。在频繁的战争与殊死的搏斗中，柯尔克孜人中涌现出许多能征善战、战功显赫的部落首领，他们的英雄事迹在民众中广为传诵。在这个过程中，英雄史诗《玛纳斯》形成，柯尔克孜人民把各个时代英雄的事迹都集中到玛纳斯身上，并将自己的理想与愿望，以及对于幸福生活的憧憬与追求，熔铸于英雄玛纳斯的形象之中。

《玛纳斯》是一部世代口耳相传的活态史诗。柯尔克孜牧民以洪亮的嗓音、丰富的表情、多变的手势，以及富于变化的曲调与节奏，演唱着它。史诗《玛纳斯》展现了柯尔克孜人民文化与生活的巨幅画卷，是认识柯尔克孜民族的百科全书，更是柯尔克孜人的精神支柱。

2006年5月20日，经国务院批准，《玛纳斯》被列入第一批国家级非物质文化遗产名录。2009年9月28日，《玛纳斯》被联合国教科文组织列入“人类非物质文化遗产代表作名录”之中。

新疆天山地处欧亚大陆的中心位置，成为东西方文明、南北文化的交流汇聚地，她以博大的胸怀，包容了多元的文化，成为象征新疆各民族的精神圣地。

三、美景中的美景

新疆天山之美不仅在于拥有壮观的雪山冰峰、优美的森林草甸、清澈的河流湖泊、宏伟的红层峡谷，更在于各个自然要素展现出来的独特景观和自然美。在新疆天山三千多里的自然画卷中，四个遗产地点缀其中，展现的自然美各有不同，突出价值也各有特色。

（一）托木尔

托木尔山势高峻，形成了群峰簇拥、雄伟壮丽的雪峰冰川奇观，以托木尔—汗腾格里山结为中心呈放射状分布。冰雪储量约为3500亿立方米，是我国最大的固体水库。其雪融水也使得北疆的伊犁河谷和南疆的阿克苏成为新疆最肥沃的土地。托木尔峰是雪豹分布最为集中、种群数量最多的典型地区。

天山的雪　李欣 摄

托木尔大峡谷是典型的地缝式隘谷，发育在低山丘陵深厚的红层

沉积地带，形状有城堡状、群鸟状、帆船状以及各种动物和人物造型，惟妙惟肖，是天山南北两侧褶皱及断裂构造带中规模最大、美学价值最高的红层峡谷地貌，是天山峡谷风光的典型代表。

托木尔是天山主峰所在区，是托木尔峰、汗腾格里峰、台兰峰、雪莲峰等交汇成的巨大山结，雄踞于整个天山之上，是天山的代表和象征。

（二）喀拉峻—库尔德宁

库尔德宁气候温暖湿润，年降水量达600—800毫米，是天山降水量最充沛的地区。独特的自然生态和地理环境，孕育了大面积的天然草场、森林，为野生动植物创造了适宜的生存条件，成为许多古老残遗物种的避难所。这里生物资源和特有品种丰富，是新疆天山生物多样性最丰富的区域。

库尔德宁是全球雪岭云杉的适宜生境地与起源地。高大密集的雪岭云杉，是第三纪古老树种，全世界仅分布在天山北坡，是天山特有品种，有着4000万年的演化历史，是现代天山生物形成和演化历史的活化石。

在库尔德宁海拔1450米左右的河谷山地中，分布着大面积野果林，有众多第三纪残遗物种，集中保存苹果、核桃、杏和李等世界广泛栽培果树的野生近缘种，也是濒临灭绝的野生欧洲李在世界上唯一的发源地和分布区。

生物多样性、地貌多样性和气候多样性，造就了景观多样性，使得喀拉峻—库尔德宁成为温带干旱区山地综合自然景观美的最突出代表。

（三）巴音布鲁克

巴音布鲁克是蒙语，意为“富饶的泉水”，是一个典型的高位山间断陷盆地。地处开都河上游汇水区，水源补给以冰雪融水和降雨为主，局部地区有地下水补给，四周雪山形成的无数大小河流汇入开都河中，九曲十八弯的河道沿岸形成了大约1000平方千米的沼泽草地和湖泊。神奇迷离的河区沼泽自然景观，是新疆天山河曲沼泽景观的集中体现，被评为“中国最美六大沼泽湿地之一”。

巴音布鲁克九曲十八弯
郝沛 摄

举世闻名的“天鹅湖”位于巴音布鲁克中部，雪山和冰峰共同构成天鹅湖的天然屏障。泉水、溪流和天山雪水汇入到湖中，水丰草茂、食料丰足，气候凉爽湿润，非常适宜多种水鸟尤其是天鹅的繁衍生息。每年4月，上万只天鹅从印度和非洲南部启程，飞到巴音布鲁克繁衍生息。到10月至11月离开，居留期长达8个月。天鹅、湖水、天光、云影和山峰融成一片壮观景致。

（四）博格达

博格达峰海拔高5445米，号称“东部天山第一峰”。其东西两侧各有一峰，东峰海拔5287米，俗称“灵峰”；西峰海拔5212米，俗称“圣峰”。作为东天山的最高峰，巨大高度差赋予其丰富的自然带，奠定了博格达峰在人们心目中崇高的地位。特别是博格达峰的北坡，在80千米的距离内，海拔从700米左右上升到峰顶，从荒凉的温带荒漠带过渡到植被丰富的山地草原带、山地针叶林带、亚高山草甸带、高山草甸带、高山甸状植被带，最高处是冰雪带，每个自然带色彩都不同。丝绸之路有多条线路，其中一条就是从博格达的山脚穿过。独特的自然带使得博格达不仅给人们带来视觉享受，也成为人们精神上的地标，古代在丝绸之路上的商贾和旅行者，都对博格达峰充满崇敬。

春夏季节，大量雪融水以地上河和地下水的形式从博格达峰向盆地内流淌，人们巧妙地利用地势坡度修建了大量的坎儿井。坎儿井一般由通风和取水的竖井、地下渠道、地面渠道和蓄水池构成。水从坎儿井流过，可避免大量蒸发。据史料记载，新疆坎儿井已有2000多年的历史，鼎盛时期曾多达1700多条，目前仍然是吐鲁番地区农业灌溉的重要水源。博格达山脉的雪融水在地下的暗渠中一路流淌到盆地的农田，成就了吐鲁番盆地“瓜果之乡”的美誉。

托木尔高耸入云的雪山冰峰与赤烈的红层峡谷相映衬，展现了新疆天山罕见的壮观雄浑之美。喀拉峻—库尔德宁葱茏绵延的森林草甸在不同的地形上镶嵌组合，呈现出变化多样、色彩斑斓的美丽图案。巴音布鲁克草原开阔、河湖纵横，开都河九曲十八弯在大地勾勒出优美的曲线。盆地内绿草如茵，飞鸟翱翔，展现了山间盆地的优美画卷。博格达耸立于荒漠之中，将雪山冰川、湖泊河流、森林草甸浓缩在一起，展现了荒漠中大山所特有的自然美。各种反差汇集在一起，给人以强烈的视觉冲击。

四、全力保护，推动发展

新疆天山地处欧亚大陆干旱区中心，受地势险峻、原始植被覆盖和交通封闭等因素的影响，其突出的资源价值直到20世纪80年代才被部分学者认识，此后，国家和地方各级政府对其生态环境和资源的保护给予了高度重视。各遗产地具有不同保护属性，分为国家级自然保护区、国家级风景名胜区、自治区级风景名胜区等，相应受到《中华人民共和国宪法》《中华人民共和国环境保护法》《新疆天山自然遗产地保护管理条例》等法律法规的保护。

政府部门设立了自然保护区管理局、风景名胜区管理委员会作为派出机构，行使政府的管理权限和职能，对自然遗产资源实施统一管理。先后编制了《巴音布鲁克国家级自然保护区总体规

天山草甸 赵利军 摄

划》《西天山国家级自然保护区总体规划》《托木尔峰国家级自然保护区总体规划》《天山天池风景名胜区总体规划》等保护性技术文件，划定了明确的保护范围，并标立了桩界。又编制了《新疆天山世界自然提名遗产地保护与管理规划》，进一步严格保护并合理利用自然遗产资源，建立相应的监测体系。

此外，当地游牧民族在日常生活中形成了保护自然的民间群体约定，他们对保护环境起到了非常重要的作用，如“草皮不可挖，花草不可踩；青草不可拔，枯草不可烧；活树不可砍，采果不可折；母兽不可猎，幼崽不可杀；脏水不入溪，垃圾必须埋”等乡规民约，已成为他们共同制定、共同遵守的一种朴素的民间法规。

当地游牧民族的风俗文化、宗教信仰均主张尊重自然，保护山地森林、草原、湖泊和水源，将自然视为不可冒犯的神灵，为确保自身生存，而更加珍惜自然、保护环境。如通过游牧转场生活方式防止草场过度使用和草原退化，转场时扎毡房的地方清理干净并恢复原状。当地牧民认为水是万物生长的源泉，水里有神灵，水源不能污染，因此禁止在河水、湖水里洗手、洗衣服等一切污染水的活动。

虽然新疆第一次申遗，面临着技术、人才的缺乏及范围广泛等问题，又因涉及禁牧和牧民搬迁问题，难度巨大，挑战众多，但因为新疆天山较好地保持了原始的自然状态，加之建立了健全的法律、科学的保护规划、高效的管理机制，生态系统、濒危物种及栖息地、地貌景观等遗产资源保存完整，因此，天山的完整性和突出价值得到较好的保持。经申遗工作者的共同努力，2013年，新疆天山顺利入选《世界遗产名录》，成为中国第十项世界自然遗产。

随着“新疆天山”成功申遗，新疆走进了世界遗产的新时代，保护自己的家园，保护人类共同的财富，向全世界展示新疆天山的魅力，提升新疆的知名度和影响力，成为新疆各族人民的共识。

参考文献

1.丁新权主编:《雪莲绽放——新疆天山申遗之路》，机械工业出版社2014年版。

2.杨兆萍、张小雷等编著:《新疆天山世界自然遗产》，科学出版社2017年版。

（撰稿：邵翠婷　张　伟）

多项桂冠集一身，“加法”“减法”巧管理

——湖北神农架

2016年，在土耳其伊斯坦布尔召开的第40届世界遗产大会上，湖北神农架被联合国教科文组织世界遗产委员会正式列入《世界遗产名录》，成为我国第11项世界自然遗产项目。世界遗产委员会指出，湖北神农架在生物多样性、地带性植被类型、垂直自然带谱、生态和生物过程等方面在全球具有独特性，拥有世界上最完整的垂直自然带谱。独特的地理过渡带区位塑造了其丰富的生物多样性、特殊的生态系统和生物演化过程，其生物多样性弥补了《世界遗产名录》中的空白。

一、神农架概况

湖北省神农架世界自然遗产地位于湖北省西北部，总面积73318公顷，分为西部的神农顶巴东片区和东部的老君山片区。遗产地缓冲区面积为41536公顷。

中生代时期，我国东部发生燕山时期的造山运动，地层大面积抬升，形成了神农架地貌的基本轮廓。新生代时期，神农架地区在喜马拉雅造山运动影响下山体继续升高，使神农顶成为“华

中第一峰”。进入第四纪，新构造运动的影响使神农架最终形成了现今山高谷深的地貌特色。神农架群山林立，雄奇险秀，平均海拔1700多米，海拔2500米以上的山峰26座，海拔3000米以上的山峰6座，如神农顶、大神农架、小神农架等。其中神农顶是神农架的海拔最高点，海拔3105.4米。神农顶顶端面积约2平方千米，岩石裸露在外，石林丛生，遍生苔藓，云雾缭绕，一派神秘而粗犷景象；及山腰处又现草甸覆盖，生机盎然，随四季变化，或竹林环生，冷杉林立，或杜鹃盛开，娇艳欲滴。当地人称神农架“地无三尺平，抬头见高山”，是名副其实的“华中屋脊”。它曾在冰河时代有效阻挡了冰川、冰盖的向南扩张，因而成为各种古老生物的避难所，在这个意义上神农架也被称为“东方的诺亚方舟”。神农架不仅山高，而且谷深峡多，神农谷、红坪峡、关门河峡等壮美而神秘，不禁让人感慨大自然造物的神奇。神农架海拔最低处仅400米，相对高度达2700多米，加之气候的影响，形成了完整而多样化的垂直自然带，自下而上分别是亚热带常绿阔叶林带、北亚热带常绿落叶阔叶混交林带、暖温带落叶阔叶林带、温带针阔混交林带、寒温带针叶林带、亚高山灌丛草甸带，同时形成了常绿阔叶林生态系统、常绿落叶阔叶混交林生态系统、落叶阔叶林生态系统、针阔混交林生态系统、针叶林生态系统、灌丛生态系统、草地生态系统、湿地生态系统、裸岩石质地生态系统和洞穴生态系统等多样化的生态系统，具有珍贵的科学价值。

神农架常绿落叶阔叶混交林生态系统

神农架属于北亚热带季风气候，四季分明，热量和降水都比较充足，平均温度26.5℃，全年日照总数1800多小时，年降水量800—2500毫米。在温暖湿润的气候滋养下，现在神农架森林覆盖率达91%，可谓峰峦叠翠、郁郁葱葱。453条大河小溪穿流于山间树林草甸，形成河流、瀑布、湿地遍布的水光山色。其中香溪河发源于神农架山脉南坡，是神农架的四大水系之一；溪水是从岩缝洞穴中渗透出来的，因此清澈见底，水质优良。香溪河一波三折，浅滩、深潭与急流相间，浅滩处溪水悠悠，深潭处水静流深，急流处飞瀑四溅。大九湖是群山环绕的一块平坦的湿地，因为一条小溪串联着九个湖泊而得名，湖泊就像群山环抱的九颗珍珠，其独特的冰川地貌和高山草甸的景观令人神往，其保存的湿地生态系统（亚高山草甸、泥炭藓沼泽、睡菜沼泽、苔草沼泽、香蒲沼泽、紫茅沼泽、河塘水渠等）在中国湿地中具有典型性、代表性、稀有性和特殊性。同时，在众多河水溪流的冲刷下，神农架还形成了幽深的洞穴世界，燕子洞、犀牛洞、冷热洞等不仅为神农架增加了神秘色彩，也创造了地下世界的生态系统。

在形成过程、地理位置、地质和气候等因素的共同影响下，神农架遗产地形成了全球稀有的自然资源及具有完整性、原真性、不可再生性和不可复制性的生态系统。神农架孕育了丰富的动植物资源，保存有北纬30° 全球最为完好的北亚热带森林植被。据调查，神农架遗产地内有3767种维管束植物，已记录脊椎动物600多种，已发现昆虫 4365 种，其中有205个本地特有种、2个特有属和1793个中国特有种，珍稀物种神农架金丝猴数量达1300多只。神农架被誉为北半球同纬度上的“绿色奇迹”。

二、神农架的全球突出普遍价值

世界遗产委员会认为，湖北神农架符合世界自然遗产遴选标准第9条，即“符合生物多样性就地保护的最重要和突出的自然栖息地，包括从科学和保护角度具有突出普遍价值的濒危物种”，以及第10条标准即“代表陆地、淡水、海岸和海洋生态系统以及动植物群落正在进行的、重要的生态和生物演化过程的杰出范例”。

（一）全球落叶木本植物最丰富的地区

全球的落叶木本植物主要分布在欧洲、北美洲东部和亚洲的中国与日本。其中北美洲的落叶木本植物比欧洲更为丰富，美国大雾山国家公园（Great Smoky Mountains）被认为是北美落叶木本植物种类最多的地区，约有200种；日本的小川森林保护区（Ogawa Forest Reserve）是日本落叶木本植物最多的地区，其总数不超过200种。最近的资源本底调查发现，神农架世界自然遗产地有落叶木本植物77科260属874种，分别占该地区野生种子植物总科数的44.5%、总属数的24.8%和总种数的24.7%，总种数远超美国大雾山国家公园和日本小川森林保护区。可

连香树

见，神农架是全球落叶木本植物最丰富的的地区。

（二）保存丰富完整的古老孑遗物种、北亚热带珍稀濒危和特有物种

神农架的地质形成、地理位置和气候特点，使其成为众多古老孑遗物种的保存地和避难所。神农架世界自然遗产地的植物区系在第三纪前已基本形成，有139科597属维管束植物起源于第三纪之前，分别占维管束植物总科、属的65.9%和55.7%，其中95%的中国特有属植物为单型属或者寡型属；神农架拥有相对原始和孤立的单属单种的银杏科、水青树科、钟萼木科、连香树科、珙桐科、杜仲科和透骨草科，其中银杏科、珙桐科和杜仲科三科属于中国最古老的四大特有科。这些都充分说明了神农架植物物种的古老孑遗性。而且，神农架还拥有古老孑遗动物物种，比如大鲵、中国小鲵、巫山北鲵、白头蝰等都属于第四冰川时期之前的孑遗动物，非常珍贵。

神农架遗产地是北亚热带珍稀濒危物种和特有物种的关键栖息地。据科考统计，神农架拥有各类珍稀濒危野生维管束植物234种，占遗产地物种总数的6.3%，比如红豆杉、巴东木莲、连香树、七叶一枝花、珙桐、中华猕猴桃、虾脊兰等，其中有110种被世界自然保护联盟（IUCN）红色名录列为濒危

巴山冷杉

植物，有94种被《濒危野生动植物种国际贸易公约》（CITES）收录，167种被我国重点野生植物名录收录。神农架有各类珍稀濒危脊椎动物130种，占遗产地脊椎动物总物种数的20.67%，比如世界最大的两栖动物、与恐龙同时代的活化石——大鲵属于极度濒危物种；中国特有脊椎动物物种91种，比如川金丝猴、巫山北鲵、棘腹蛙等。

（三）北半球常绿落叶阔叶混交林生态系统的典型代表

常绿落叶阔叶混交林是北亚热带的地带性代表类型，是暖温带落叶阔叶林向中亚热带常绿阔叶林的过渡类型，由常绿阔叶树种和落叶阔叶树种组成。神农架遗产地较之东亚亚热带其他区域，为北半球保存最为完好的常绿落叶阔叶混交林，典型代表并展示了常绿落叶阔叶混交林生态系统的生物生态学过程，成为连接暖温带落叶阔叶林和亚热带常绿阔叶林不可或缺的桥梁和纽带，使中国东部保存了地球上从寒温带针叶林到热带雨林季雨林最完整的森林地带系列，成为北半球常绿落叶阔叶混交林生态系统的最典型代表。

川金丝猴

（四）具有东方落叶林生物地理省最完整的垂直带谱

在神农架遗产地的形成过程中，由于未受到冰川冰盖的全面覆盖，同时得到温暖季风的浸润，加之热带、亚热带和暖温带迁徙植物的补充，遗产地形成了异常丰富的植物系统。这些富有生命力的植物在海拔的影响下，在神农架形成完整的垂直带谱，自下而上分别是亚热带常绿阔叶林带、北亚热带常绿落叶阔叶混交林带、暖温带落叶阔叶林带、温带针阔混交林带、寒温带针叶林带、亚高山灌丛草甸带。遗产地对中国—喜马拉雅植物区系和中国—日本植物区系间群落的迁移、交流、混杂和演化具有极为重要的桥梁作用，它在较小的水平距离范围内浓缩了亚热带、暖温带、温带和寒温带的生态系统特征，成为研究全球气候变化下山地生态系统垂直分异规律及生物生态过程的理想之地，在东方落叶林生物地理省具有唯一性和代表性。

（五）世界温带植物区系的集中发源地

中国是世界上温带植物最集中的地区，分布有大约931属，其中鄂西地区是公认的温带植物区系最丰富的地区，而位于鄂西的神农架拥有温带植物590属，占到了中国温带分布属的60%以上，所以神农架是世界温带植物区系最集中的区域。同时，据学者研究，鄂西是世界温带植物区系的发源地，是温带植物区系分化和发展的集散地，华中地区是北温带植物区系之母。而神农架拥有华中地区和鄂西地区的绝大多数温带植物分布属。所以，神农架是世界温带植物区系的发源地。

三、神农架的文化魅力

神农架不仅景色雄奇壮丽，令人神往，而且流传在这片神秘山林中的神话和民间传说为其增添了神圣和浪漫的色彩，历史传说和文学描写为其披上了浪漫的面纱，科考与研究历程为其带来了现代科学价值，神农架散发着无与伦比的文化魅力。

神农架得名于在这里广为流传的神农氏传说。这里是“神农尝百草”故事的主要发生地，相传炎帝神农氏在为民尝百草的过程中，发现了神农架群山，见森林茂密、郁郁葱葱，断定此处有丰富的奇花异草，因而在此搭架采药、遍尝百草，并发展出一系列惩恶扬善、为民谋利的故事，如驯牛以耕、架木为巢、编写药书、穿井灌溉、饲养家畜等。几千年来这些传说和故事口耳相传，人尽皆知，构成了神农架历史文化的主体，“炎帝神农传说”在2008年被收入第二批国家级非物质文化遗产名录。此外，这里从明清时期开始流传一部珍贵的民间歌谣《黑暗传》，以歌谣传唱的形式讲述混沌初开、宇宙形成、人类起源的历程，融汇了混沌、盘古、女娲、伏羲、神农、黄帝等许多神话和历史人物。其珍贵之处在于它的故事与我国现存史书记载的有关内容有所不同，因而被学界认定是汉族创作的第一部创世神话史诗，对于研究我国古代神话、历史、考古、文艺、宗教、民俗等都具有重要价值。2011年《黑暗传》被收录进第三批国家级非物质文化遗产名录。

发源于神农架的香溪河是屈原和王昭君的“母亲河”，河畔是他们的故乡。大诗人屈原的家乡在秭归，不知是否因为神农架周围的生活经历和神话传说对诗人的创作产生了影响，我们似乎在屈原的诗篇描写中看到神农架的影子。屈原在《九歌·山鬼》一篇中写道：“若有人兮山之阿，被薜荔兮带女萝。既含睇兮又宜笑，子慕予兮善窈窕。”“山鬼”往往被解释为山神、女神或精怪，还有一种猜测认为“山鬼”描写的就是神农架野人。这种猜测虽然存在很大的争议，但是在众多描写神农架野人的古代典籍中，屈原的《山鬼》一篇算是最著名的。中国古代四大美女之一的王昭君生活在香溪河流经的兴山县，这里流传着很多王昭君的故事。据记载，“昭君临水而居，恒于溪中洗手，溪水尽香”，因而得名“香溪”，又叫“昭君溪”，还传说王昭君出塞前曾在溪边洗脸、梳妆、洗涤手帕，甚至无意间将颈上的珍珠落在溪流里，从此溪水含有香气，因此得名。不论是大诗人屈原对“山鬼”那令人遐想的描写，还是大美女王昭君在香溪河留下的传说与故事，都为神农架增添了文化氛围与浪漫色彩。

神农架还是唐中宗李显的流放地。李显继位两年后，被他的母亲武则天废除，流放到了湖北房州（今房县），并在此度过了15年的时光。充满恐惧与忧虑的李显曾经游历于神农架，寄情山水之间，并留下了不少历史传说与故事，比如“太子垭”就因为李显曾来此游历而得名。而且，唐中宗的到来，为此地带来了京城辉煌灿烂的文化，为神农架注入了不一样的文化基因。

如前所述，神农氏在神农架遍尝百草并著《神农百草经》，为中国传统医药学奠定了基础，明代医药学家李时珍追随着神农的脚步，曾三进神农架进行医药考察与采集，并将众多神农架药材写进其著作《本草纲目》之中。据第四次中药资源普查初步统计，神农架中药品种已超过3600种，其中植物药超过3200种，而且其中不少还是神农架所特有并具有特别疗效的品种，最富有传奇色彩的是“四个一”，即4种名称上均有“一”字的草药，分别是“七叶一枝花”“头顶一颗珠”“江边一碗水”和“文王一支笔”。神农架以丰富的医药资源以及神农氏和李时珍等在此探索医药的故事，成为我国重要的传统医药研究基地和中医药康养旅游目的地。

从19世纪中叶开始，相对封闭而神秘的神农架就开始吸引法、俄、英、美、德、瑞典、日本等国家的考察者和探险者，到这里进行考察和植物采集。这其中最著名的莫过于英国博物学家威尔逊，在1899年到1911年12年间，他曾经四次在鄂西一带考察，整理出版了《自然科学家在中国西部》和《中国——园林之母》等著作，比较详细地记载了神农架珍稀植物的特征。其采集种子培育出的植物遍布整个欧洲，神农架珍贵的珙桐、猕猴桃等植物类型，就是通过他的努力而逐渐被全世界所认识。后来随着中国科研和科考水平的提升，我们自己对神农架的考察、研究越来越科学化和系统化，对神农架的科学价值的认识也越来越全面和深入，其地质价值、考古价值、生物和生态价值尤其珍贵。特别值得一提的是，20世纪90年代考古工作者在神农架红坪发现了距今10万年的人类洞穴遗址——古犀牛洞，在这个洞穴中不仅发现了人类使用过的旧石器，还发现了大量的古动物化石，如犀牛、大熊猫、剑齿虎、金丝猴等，这对于科学家考察神农架的古人类生存环境和古生物资源具有巨大的价值。神农架所具有的“世界人和生物圈保护区网络”“世界地质公园”“世界自然遗产”三顶闪亮的桂冠正是对其多元化科学价值的肯定，也是对一直以来神农架的考察、研究和保护工作的肯定。

七叶一枝花——华重楼

四、神农架的保护

神农架从2012年确定要申报世界自然遗产，中间经过了将近五年的周密准备，终于在2016年申报成功。申报世界自然遗产的过程，是对神农架普遍价值的深入认识过程，也是对神农架多年以来保护工作的总结、梳理和重新出发。而且，人们已经普遍认识到世界自然遗产申报的成功并不是终点，而是保护与合理利用的新起点，戴上“世界自然遗产”桂冠的神农架在保护和合理利用上也做出了卓绝的努力。纵观这段时间神农架的保护和合理利用工作，我们认为其所做的“减法”和“加法”值得学习和借鉴。

（一）神农架的“减法”

1. 减少林木、水电、矿产资源的开发

20世纪60—80年代，神农架因为丰富的林木资源，曾经是国家最重要的商品木材供应基地之一。虽然是为支援国家建设，但大规模的砍伐对神农架的植被造成了严重的破坏，森林覆盖率一度降到了60%。20纪90年代神农架开启自然生态保护，并于21世纪初决定全面停止对天然林的砍伐，实施封山育林、退耕还林和生态修复，终于使森林覆盖率上升到90%以上，较好实现了对遗产地垂直带谱、天然原始林、珍贵植物资源等的保护。而且从2012年起，神农架林区决定不再审批水电和矿产开发项目，对现有水电和矿产项目实施逐步减量管理，至今已有将近40座小型水电站“退电还水”。

2. 分区管理，减少旅游开发影响

分区管理是世界公认的自然遗产地最有效的管理方法之一，即按照遗产地不同资源的性质、保护需求、利用需求等，将遗产地划分为不同的区域，并对每一块区域制定不同的保护与利用措施，进行差异化管理，减少人类活动对核心保护区域的影响。根

据保护规划，神农架遗产地划分为禁限区、保护区和缓冲区，其中禁限区是体现神农架普遍价值的核心区域，需要严格保持原始的生态系统和自然景观，适当开展科研和教育活动；保护区可以适当开展旅游活动，在通过环境影响评估的条件下可以适当建设旅游和科教设施；缓冲区是为保护遗产地而设立的外围保护带、过渡带，是一个保护和适度开发相结合的区域。神农架的分区管理对旅游开发和旅游活动进行了限制，同时为了减少分区内的居民活动对环境的影响，神农架还进行了一定范围的生态移民，比如大九湖区域的1400多名居民为了生态保护全部进行了移民，对大九湖生态的恢复起到了很大的作用。

3. 旅游承载量控制

旅游承载量控制是遗产地和景区可持续发展的有效手段，神农架合理的旅游开发利用必须进行科学的旅游承载量测算和控制。神农架遗产地覆盖面积大，涵盖景区众多，每一个景区都需要进行旅游承载量管理，合理限制游客人数。神农架旅游淡旺季分明，旺季时游客压力较大，各景区通过承载量公示、网上门票预订系统、游客分流等措施进行合理的游客量管理。

4. 在国家公园的统筹下理顺体制

神农架有数项桂冠——国家级自然保护区、世界地质公园、国家森林公园、巴东金丝猴国家自然保护区、世界自然遗产等。这些桂冠带来的不仅是光环，还有因为边界交叉、体制不顺带来的管理混乱。神农架国家公园试点的成立实现了“大神农架”管理，将4个世界级保护地、4个国家级保护地和2个省级保护地整合到一个国家公园管理局的统筹管理下，实现了“一块牌子、一套班子、一个标准”管理。体制理顺后，管理归于统一。

（二）神农架的“加法”

1.增加投入，改善生态环境

为了改善生态环境和加强对各种野生动植物资源的保护，神农架增加保护性投入，实施一系列改善措施。神农架强化森林植物检疫工作，逐步建立起森林病虫害防治测报网络体系；在濒危植物分布较集中的区域设立特殊的就地保护区，并采取适当的人为干预措施；为实现野生动物的交流和生态系统功能的联通，建设了几十条野生动物廊道；为避免金丝猴等野生动物触电和保障科研用电，投入巨大的资金铺设地下电缆；为生活在遗产地的居民发放“以电代柴”补贴，并为他们购买野生动物侵食、自然灾害损害商业保险，尽可能达到生态保护与遗产地居民利益的平衡。

2.加大科考和研究力度

神农架的神秘与魅力吸引着研究者和科考者的脚步，神农架生物多样性价值、生态学价值需要我们进一步探索，如何保护和利用好神农架的综合性生物资源也需要进一步的研究。为了摸清神农架多样性生物资源的“家底”，神农架多次组织专家对神农架进行长期细致的科考与研究，同时设立多个珍稀野生动物和植物的研究基地；在神农架架设红外监控设备，用这些“秘境之眼”拍摄、观测野生动物的生存情况，对其加强保护与科学研究，同时借助卫星遥感、无人机等对神农架进行全方位观察，收集更加全面的信息。

3.制定科学的管理规划

具有战略意义的长期管理计划对指导自然遗产地保护具有重要意义。神农架先后编制了《湖北神农架国家级自然保护区总体规划》《神农架国家级自然保护区生态旅游规划》《湖北神农架国家级自然保护区管理规划》《东巴金丝猴国家级保护区总体规划》《湖北神农架国家地质公园规划》《神农架国家森林公园总体规划》《神农架国家公园总体规划》等，为神农架的保护和合理利用指明了方向。同时，神农架还编制了《湖北神农架世界自然遗产提名地保护与管理规划》，进一步明确了遗产地保护的总体目标和具体措施。

4.居民参与，增强保护意识

湖北神农架遗产地覆盖面积巨大，单靠保护机构实施全面保护难度很大；同时湖北神农架遗产地与美国国家公园几乎无人居住的“荒野性”特点不同，虽然神农架山高谷深，但是仍有不少居民在此生活，所以神农架的保护需要将居民纳入进来。在有效引导下，社区居民参与是自然遗产地保护的有效方法，既能够增加保护力量，也可以增加居民的自豪感和保护意识。调查表明：99%的人表示愿意参与遗产保护的义务宣传工作，96%的人愿意参加遗产保护培训，96%以上的人愿意成为遗产保护单位的员工，98%以上的人愿意参与湖北神农架自然遗产保护与开发的规划决策，95%的人愿意为遗产保护开发提供支持，几乎半数居民表示愿意参与神农架的开发与商业经营。由此可见，

神农坛

神农架居民参与遗产保护的积极性是很高的，当地居民是神农架保护的重要力量。神农架相关管理机构也对当地居民进行了保护生态环境的科普和教育，“绿水青山就是金山银山”的观念得到居民广泛的认可。居民积极参与到神农架的保护之中，不再乱砍乱伐、毁林开荒、随便狩猎，由原来的开采者、狩猎者成为现在的守护者，并通过发展绿色农林业和生态旅游业，从神农架保护中获得了经济效益，成为神农架世界遗产保护的践行者。

当然，我们也应该认识到，随着神农架交通条件的改善、旅游开发的深入，旅游活动仍旧是神农架保护的潜在风险，可能会给神农架带来生态破坏的压力，需要更加科学和谨慎的对待；气候变暖、大气污染等全球环境变化也是神农架保护面临的外部大环境；同时，神农架还存在森林火灾、森林虫病灾害、冰冻雪灾以及各种自然地质灾害等不确定风险。所以，对神农架世界自然遗产这个北半球同纬度的“绿色奇迹”的保护不能放松，神农架的可持续发展任重而道远。

参考文献

1.樊大勇、高贤明、杜彦君等:《神农架世界自然遗产地落叶木本植物多样性及其代表性》,《生物多样性》2017年第5期。

2.谢宗强、申国珍、周友兵等:《神农架世界自然遗产地的全球突出普遍价值及其保护》，《生物多样性》2017年第5期。

3.谢宗强、申国珍等：《神农架自然遗产的价值及其保护管理》，科学出版社2018年版。

4.博雅、月珍：《东方诺亚方舟》，《世界遗产》2017年第6期。

5.蒙可：《神农架远古往事》，《世界遗产》2017年第6期。

6.王欣等：《神农架“进退”之间“焕”新颜》，《绿色中国》2020年第17期。

7.夏静：《神农架申遗背后的“绿色之路”》，《中国品牌》2016年第11期。

8.熊高明、申国珍、樊大勇等：《湖北神农架自然遗产地社区参与现状及对策》，《陕西林业科技》2017年第5期。

（撰稿：陈少峰）

昆仑雪山之地

——青海可可西里国家级自然保护区

青海可可西里国家级自然保护区[①]，位于青海省玉树藏族自治州西北部，昆仑山南麓长江北源地区，与新疆维吾尔自治区、西藏自治区、海西蒙古藏族自治州及玉树州的曲麻莱县接壤，东经89° 30′ —95° 05′ 、北纬33° 02′ —36° 30′ ，总面积达450万公顷，主要保护青藏高原特有珍稀动物及生态环境，是目前中国野生动物物种中青藏高原特有种数量最多的地区之一，也是青海省建成面积最大的自然保护区。

可可西里自然保护区的皑皑雪山

可可西里自然保护区地处地球“第三极”青藏高原腹地，其独特

① 青海可可西里国家级自然保护区只是“可可西里”的一部分。偌大的可可西里还包含了“西藏羌塘自然保护区”“新疆阿尔金山自然保护区”“新疆北昆仑自然保护区”以及“青海三江源自然保护区”几大区域。下文提及的“可可西里”特指青海可可西里国家级自然保护区。

的地理环境和气候特征，造就了全球高海拔地区独一无二的生态系统，孕育了高原独特的物种，记载着地球演变的历史和生命进化的进程，是全人类不可或缺的宝贵遗产。2017年7月7日，在波兰克拉科夫举行的联合国教科文组织第41届世界遗产大会上，青海可可西里被列入《世界遗产名录》，荣膺“世界自然遗产地”称号。从此，青海可可西里成为我国面积最大、平均海拔最高、湖泊数量最多的世界自然遗产地，实现了青藏高原世界自然遗产“零”的突破。

一、美丽“冻”人的可可西里

可可西里拥有非凡的自然美景和得天独厚的高原生态系统，宏伟壮观、一望无垠的草原野生动植物在此繁衍生息，微小的垫状植物与高耸的皑皑雪山形成鲜明对比。冰川溶水创造出数不清的网状河流，又交织进庞大的湿地系统中，形成成千上万各色各样的湖泊。这些湖泊盆地构成平坦开阔的地形，形成了青藏高原上保存最好的夷平面和最密集的湖泊集群。这些湖泊全面展现了天然湖泊各个阶段的演化进程，也构成了长江源头重要的蓄水源和壮丽的自然景观。

（一）地形地貌

可可西里整个保护区地势高亢，平均海拔在4600米以上，最高峰为北缘昆仑山布喀达坂峰（亦称“新青峰”或“莫诺马哈峰”），海拔高度达6860米；最低点在豹子峡，位于昆仑山南麓红水河横穿博卡雷克拐弯处，海拔4200米。区内由昆仑山、可可西里山和乌兰乌拉山勾勒出“三山间两盆”地势，整体呈南北高、中部低，西部高、东部低的地势特征。地貌垂直方向具有不同外营力分带和地貌形态成层分异的特点：从垂直方向看，保护区自上而下又分为冰雪覆盖的极高山、中小起伏的高山和高原宽谷湖盆三层；基本地貌类型除南北边缘山地为大、中起伏的高山和极高山外，广大地区主要为中小起伏的高山和高海拔丘陵、台地和平原。山地起伏平缓，河谷盆地开阔，是青藏高原上高原面保存最完整的地区。

（二）绝美风光

可可西里自然保护区拥有许多奇特壮观的自然景观，如山谷冰川，地表冻丘、冻帐、石林、石环、多彩的高原湖泊，盐湖边盛开的朵朵“盐花”，以及现代冰川下热气蒸腾、水温高达91℃的沸泉群等，有机组成了青藏高原特有的自然风光。

1.万里冰川

可可西里位于昆仑山古老褶皱和喜马拉雅造山运动形成的高原隆起结合处，境内峰峦叠嶂，山丘连绵，巍巍昆仑横亘于保护区北部。无论四季，雪山冰峰如同一尊尊战神屹立在半空，守护着可可西里；又像是洁白的哈达飘舞在碧空，给可可西里带来圣洁与吉祥。区内现代冰川广布，冰川覆盖面积达2000平方千米，著名的有布喀达坂冰川、马兰山冰川、岗扎日冰川等。布喀达坂冰川下有一处沸泉，水温达91℃，终年热气沸腾。冰川与沸泉近在咫尺，气流相汇，恍如置身仙境。

2.千湖之地

昆仑山、可可西里山和乌兰乌拉山三山之间地势平坦开阔，保存着青藏高原最完整的高原夷平面和密集的、处于不同演替阶段的湖泊群，构成了长江源的北部集水区。可可西里更是中国湖泊分布最为密集的地区，号称“湖的世界”。不同盐分和形状的湖泊，形成了具有多种色彩的壮丽的湖泊景观。

可可西里位于羌塘高原内流湖区和长江北源水系交汇地区。东部为以楚玛尔河为主的长江北源水系，蜿蜒向东南方注入通天河；西部和北部是以湖泊为中心的内流水系。区内1平方千米以上的湖泊有107个，200平方千米以上的湖泊有7个，其中最大的乌兰乌拉湖，湖水面积达544.5平方千米，是青海省第四大湖。其他著名的湖泊还有西金乌兰湖、可可西里湖、卓乃湖、太阳湖、明镜湖、月亮湖、饮马湖、库赛湖等，除了太阳湖等少数湖泊为淡水湖，大部分为咸水湖。外流河和内流河的流域面积遍布全区，使得可可西里成为青藏高原独特的大湿地。

3. 生物天堂

可可西里不仅以其独特的地理构造和非凡的自然美景，保留了这颗蓝色星球的生命记忆，同时以230种野生动物和202种野生植物的珍藏，成为世界上令人惊叹的生物天堂。由于植物区系高度的特有性，所有植被中，高山草地占45%，其他植被类型包括高山草甸和高山稀疏植被；其中三分之一以上的高等植物是青藏高原所特有。靠这些植物生存的所有食草哺乳动物也只能在青藏高原中找寻，比如野牦牛、藏羚羊、野驴、白唇鹿等在此栖息，其中最具代表性的物种是藏羚羊。

可可西里保存了藏羚羊完整生命周期的栖息地和迁徙路线。每逢盛夏，千万生灵，在雪山冰川的呵护下复活重生，低矮的牧草和垫状植物将这片青藏高原上最完整、广袤的平缓原野，装点成了一幅动情的锦缎。成千上万的母藏羚羊从位于西面的羌塘、北面的阿尔金山和东面三江源的越冬地迁徙几百千米来到可可西里的湖泊盆地产犊，场面之浩荡令人叹为观止。可可西里以无以伦比的浑厚，呵护着地球之巅最华丽的生物多样性，成为野生动植物的天堂。

二、珍稀野生动植物基因库

作为世界上最年轻的无人荒野，可可西里在自然原真性、地理独特性、生物多样性、生态完整性、诗意奇美性和神秘未知性等方面，都具有不可替代的科研和生态价值。除了拥有金、银、铅、锌、铁、石英、玉、煤、盐等矿产资源，这里还有最为丰富的野生动物资源，是青藏高原珍稀野生动物基因库。

（一）野生植物资源

区内野生植物资源较为丰富，主要植被类型有高寒草原、高寒草甸和高寒冰缘植被，少量分布有高寒荒漠草原、高寒垫状植被和高寒荒漠等植被。有高等植物210余种，其中青藏高原特有种84种，重点保护的植物有新生女娄菜、唐古拉翠雀花、线叶柏蕾荠、双湖含珠荠、马尿泡、唐古拉虎耳草、二花棘豆、短梗棘豆、昆仑雪兔子、黑芭凤毛菊、芒颖鹅冠草等。垫状植物资源特别丰富，有50种，占全世界的三分之一。除此之外，还有可可西里龙胆、可可西里地梅、乌兰乌拉爪龙虱、可可西里淋龙虱等十余种全球独有的珍稀植物。

寒草原，种类组成较混杂，群落结构因土壤质地的变化而有较大差别，盖度一般较低，分布海拔4500—5000米。主要建群种有紫花针茅、扇穗茅、青藏苔草、棘豆等。紫花针茅主要分布于东部青藏公路沿线；青藏苔草主要分布在保护区北部和西部地区；扇穗茅主要分布在沱沱河以北的东部地区。

高寒草甸，群落的种类组成和结构都比较简单，其盖度一般较高，海拔4600—5200米。主要以高山嵩草和无味苔草为建群种。高山嵩草主要分布在东南部五道梁一带山坡；无味苔草分布于中部和北部山地阴坡或冲积湖滨的冰冻洼地，与其他草原群落复合分布。

高山冰缘植被，是可可西里分布面积仅次于高寒草原的类型，广泛分布于保护区西北部地区，下部带一般是以鼠鼬雪兔子为优势类型，上部岩屑坡往往有个别零星高山植物生长。

垫状植被，在可可西里植物区系中特别丰富。全世界有垫状植物150种，可可西里地区有50种，占青藏高原二分之一、全世界三分之一。

（二）野生动物资源

可可西里是我国青藏高原珍稀野生动物基因库，野牦牛、藏羚羊、野驴、白唇鹿、棕熊等青藏高原特有的野生动物栖息于此。有哺乳动物23种，其中青藏高原特有种11种，有国家一级保护动物藏羚羊、野牦牛、藏野驴、白唇鹿、雪豹，二级保护动物盘羊、岩羊、藏原羚、棕熊、猞猁、兔狲、石貂、豺，省级保护动物藏狐等；鸟类48种，其中青藏区种类18种，有国家一级保护动物金雕、黑颈鹤，二级保护动物红隼、大鵟、秃鹫、藏雪鸡、大天鹅，省级保护动物斑头雁、赤麻鸭、西藏毛腿沙鸡等；爬行动物有青海沙蜴；鱼类有裸腹叶须鱼、小头裸裂尻鱼等6种，均为高原特有种。

藏羚羊，雄性成羊体长135厘米，肩高80厘米，体重45—60千克，雌性略小。头形宽长，吻部粗壮，鼻部宽阔略隆起。雄性具黑色长角。栖息于海拔3700—5500米的高山草原、草甸和高寒荒漠地带，早晚觅食，善奔跑，可结成上万只的大群，夏季雌性沿固定路线向北迁徙。由于常年处在低于零度的环境，通体被毛为厚密绒毛，为我国一级保护动物，现已成立羌塘、可可西里、三江源等自然保护区，藏羚羊主要分布于我国以羌塘为中心的青藏高原地区（青海、西藏、新疆），少量见于印度拉达克地区。

藏原羚，又叫原羚、小羚羊、西藏黄羊和西藏原羚等，体形比普氏原羚瘦小，体长84—96厘米，体重11—16千克，仅雄性具角，角细而略侧扁，耳朵狭而尖小。四肢纤细，蹄窄；被毛浓而硬直，脸、颈和体背部呈土褐色或灰褐色，臀部具一嵌黄棕色边缘的白斑，其背部暗棕色，腹面、四肢内侧及尾下部白色。藏原羚是青藏高原特有物种，有“西藏黄羊”之称，国家二级保护动物。藏原羚适应性强，抗病能力强，性情温驯活泼，容易驯化。

野牦牛，家牦牛的野生同类，四肢强壮，身被长毛，胸腹部的毛几乎垂到地上，可遮风挡雨，舌头上有肉齿，凶猛善战。野牦牛是典型的高寒动物，性极耐寒，为青藏高原特有牛种、国家一级保护动物，栖息于海拔3000—6000米的高山草甸地带，以及人迹罕至的高山大峰、山间盆地、高寒草原、高寒荒漠草原等各种环境中，是食草动物，分布于新疆南部、青海、西藏、甘肃西北部和四川西部等地。

藏野驴，主要分布在中国青海的玉树、果洛、海北和海西州，甘肃的阿克塞、肃南、肃北和玛曲，新疆的阿尔金山等地，西藏北部和四川西部也有分布。藏野驴是所有野生驴中体型最大的一种，平均肩高为140厘米，外形与蒙古野驴相似，头部较短，耳较长，能够灵活转动，吻端圆钝，颜色偏黑，全身被毛以红棕色为主，耳尖、背部脊线、鬃毛、尾部末端被毛颜色深，吻端上方、颈下、胸部、腹部、四肢等处被毛污白色，与躯干两侧颜色界线分明。它们外形似骡，体形和蹄子都较家驴大许多，显得特别矫健雄伟，因此当地人常常把它们叫作“野马”。

（三）水生物资源

经济意义较高的水生物代表为卤虫，这是可可西里所特有的生物种类。不但是我国的珍稀物种，而且也为世界所瞩目，无论在学术上和自然保护上均被放在特殊的位置。

卤虫，也称盐水丰年虫，中国民间也称盐虫子或丰年虾。卤虫雌大雄小，雄性体长10毫米，雌性体长11毫米，大者可达15毫米。其身体细长，分为头、胸、腹三部分。头、胸部的长度与腹部约等长或稍短，腹部近末端略膨胀。胸部有11对附肢，胸肢分为外叶、内叶、扇叶和鳃叶。腹部第1节至第2节为生殖节，雌虫在生殖节有1个卵囊，雄虫此处为交接器。卤虫成体年产卵量根据所处环境的盐度高低和湖体面积大小而发生变化，大致在20—1000吨不等。卤虫游泳时腹部朝上，身体颜色可随水体盐度变化而变化，多分布于海滨潟湖、盐田等高盐水域，但不出现于海洋，是水产养殖的重要饵料。目前，卤虫卵在国内的市场价为每吨25—60万元之间，因此，卤虫卵被誉为“金沙子”和“软黄金”。

由于卤虫仅生长在具备一定矿化度的咸水湖区，卤虫卵的产量低，因此，做此类生意的商贩会雇佣大批民工开进可可西里地区的向阳湖、苟仁错湖、移山湖、桃湖、海丁诺尔湖等10多个湖区进行大肆捕捞，甚至连母虫也一网打尽，对湖区生态环境造成极为严重的破坏。

三、可可西里历经的生命之殇

在这里流传着一个美丽传说：天神阿琼如旺的幼女爱上了草原之子藏羚，仁慈的天神将可可西里赠予了幼女和藏羚，让他们自食其力。他们的存在使可可西里充满了生机。藏羚羊作为天神阿琼如旺的子孙，在这片苍茫大地上繁衍生息。

作为高原野生动物的优势种和代表种，藏羚羊与其他当地野生动物相比，在可可西里和三江源乃至青海高原生态系统中起着不可替代的重要作用。经相关专家研究，藏羚羊能为贫瘠的高原土壤提供优质的有机肥料；它们产仔后遗留下来的大批胎盘及老弱病残者，又为狼、棕熊等肉食动物和众多鸟类提供了食物。

然而生命是脆弱的。严寒、缺氧、强烈紫外线、雷暴、地震、大冰雹、狂风暴雪等极端自然现象都会给生命带来劫难。而可可西里则是上述恶劣因素的世界之最。再加上全球气候变暖造成的干旱、荒漠化、沙化对高原生态系统的影响，可以说可可西里的生态承受着巨大挑战，而人类自身的贪婪和掠夺无疑是雪上加霜。

回望家园

20世纪80年代，盗猎分子的枪声打破了可可西里的宁静。由于经济利益的诱惑，每年都有不法分子不断涌入可可西里，毫无节制地从事淘金、采盐、挖药、捕捞卤虫、捕杀野生动物等各种活动，使野生动物的生存和栖息环境以及湿地资源、

矿产资源、自然环境等遭受极大破坏，打破了可可西里原始生态系统的平衡。随着一条条被称作“沙图什”的昂贵披肩受到中东及欧美地区贵族和富人们的追捧，为了获取织造这种披肩的原料——藏羚羊绒，在巨额利益的驱使下，更多的盗猎分子将枪口瞄准了“高原精灵”藏羚羊。根据调查资料显示，仅在1992年至1999年，至少有3万只藏羚羊倒在盗猎者的枪口下。随着盗猎活动日益猖獗，可可西里藏羚羊数量一度从原来的20万只锐减到不足2万只，成为国际濒危物种。

为了给全人类留住这片“最后的净土”，国家和省政府对此给予了高度重视，可可西里迎来了规范整顿的新形势。而杰桑·索南达杰这个名字也逐渐被推上中国环境保护的历史舞台，1994年1月18日，索南达杰为抓捕盗猎分子牺牲，年仅40岁，他是新中国历史上首位献身生态保护的政府人员。这是可可西里反盗猎活动最为悲壮的枪声。从那时起，可可西里和藏羚羊一起引起了全人类的关注。一群群热血男儿前仆后继，走进可可西里，用生命之躯守护着可可西里的生灵，创造出一个又一个可歌可泣的故事。

四、保护一直在路上

经过无数人的不懈努力，可可西里一带的藏羚羊、藏野驴等野生动物种群恢复明显。自2013年保护站送走最后一只受伤的藏羚羊，此后再也没有救护过受伤的藏羚羊。为防止跨区域流窜盗猎等新兴作案形式的出现，2009年9月起，新疆阿尔金山、西藏羌塘、青海可可西里三大相邻的自然保护区达成联防协作协议，彻底打破执法区域界限，对盗猎藏羚羊非法行为形成合围之势。

在执法和舆论的高压下，从2009年至今，可可西里没有发生过一起盗猎藏羚羊案件，盗猎分子捕杀藏羚羊的血腥场面已绝迹。

值得一提的是，2016年9月，世界自然保护联盟（IUCN）将藏羚羊从“濒危”降为“近危”，连续降低两个级别。目前，可可西里藏羚羊种群逐步恢复，已达到6万多只。2018年藏羚羊入选我国十大濒危物种保护成功案例。除了对以藏羚羊为主的野生动物种群进行稳步恢复，当地政府在国家的支持下全面加强对可可西里自然保护区的保护、建设和管理，巩固国家生态保护屏障。比如颁布相关法律法规、设立保护站、建立“生态之窗”远程高清视频监控系统和开通卫星互联网等，让“世界自然遗产”真正为世界所认知。

参考文献

1.刘文亮：《常见海滨动物野外识别手册》，重庆大学出版社2018年版。

2.才嘎主编：《可可西里1997—2007青海可可西里国家级自然保护区10年战斗历程》，青海人民出版社2006年版。

（撰稿：周跃群）

红云极顶奇风光，桃源净土声远扬

——贵州梵净山

梵净山位于贵州省东北部铜仁市的印江县、江口县、松桃县三县交界处，方圆达六七百平方千米，其最高峰——凤凰山海拔2572米，朝拜地——老金顶（梵净山老山）2494米，新金顶（新山）2336米，它是云贵高原向湘西丘陵过度斜坡上的第一高峰（相对高度达二千米）。梵净山不仅是乌江与沅江的分水岭，还是横亘于贵州、重庆、湖南、湖北四省市的武陵山脉的最高峰。梵净山原始生态保存完好，森林覆盖率95%以上；生态系统内保留了大量古老孑遗、珍稀濒危和特有物种，是全球裸子植物最丰富的地区，也是东方落叶林生物区域中苔藓植物最丰富的地区。2018年7月，在巴林麦纳麦举行的第42届世界遗产大会上，联合国教科文组织世界遗产委员会审议通过将中国贵州铜仁梵净山列入《世界遗产名录》，梵净山成为中国第53

梵净山全景

处世界遗产和第13处世界自然遗产。世界遗产委员会的自然遗产评估机构世界自然保护联盟（IUCN）认为，梵净山是珍稀濒危动植物珍贵的栖息地，古老孑遗植物的避难所，特有动植物分化发育的重要场所，黔金丝猴和梵净山冷杉在地球上的唯一栖息地，水青冈林在亚洲重要的保护地，满足了世界自然遗产生物多样性标准和完整性要求，展现和保存了中亚热带孤岛山岳生态系统和显著的生物多样性，理应成为世界自然遗产大家庭新成员。

一、世界自然遗产地梵净山概述

梵净山是中国黄河以南最早从海洋中抬升为陆地的古老地区，在漫长的地质岁月中，经历了多次构造变动。由于构造控制，随后一直处于强烈的隆起中，拔地而起成为武陵山之巅。出露的中元古宇梵净山群，是陆向裂谷盆地—红海型新生洋盆地火山沉积岩系；山麓和山顶部分主峰保存的同是上元古宇板溪群—下江群波动陆缘碎屑沉积。《铜仁府志》对梵净山有一段精彩的描写："梵净山，一名月镜山，群峰耸峙，分为九支，中涌一峰，其高千仞，中如斧划，曰金刀峡，峡有飞桥相接，左右皆立梵宇广阔，陟者攀缘而上如蹈空行"，"跻顶千里风光一览而尽，有拜佛台、香岩炉、棉絮岭、炼丹台、藏经岩、定心水、九龙绝……不独为黔中之胜，亦为宇内壮观也"。可见，梵净山在历史上早已成为引人入胜的名山。

大自然造物的神奇力量，使梵净山拥有独一无二的自然风光。梵净山的自然美在于其丰富的景观多样性，精彩的地质地貌、形神兼备的山川、顺山奔流的溪水、壮观的瀑布、浩瀚的森林景观、非同寻常的地质自然现象等。梵净山的美在于独特的地貌景观。梵净山峡谷与山岭相间分布，脊状山岭发育，地势险峻；岭谷之间，浅变质碎屑岩的岩层形状近于水平，垂直节理发育，经长期冻融、风化、水蚀等作用形成悬崖峭壁、石峰林立的地貌景观。梵净山的美在于千姿百态的山川。梵净山内的山，或雄奇险峻，或秀美多姿；如新金顶，似巨笋出土，似玉龙啸天，红云环绕，引人入胜；或如独立撑云的蘑菇石、依山望母的太子石、状若册籍的万卷书（山岩）等，形神兼备，令人惊叹！梵净山的美在于异常澄洁的水系。梵净山内的水，或涓涓细流，或叮咚垂滴，或奔腾咆哮；其山体水系自山顶呈放射状向四周奔涌，有“九十九溪”之称，湍急的流水展现了不同的水体特征且形成了壮观的瀑布景观。梵净山的美在于浩瀚的森林景观。梵净山季节变化性维度主要来自其地形、气候条件下形成的垂直植被带，在不同海拔地带，不同类型的植物群落显现出不同的森林景观。梵净山森林春季百花盛开，万紫千红，夏季植被葱茏，林莽苍苍，秋季层林尽染，彩叶斑斓，冬季白雪皑皑，银装素裹。此外，瞬息万变的气流造就的云雾、彩虹、幻影等气象景观，也给梵净山增添了神奇色彩。置身此山中，俨然画中行，恍若仙山游。

梵净山生物多样性极其丰富，是多种动植物的天然庇护所。梵净山拥有植物4394种，其中珍稀濒危植物230余种，特有植物46种，国家一级重点保护植物有珙桐、光叶珙桐、梵净山冷杉、红豆杉、南方红豆杉、伯乐树等；野生动物种类有兽类、鸟类、昆虫等3103种，其中，国家一级保护动物有黔金丝猴、白颈长尾雉等6种；国家二级保护动物有猕猴、藏酋猴等29种。梵净山物种数量是在全球气候与环境相似的十个世界自然遗产地中的佼佼者，因有利的气候环境、极少的人为活动等因素得以保留了大量

梵净山山门　薛亮 摄

古老孑遗、珍稀濒危和特有物种。

大自然造就了梵净山的奇异风光，而佛教徒则扬名了梵净山的灵山秀水。梵净山这个山名，具有浓厚的佛教色彩，源自“梵天净土”一语。在明朝万历以前，梵净山作为“古佛道场”早已声名远播。在梵净山的滴水岩附近，有一块奉万历皇帝的诏令而专门树立的石碑。碑文中写道：“此黔中间之胜地有古佛道场名曰梵净山者，则又天下众名岳之宗也。”曾任中国佛教协会会长的一诚大师为梵净山题字“弥勒道场”，与五台山文殊菩萨道场、峨眉山普贤菩萨道场、九华山地藏菩萨道场、普陀山观音菩萨道场齐名。梵净山上，在旭日东升或夕阳西下时分，人们在与太阳相对的云雾中，经常可以看到七色光彩组合成的巨大光环，里面似有佛影端坐，庄严肃穆，这便是梵净山最奇特的天象奇观之一——“佛光”。

二、梵净山景观介绍

梵净山作为黔东的一处宝贵的旅游资源，是国家级自然保护区、世界人与生物圈保护网络成员、世界自然遗产、国家AAAAA级旅游景区。梵净山是整个铜仁地区的旅游支柱，也是整个地区旅游经济发展的主要力量，其雄奇俊秀的自然景观和古朴淳厚的人文资源，都是发展生态旅游的潜在优势，对当地经济效益和社会效益的共同提高具有极强的推动作用。原始洪荒是梵净山的景观特征，全境山势雄伟，层峦叠嶂，溪流纵横，飞瀑悬泻。其标志性景点有：红云金顶、月镜山、万米睡佛、蘑菇石、万卷书崖、九龙池、凤凰山等。本文选取几个梵净山极具代表性的景观予以介绍。

1.红云金顶

金顶海拔2336米，是武陵山脉的最高峰。金顶山峰直立高达百米，中部裂缝名金刀峡，将金顶一分为二，南面建有释迦殿，供奉释迦佛；北面建有弥勒殿，供奉弥勒佛；中间由天桥连接。因红云瑞气常绕金顶四周，人们便将其称为红云金顶。金顶状若飞天游龙，又似佛手二指禅，更像人类的生命图腾。攀铁索而上，四面悬崖峭壁，一路古庙摩崖，有明万历元年（1573）的道院碑、清康熙五十二年（1713）的天桥功德碑等。

金顶是梵净山人文景点和自然景观的“聚景盆”，其品位之高，绝世仅有。金顶附近，历代所修寺庙甚多，这些庙宇，因受条件限制，全系块石砌墙，板石盖顶，经多年风蚀雨淋，有的倾塌，后因恢复佛教朝圣和旅游开发，逐步得到修缮。除释迦殿、弥勒殿外，还有承恩寺、镇国寺、通明殿等庙宇。其中，承恩寺俗名上茶殿，在金顶左侧，正殿三间，山门完好，门额阴镌“敕赐承恩寺”五字，全部建筑面积占地1250平方米；镇国寺俗名下茶殿，在承恩寺下方，始建于明，后倾塌，整个遗址除正殿、偏殿、僧寮、厨房依稀可辨外，仅有四周残墙，建筑面积1100平方米，为上山人员常宿之地；通明殿在金顶西北约500米处的老金顶处，倾塌多年，仅有遗址，据《铜仁府志》载“敕赐碑在通明殿侧”考证得知殿名。金顶尚有其他较多古庙，但因尚存文字资料少，难以对其他庙宇有深入了解。

2.蘑菇石

梵净山蘑菇石是贵州标志性景点之一，是梵净山的精魂和象征。蘑菇石屹立崖边，高10余米，顶上一斗状石堆放在一根较细的石柱上，上大下小。上部高约4米，呈立方体形态；下部岩石高约6米，呈柱状形态。上下皆由层状岩体堆叠形成，因形如蘑菇而得名。蘑菇石作为一种典型的地貌，分布较广，主要是在干旱地区，多发育在花岗岩砂岩中，为风成地貌。但发育在梵净山地区的蘑菇石表现出特殊之处：处在潮湿的亚热带地区，风的地质作用相对较弱，岩性上为变质岩。对于梵净山蘑菇石的成因不能用传统的风蚀作用解释，其成因在于：在漫长地质史上，经过沉积作用和变质作用形成了蘑菇石的原石，在构造作用下发育节理，并且在冰川的作用下形成现在的蘑菇石。蘑菇石已经成为铜仁景点的标志，是梵净山的“山徽”和“名片”，吸引了众多的摄影家、画家，将它纳入镜头，融入笔端。

雾中的蘑菇石　薛亮 摄

3.万卷书崖

万卷书崖为梵净山金顶附近的一大景观，其整座山体都是层层叠叠、堆砌有序的页岩，由亿万年的地壳发育和风化作用而成，势如卷帙浩繁的古代典册齐天堆放，气势宏伟，故称“万卷书”。关于万卷书崖有多种传说，一则传说为：唐玄奘西天取经归来，专程到梵净山拜谒弥勒佛。由于山势险峻，白龙马偶失前蹄，背上的一叠经书滑落，落地生根。还有另一则传说为：明朝万历年间，神宗皇帝朱翊第九个妃子（人称九皇娘）因避祸携皇子从京城来到梵净山削发为尼，她出家后每年夏天都来朝拜释迦佛和弥勒佛，并接待各地朝山的善男信女，还要带上敬佛的供品，很是辛苦。释迦佛与弥勒佛让守山诸神在金顶侧边的一个小山上栽了很多果子树，一年四季都有鲜果，可以让九皇娘充饥、解渴、消除疲劳。后来人们称这座小山为“献果山”。后来，朝山进香者越来越多，他们要带着供品和食物，路途遥远，而且朝山为夏季时节，供品和食物又容易霉烂，九皇娘便让朝山进香者在献果山摘果子作为供品和食物，但需每人带一本经书。第二年，很多朝山的人就带经书前来供献，年长日久，九皇娘住的山洞侧边经书堆积成山，便形成了“万卷书”。

4.棉絮岭万米睡佛

在梵净山高山上有一块海拔1940米的平地，因以前风吹草动之时，平地上一片箭竹宛如棉絮翻动而得名“棉絮岭”。在棉絮岭上能看到梵净山山顶风光：自南面看去是梵净山的最高海拔山峰——凤凰山，高达2572米；凤凰山往东，突兀的山峰就是红云金顶和新金顶，它们刚好组成世界上最大的天然佛像——万米睡佛。万米睡佛为佛中佛，有三个佛头，象征三身佛，前方还有两个朝向睡佛拜揖的佛像。睡佛长达万米，为世界之最。棉絮岭前方的亭子为拜佛台，供人们拜揖万米睡佛和休憩。千百年来，当地百姓把梵净山当作“大佛山”朝拜，“山即一尊佛，佛即一座山”。

三、梵净山自然资源

1.植物资源

梵净山植物多样性涉及内容丰富多样，包括植物物种多样性、植物生态系统多样性和遗传多样性三个方面。而植物物种多样性是最基础且已有研究成果最深入的层面，植物物种多样性包含苔藓、蕨类、裸子和被子植物等高等植物类群，以及淡水藻类、地衣和真菌等低等植物类群，同时将重要植物类群按照不同标准可以界定为珍稀濒危、古老孑遗和特有植物。经相关调查，梵净山共有植物物种390科1462属4394种，因其特殊的地理位置、复杂的地形、差异悬殊的山地立体气候及多样化的生境，成就了植物物种的多样性。梵净山野生植物可按照淡水藻类、地衣类、大型真菌、苔藓植物、蕨类植物、裸子植物、被子植物等门类划分，具体种数详见下表。

表1　梵净山野生植物种类

门类	科数	属数	种数	占总种数的百分比（%）
淡水藻类	36	63	99	2.25
地衣	22	47	119	2.71
大型真菌	65	179	452	10.28
苔藓植物	77	241	791	18.01
蕨类植物	28	89	349	7.94
裸子植物	7	20	36	0.83
被子植物	155	823	2548	57.98
总计	390	1462	4394	100

梵净山为珍稀濒危植物、古老孑遗植物提供了重要栖息地，共有各类珍稀濒危植物230种。其中，中国特有的伯乐树对研究被子植物系统发育和古地理、古气候等方面具有重要的价值；世界性珍稀濒危树种南方红豆杉含有高抗癌物质等。特殊的地质地貌以及独特的气候条件使得梵净山成为许多特有植物分化发育的重要场所，同时，梵净山作为贵州高原最早成陆的巨大山体，为

古代特有植物的发展提供了演化空间。梵净山分布有当地特有植物46种，如梵净山冷杉、铠兰、石斛、地梅等。此外，梵净山还保留了超过15600公顷的原始水青冈林，是全球亚热带地区连续分布面积最大的水青冈林。作为全球珍贵的物种基因库，梵净山水青冈林展现了水青冈属植物适生环境由亚热带向温带的演化，具有突出的保护价值和科研意义。

梵净山春季丰富的植物景观

梵净山植物资源具有重要的药用价值。据调查，本区内药用植物在500种以上。高等药用植物有413种，其中，清热解毒类植物96种，止咳、祛痰、平喘类植物44种，止血类植物43种，祛风除湿、舒筋活血类植物60种，补中益气、散风解表类植物33种，理气止痛、活血通经类植物42种。在这些药物中，有不少常用中药，如天麻、杜仲、厚朴、黄连等。除此之外，还盛产当地民间常用并畅销湖南、广东、广西的草药，如珠子参、雪里见、蛇莲、八爪金龙、穿心莲、八角莲等。

2. 动物资源

梵净山不仅是种类繁多的天然植物园，还是多种珍禽异兽的乐园。在梵净山内，气候温暖湿润，森林茂密，植物品种繁多，野果丰富。加之山中常有一些由岩石风化后形成的偏岩洞，给动物栖息、活动、觅食、繁殖提供了良好的条件。梵净山区拥有东洋界的华中、华南和西南三个区系成分的动物，可分为兽类、鸟类、爬行类、两栖类、鱼类、昆虫类等类别。其一，兽类，已发现有69种，如黔金丝猴、水獭、苏门羚、木麝、云豹、穿山甲等。其中，黔金丝猴是我国特有物种，仅分布于梵净山，它是梵净山自然保护区中的重点保护对象，也是世界濒危物种之一，算上所有的幼猴、老猴与成年猴，也只有750只，比大熊猫还少。梵净山的多种兽类动物的毛、皮、肉还是制革、制药的重要原料，如毛冠鹿、小鹿、野猪、果子狸、黑熊等。其二，鸟类，已发现有225种，包含白颈长尾雉、白冠长尾雉、红腹锦鸡和红腹角雉等珍稀濒危鸟类32种；经济价值较大的鸟类有20多种，如苍鹭、池鹭、白鹭等；还有大量的食虫鸟类，它们是农林益鸟，对维护该山区的生态平衡起着积极作用。其三，爬行类，已发现有48种。物种组成上，蛇目的种类最多，占该区爬行动物的79%。此外，多种爬行类动物具有药用、工艺等经济价值，如鳖、北草蜥、黑眉锦蛇等。其四，两栖类，已发现有42种。其中，有个体最大、我国二级保护动物、属于 IUCN 红色名录极危等级（CR）的大鲵，保存了我国特有的峨眉髭蟾，又名胡子蛙。其五，鱼类，已发现有72种。鱼类以鲤形目为主，其次为鲈形目，两者占该区鱼类总数的90%。梵净山海拔落差大，水流以凤凰山为中心，向四周呈放射状，溪流湍急，多急流险滩，鱼类多数为个体小，喜居流水、洞穴等环境的类群。其六，昆虫类，已鉴定的有600余种，如众多的观赏蝶类、倍蚜、白蜡虫、中蜂、寄生蜂等。昆虫的区系组成，以东洋种为主，并有一定数量的古北种存在，在我国动物

黔金丝猴

地理区划中，以华中区种为主。

3.矿产资源

梵净山地区主要的矿产有锰矿、磷矿、镍钼钒矿、钨锡矿等，矿产种类较为丰富。就典型矿产地质遗迹而言，区内的锰矿具有很高的科学研究价值，被称为“大塘坡式”锰矿。该类型矿床是我国最重要的锰矿床类型，主要分布于周边松桃县境内。目前，在黔东地区已发现4个该类型世界级超大型锰矿，使该地区成为中国重要的锰矿富集区。

四、梵净山的故事传说

梵净山有着“梵天净土”的美誉，作为中国第五大佛教名山，有着很多历史传说和故事，它们多流传于梵净山地区附近的村落，沿着八条主要溪河及间岭向四周呈星状辐射。其类型有三，分别是人物传说、史事传说和地方风物传说。这些神话传说反映了人们的思想观念、价值观念和行为观念，具有重要的教化功能和启迪意义。

1.人物传说

人物传说主要是指围绕历史上著名人物的传说。在梵净山人物传说中，为民谋福的人物常受到赞美，而欺压百姓、损害集体利益的人物则受到嘲讽和鞭笞。根据人物特质，梵净山的人物传说又细分为四种：一是起义或革命领袖传说，如《贺龙赶坳》，传说中贺龙是方脸大个子，一脸络腮胡，带上烟斗去“赶坳”捉鱼，军民互动，展现出了革命领导人亲切的一面；二是帝妃、美人传说，如《九皇娘娘》，讲述了一个貌美心善、愿抛却荣华遁入空门潜心修行，得道后仍心系百姓疾苦的姑娘的故事；三是机智人物传说，如《智盗胡三》，讲述了“智盗”胡三盗取有钱人家的钱财分发给穷苦人的故事；四是菩萨、仙道传说，如“四官菩萨”，“四官菩萨”是思州的严、罗、冉、唐四个土司，他们造反失败后逃到梵净山，误打误撞被封为梵净山一带掌管财运的“四官菩萨”；传说里的土司首领成为掌管财富的神，不仅仅是纯粹的想象，亦是对土司向百姓征收税款的社会现实的反映。

2. 史事传说

史事传说主要围绕重大历史事件来展开叙述，重在揭示事件的过程和意义。一般涉及王权斗争、农民起义及近现代革命斗争、抗击外来侵略等。梵净山史事传说主要分为农民起义传说、历史政策与制度的传说、王朝兴替的传说与红军征战的传说。如《红号军》就是一则农民起义传说，讲述了清朝末年“红号军”借民众反对“折征”，发起了长达十一年的起义斗争的故事；《以屯养兵遗屯旗》是一则以明代“以屯养兵”为背景的传说，内容涉及明朝洪武年间朝廷在怒溪一带设卫所，施行屯田制，以屯养军；《陈圆圆归隐玉泉寺》是一则关于陈圆圆的传说，明末清初，吴氏政权败落后，她选择了偏远清幽的玉泉山作为隐居之地；《红军马》《一封信吓垮张兰芝》《“神兵”遇救星》等是有关红军征战的传说，这些传说讲述了梵净山一带的人们与红军之间相互帮助、同仇敌忾对付压迫百姓的恶势力的故事。梵净山史事传说多以发生在梵净山及其周边的历史事件为主线展开叙述，表达了人们对历史事件的态度和情感倾向。

3. 地方风物传说

“风物”有风俗（习俗）、景物和物产之意。地方风物传说是关于某地的名胜、特产、生物和节日习俗等事物的由来、形成及特征的解释性传说，有名胜古迹传说、土特产传说、动植物传说、风俗传说等。梵净山的地方风物传说主要涉及风景名胜以及当地的风俗，如《仙人洞》《云舍与神龙潭》《万卷书》《涨水雀》《珙桐仙子》等。其中，《仙人洞》《云舍与神龙潭》《万卷书》等传说讲述了梵净山上及其附近的一些自然景观、古迹的命名、由来及特征；《涨水雀》《珙桐仙子》则是关于涨水雀和珙桐的产生、特征及其名称由来的介绍。风俗是积淀下来的生活传统，梵净山代表性的风俗传说有《羌族锅庄舞》《祭仡兜》《百家锁》《打鼓敬灵猴》《椎牛》《祭灶》《"开红山"的来历》《虎图腾》《傩爷与傩娘》等，这些传说主要讲述的是当地人的节日、生活习惯、信俗的由来。如《羌族锅庄舞》讲述的是羌族跳锅庄舞的原因，《"四月八"的传说》介绍的则是"四月八"的来历以及功能，《祭仡兜》则解释了仡佬族祭树根的缘由。

五、梵净山遗产开发和保护情况

1.梵净山遗产的开发情况

梵净山自然遗产开发始于20世纪30—80年代的科学考察，在这个阶段，中外科学家先后对其进行了三次大规模的科学考察。第一次是20世纪30年代，先后有中国老一辈著名植物学家蒋英、陈焕镛、焦启源等以及奥地利人韩马迪、美国人史德威等进行植物资源调查研究，此次最大的成果是钟补勤教授发现珙桐和贵州紫薇等珍稀植物，其资料已被收入《贵州森林自然分布概况》一书中。同一时期，罗绳武教授对梵净山进行了地质调查。第二次是20世纪六七十年代，中国政府组织专家多次对其进行大规模科学考察。其中简焯坡教授带领中国科学院植物研究所人员对梵净山东西坡植被，特别是水青冈群落进行了详尽调查，发表了《梵净山水青冈林在地理分布上的意义》一文，成为梵净山植物学研究的重要成果和主要文献；还进行了大型兽类（包括黔金丝猴）、鸟类、两栖类等动物学方面调查研究，积累了大量标本，为《贵州动物志》编写奠定了基础；另外，这些成果为1978年成立“贵州省梵净山自然保护区”提供了重要的科学论证材料。第三次是20世纪80年代，1981年贵州省环保局组织了有关地质、气象、土壤、植被、大型兽类（黔金丝猴）、两栖、爬行类动物、环境保护等共12个学科的科学考察，这是一次比较系统综合的考察；1985年，贵州省林业厅组织梵净山昆虫的科学考察，采集标本1500号，鉴定出380种昆虫；1987年，贵州省地质学会对梵净山地质进行了系统考察。在此前梵净山科学考察及研究的基础上，1986年梵净山被确立为国家级重点自然保护区，同年，被联合国教科文组织批准成为世界人与生物圈保护网络成员单位之一。梵净山国家级重点自然保护区和世界人与生物圈保护网络的建立，为梵净山遗产开发和环境保护提供了坚实的基础。

随着对梵净山生态文明的考察深入，梵净山的知名度不断提高，梵净山开始注重旅游资源的开发与利用，主要开展了以下工作：第一，完善基础设施建设。修建了铜仁凤凰机场、梵净山东线索道、渝怀铁路、梵净山环线公路等，为游客快速进入景区提供便利的交通；建成了太平河景区旅游步道，改造了棉絮岭登山步道、停车场、旅游厕所、人行便桥、游客休息亭等设施；恢复梵净山护国寺，建设了太平河佛教文化园等旅游项目，还建设了一批星级宾馆饭店。

第二，创新景区开发与运营模式。梵净山景区目前由贵州三特梵净山旅业发展有限公司（武汉三特索道集团股份有限公司设立的全资子公司）运营管理，2003年武汉三特索道集团股份有限公司与贵州梵净山国家级自然保护区管理局签订合同书，约定由该公司投资负责梵净山观光索道建设和景区特许经营，武汉三特索道集团股份有限公司设立贵州三特公司负责经营管理梵净山景区。这一举措改变了此前梵净山景区管理机构混乱的局面，实现了管理运行权限的集中。目前，景区的所有权仍属于梵净山保护区管委会，但经营权集中到贵州三特公司，实现了政企分开、企业经营、市场运作，其专业性运营改善了景区开发深度不够的状况。贵州三特公司不断设计创新的旅游产品，实现了对景区旅游资源更深层次的开发，景区的知名度和影响力不断得到提高。目前，梵净山景区以新、老金顶为中心，以梵净山索道为轴线，形成以观云海、原始森林、瀑布、溪流、万步云梯、奇花异石、珍禽异兽以及以四季风光为主的自然风光游，和以金顶（天桥、金刀峡、释迦殿、弥勒殿）、佛光、日出、九龙池、凤凰山、万米睡佛、蘑菇石、老鹰岩、太子石、舍身崖以及镇国寺、承恩寺遗址、坝梅寺遗址、朝阳寺遗址、大佛寺等历史古迹为主的历史文化游两条路线。

第三，加强合作交流。为推进旅游资源开发，梵净山逐渐加强与周边重点景区的合作交流，打造了一系列精品旅游线路，拓展了客源市场，旅游经济效益实现大幅提升。特别是铜仁市提出建设环梵净山“金三角”文化旅游创新区构想后，已逐步制定了总体规划、重要节点控制性详细规划和建设性规划，不断推动梵净山旅游产业的发展。目前，梵净山景区游客接待量和旅游收入不断提升。

2. 梵净山遗产保护情况

梵净山优良的生态环境和丰富的生物资源，不仅得益于得天独厚的地理优势，更得益于从古至今的生态环境保护实践。

早年间，受佛教文化的影响，梵净山声名远播。在魏晋南北

梵净山冬季景观

朝时期，佛教就传入梵净山，给梵净山打上一记沉甸甸的佛教烙印。据史料记载，明清时期，梵净山部分地区由于外来移民的增多，生态环境遭到了一定破坏。但由于原住民对传统文化的道德约束，加之地方政府的强力干预，梵净山的生态环境得到了有力维护，使人为对自然环境的破坏停止于萌芽阶段。明初，梵净山地区佛教兴盛，梵净山成为众僧向往的“梵天净土”，明万历年间，梵净山因有“古佛道场”而被称为“古迹名山”。据文献记录，当时有民众在梵净山寺庙山场私自挖沙，后被官府禁止，并规定不许随意开挖。此举，对于梵净山生态维护起到了重要作用。明万历四十六年（1618）的《敕赐碑》中，数次提及梵净山为灵山，清道光年间的铜仁知府敬文立的《梵净山禁树碑记》中，梵净山被视为神灵之山，其山上草木、水土不容毁伤。由于明清两朝宗教活动盛行，梵净山内的森林早已为古人所重视，其间还提出对梵净山森林要“永以为禁”，禁止“积薪烧炭”，保护梵净山森林是地方封建官吏“守土者”的职责等建议。这是对梵净山自然资源的再次保护。此后，世世代代居住在武陵山区的苗族村民，特别珍惜天然林，在众多的乡规民约中都有保护树木的条款和规定：“不准放火烧山林，不准乱剐树皮，不准随意用幼苗嫩树试刀试镰。”一旦违反这些条款，将受到严厉处罚。当地的土家族也制定了明确的“封山禁树公约”，均立有禁碑，以示封禁。由此，梵净山的保护意识薪火相传。

到现代，梵净山进一步加强遗产保护，主要工作包含以下几点：第一，加强保护规划。梵净山自然保护区被规划为三大功能区：一是核心区，占保护区总面积的58%，具有较完整的原始森林系统，受国家法律法规的严格保护，最大限度地避免人为干扰和破坏；二是缓冲区，占保护区面积的7%，可开展多种科学研究和监测工作，但禁止任何形式的利用自然资源的活动；三是科学试验区，面积约1.45万公顷，占全区面积的35%，可在保护生态资源的前提下开展相关科学研究、教学实习、多种经营和旅游活动。

第二，加强遗产保护规划及法律体系建设。为成功申遗，充分保护梵净山遗产资源，梵净山先后通过了《贵州梵净山国家级自然保护区总体规划（2014—2023）》《贵州梵净山国家级自然保护区管理计划》《“世界独生子”黔金丝猴保护计划（2015—2025）》《贵州印江洋溪省级自然保护区总体规划（2015—2024）》《贵州梵净山国家级自然保护区生态旅游总体规划（2014—2023）》等规划；申遗成功后，2018年9月20日贵州省第十三届人民代表大会常务委员会第五次会议批准通过《铜仁市梵净山保护条例》，针对黔金丝猴的保护、森林生态系统的完整、周边社区的参与管理及旅游业可持续发展等问题，明确了具体实施策略，以确保梵净山完整性得到保护和保存。此外，梵净山还受到《中华人民共和国环境保护法》《中华人民共和国陆生野生动物保护实施条例》《贵州省森林条例》《国家级公益林管理办法》等相关法律法规的保护。第三，加强社区群众的参与。梵净山国家自然保护区管理局注重对梵净山周围居住的百姓进行生态环境保护宣传，鼓励群众参与保护。随着执法力度和宣传教育力度的加强，社区居民的参与性、管理能力和生态保护意识不断提高，在遗产资源共管方面，逐渐呈现出由被动参与管护，转为主动参与管护的可喜局面。通过社区群众的参与，梵净山建成了社区共管委员会及社区保护网络组织，还组建了梵净山农村义务消防队、义务森林巡逻队等。自梵净山启动申遗以来，以申遗工作为引领，统筹开展了梵净山提名地及缓冲区生态环境整治工作，在成功助推梵净山摘下世界自然遗产殊荣的同时，更为梵净山后期保护规划奠定了坚实基础。

参考文献

1.熊康宁、容丽、陈浒、盈斌、杜芳娟、肖时珍:《梵净山世界遗产价值、完整性与保护管理》,《生态文明新时代》2018年第5期。

2.朱佳运:《梵净山植物多样性全球对比分析与世界遗产价值》，贵州师范大学2017年硕士学位论文。

3.黎启方:《梵净山自然保护区野生动物保护现状及对策研究》,《吉林农业》2018年第15期。

4.杨李、李干蓉:《浅论“互联网+旅游”背景下梵净山环境保护的问题及其对策》,《科技风》2019年第13期。

5.何林、张太乐、鲁冲、李庭、陈脉壮、康斯晗:《梵净山“蘑菇石”地质成因探究》,《山东工业技术》2017年第2期。

6.屠玉麟著:《绚丽多彩的梵净山》，贵州人民出版社1983年版。

7.杨臣瑾:《梵净山昆虫考察报告》,《贵州科学》1988年第S1期。

8.马义波、谯文浪、陈武、刘凌云、唐佐其:《贵州梵净山地区主要地质遗迹资源及其开发保护建议》,《贵州地质》2020年第1期。

9.蒋文艳、曹大明:《梵净山民间传说的特点与价值分析》,《三峡论坛(三峡文学·理论版)》2017年第5期。

10.江口县民族事务委员会编:《江口县民族志》，1990年。

11.张明:《梵净山开发史略》,《史志林》1994年第1期。

12.贵州省林业厅梵净山国家级自然保护区管理处编:《梵净山研究》，贵州人民出版社1990年版。

13.张明、张寒梅:《梵净山生态文明建设与旅游开发研究》,《广西民族大学学报(哲学社会科学版)》2015年第1期。

14.黄昌庆、胡邦红、李晨阳、陈宇:《梵净山生态环境与旅游开发》,《旅游纵览(行业版)》2016年第2期。

15.宋卓嵘:《梵净山景区旅游开发与运营分析》，贵州大学2016年硕士学位论文。

16.《铜仁市梵净山保护条例》,《铜仁日报》2018年10月13日第3版。

（撰稿：楚艳娜　谭必勇）

最大潮间带滩涂，关键候鸟栖息地

——黄（渤）海候鸟栖息地

2019年7月5日，在阿塞拜疆巴库举行的第43届联合国教科文组织世界遗产大会上，中国黄（渤）海候鸟栖息地（第一期）获批入选《世界遗产名录》。至此，我国世界遗产总数增至54处，自然遗产增至14处，自然遗产总数位列世界第一。

中国黄（渤）海候鸟栖息地（第一期）位于江苏省盐城市，主要由潮间带滩涂和其他滨海湿地组成，拥有世界上规模最大的潮间带滩涂，是濒危物种最多、受威胁程度最高的东亚—澳大利西亚候鸟迁徙路线上的关键枢纽，也是全球数以百万迁徙候鸟的停歇地、换羽地和越冬地。作为我国第一个湿地类世界自然遗产，黄（渤）海候鸟栖息地（第一期）的申遗成功体现了中国坚持绿色发展理念，建设生态文明和保护全球生态与生物多样性的大国担当。

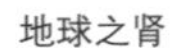
地球之肾

一、申遗历程

中国黄（渤）海候鸟栖息地申报世界自然遗产经历了一个较长的筹备时间，最早可追溯到2012年。

2012年，在韩国济州岛举行的世界自然保护大会上，世界自然保护联盟（IUCN）全票通过一项关于保护东亚—澳大利西亚候鸟迁徙路线尤其是黄海海区候鸟的决议，凸显了黄海海区在全球候鸟保护问题上的重要性。

2016年，在美国夏威夷举行的世界自然保护大会上，世界自然保护联盟（IUCN）再次通过一项关于保护东亚—澳大利西亚候鸟迁徙路线上尤其是黄海海区潮间带栖息地和水鸟的决议，黄海地区的全球突出普遍价值进一步得到认可。会议呼吁在黄海地区以申报世界自然遗产的方式，促进其保护和可持续发展。2016年底，江苏盐城正式启动黄海海岸的世界自然遗产申报工作。

2017年2月，中国政府向联合国教科文组织世界遗产中心提交了“中国渤海—黄海海岸带”申报世界自然遗产预备清单，其中列出盐城湿地珍禽国家级自然保护区等14处受到国际关注的关键候鸟栖息地。

2018年1月，中国政府正式向联合国教科文组织世界遗产中心提交了“中国黄（渤）海候鸟栖息地（第一期）”世界自然遗产申报项目。第一期申报项目包括盐城湿地珍禽保护区的核心区（YS-2），南部试验区、东沙试验区和大丰麋鹿国家级自然保护区（以上三块组成YS-1）。同时，申报材料提出未来将陆续申报其他提名地。

2018年3月，《深化党和国家机构改革方案》明确将世界自然遗产、自然和文化双遗产的管理职能，由住房和城乡建设部转隶至国家林业和草原局。机构改革启动后，国家林业和草原局积极引导黄（渤）海候鸟栖息地申遗，对遗产申报和保护的每一个环节进行业务指导，并和盐城地方政府一道推进申遗涉及的各保护地参与世界遗产保护事业。2018年4月，国务院正式同意中国黄（渤）海候鸟栖息地（第一期）作为2019年国家申报世界自然遗产项目。2019年1月，黄（渤）海候鸟栖息地申遗区域保护地联盟在江苏盐城成立。江苏盐城湿地珍禽国家级自然保护区、江苏省大丰麋鹿国家级自然保护区、辽宁丹东鸭绿江口湿地国家级自然保护区等17家自然保护区，全国鸟类环志中心、保尔森基金会等9家社团组织，共26家单位自愿申请成为联盟成员单位。

2018年10月，世界自然保护联盟（IUCN）委派两位专家对第一期提名地进行了考察，反馈会上明确建议增加YS-1提名地的面积，将条子泥湿地纳入其中。

2019年2月，中国政府向世界自然保护联盟（IUCN）提供补充材料，通过保护小区等形式将条子泥等区域纳入YS-1提名地。7月5日，在第43届世界遗产大会上，中国黄（渤）海候鸟栖息地（第一期）项目以生物多样性价值标准列入《世界遗产名录》，成为我国首个、全球第二个潮间带湿地世界遗产。中国也将在2022年前提交该项目第二期申报。

二、遗产地范围

中国黄（渤）海候鸟栖息地（第一期）遗产地包含五个保护区：江苏大丰国家级自然保护区、江苏盐城国家级自然保护区、江苏盐城条子泥市级自然保护区、江苏东台高泥湿地保护地块及江苏东台条子泥湿地保护地块。该区域为23种具有国际重要性的鸟类提供栖息地，支撑了17种《IUCN濒危物种红色名录》中的物种生存，包括1种极危物种、5种濒危物种和5种易危物种。

1. 盐城国家级自然保护区

盐城国家级自然保护区位于江苏省盐城市，1983年建立，1992年晋升为国家级自然保护区，地处我国东部沿海中部，包括东台、大丰、射阳、滨海、响水五个县（市）的沿海滩涂，海岸线长达586千米，总面积为453000公顷，是我国最大的沿海滩涂湿地类型的自然保护区。保护区面对南黄海，背靠苏北平原，是淤泥质平原海岸的典型代表。该保护区主要保护丹顶鹤等珍稀野生动物及其赖以生存的滨海湿地生态系统，是中国最大的海岸带自然保护区。

历史上古黄河和长江曾在保护区南北两端入海，长江和黄河携带大量泥沙沉积形成废黄河三角洲，保护区北端海岸侵蚀，中南部淤长，全区每年淤积成陆900公顷。滩涂北窄南宽呈带状分布，宽处可达15千米。保护区为里下河主要集水区，有十多条河流流经保护区入海，如灌河、中山河、扁担港、射阳河、黄沙港、新洋港、斗龙港、王港、竹港、川东港、梁垛河、新港等。夏季多雨，上游河水下泄后，多形成滩涂涝灾，冬季多干旱。遇干旱年份，潮位较低，滩涂多因缺水而发育良好。

主要生境包括从通吕运河口到新沂河口300千米的永久性海滩、淡水到微咸水水塘、沼泽地、沼泽草地、大片芦苇和潮间泥滩，并有许多河道、潮湾和一些鱼塘、养虾池和盐场。由于南面长江三角洲泥沙的沉积，泥滩以每年100—200米的速度向外扩展，海岸则不断被围塘开垦为农田。

虽然保护区的核心区无人居住，但在实验区和缓冲区人烟稠密，达100万人，稻田密布，鱼、虾塘众多。在湖塘区有丰富的沉水及浮水植物，有眼子菜、狐尾藻，以及水车前、野菱和芡等。滩涂上大片的芦苇和苔草沼泽群落以扁秆藨草、藨草和糙叶苔草为主，盐沼群落以盐蒿为主，新淤积的区域长有獐茅，海塘中的草地以白茅为主，人工林主要为刺槐。

据统计，这里有动植物2500 多种，其中鸟类 416 种，兽类 47 种，属于国家一级保护野生动物的有14 种，如丹顶鹤、白鹳、黑鹳、金雕、白肩雕、白尾海雕、白鹤、白头鹤、大鸨、遗鸥等，国家二级保护野生动物有84 种，如黑脸琵鹭、灰鹤、小青脚鹬等，其中黑脸琵鹭数量约占世界的10%。每年来此停歇的候鸟有200种，总数达300万只，其中多数是雁鸭类。

保护区内专设丹顶鹤保护范围。保护区内的珍禽驯养场已积累了丹顶鹤等人工孵化及越冬半散养的经验。这里还有珍禽标本馆，主要陈列鹤家庭成员各个种类的标本，同时陈列栖息在保护区的其他珍禽标本，标本总数多达260余种。这里是珍禽丹顶鹤等水鸟的重要越冬地和候鸟的重要驿站，丹顶鹤在此越冬的数量多达600只，是我国最大的丹顶鹤越冬地。丹顶鹤在此是世界濒危鸟类之一，寿命平均60年，最长87年，一年生1—2只小鹤。其野生种群的个体总数在3500只左右。野外仅分布于东北亚地区，即俄罗斯东部、朝鲜半岛中部、蒙古东部、中国和日本（在北海道地区为留鸟）。越冬期主要分布在我国山东和江苏盐城，其中又以江苏盐城沿海滩涂的分布数量最多。

2.江苏大丰麋鹿国家级自然保护区

江苏大丰麋鹿国家级自然保护区坐落于中国四大湿地（南黄海湿地、青藏高原湿地、东北三江平原湿地、鄱阳湖湿地）之一的南黄海湿地上，核心区4万亩，铁丝网围栏的核心放养圈5300多亩，是世界上最大的麋鹿自然保护区。

江苏大丰麋鹿国家级自然保护区是世界自然基金会（WWF）与原国家林业部合作的国际项目，1985年由原国家林业部和江苏省政府联合建立，1997年12月经国务院批准晋升为国家级自然保护区。保护区主要承担着保护麋鹿、丹顶鹤等野生动物及南黄海湿地生态系统的重任。保护区已被列入《国际重要湿地名录》、东亚—澳大利西亚鸟类迁徙网络和世界人与生物圈保护区网络，是全球环境基金（GEF）中国项目示范区、中国生物多样性保护示范基地、全国示范自然保护区。

大丰麋鹿国家级自然保护区地处黄海之滨，境内拥有大面积的滩涂、沼泽、盐碱地，动植物资源丰富，区系成分复杂，自然植物主要由白茅、芦苇等优势种类组成，维管束植物有223种。动物有兽类20多种，鸟类182种，两栖类和爬行类27种，鱼类150种，棘皮动物10种，环节动物62种，腔肠动物8种，浮游动物98种，具有典型的沿海滩涂湿地生态系统及生物多样性。

在盐城市的沿海滩涂上，麋鹿自然保护区中麋鹿数量已超过4500头，占该动物种群数量的50%以上。麋鹿是我国特有的珍稀动物，民间俗称“四不像”，因为它头脸像马、角像鹿、颈像骆驼、尾像驴，传说中姜子牙的坐骑就是它，其实它是一种鹿科动物，体长170—217厘米，雄性肩高122—137厘米，雌性70—75厘米并且体形比雄性略小，体重在120—180千克之间。1865年秋季，法国博物学家兼传教士大卫无意中发现了它们，立即意识到这是一群动物分类学上尚无记录的鹿科动物。1866年之后，英、法、德、比等国的驻清公使及教会人士通过明索暗购等手段，从北京南海子猎苑盗走几十头麋鹿饲养在各国动物园中，此后这种动物才开始出现在世界各地，但是原先生存在我国的麋鹿越来越少。1894年永定河泛滥，猎苑的围墙被冲垮，许多麋鹿跑到外面之后不知去向。1900年八国联军进入北京城，剩下的20多只麋鹿又被八国联军捕捉，这种原产于我国的动物从此在中国消失。但是由于欧洲一些动物园中麋鹿的数量太少，无法繁殖壮大种群，因此各地动物园中的麋鹿数量逐渐减少，这一物种有灭绝的趋势。英国十一世贝福特公爵认识到了这一问题，于1898年出重金将原饲养在巴黎、柏林、科隆、安特卫普等地动物园中的18头麋鹿悉数买下，把它们放养在伦敦以北占地3000英亩的乌邦寺庄园内，之后各地动物园中的麋鹿相继消失，这18头麋鹿成为地球上之后所有麋鹿的祖先。第二次世界大战时，麋鹿在乌邦寺庄园内发展到255头，因为担心被战争毁掉，乌邦寺庄园的主人开始向世界一些大动物园转让麋鹿，麋鹿的种群数量也开始增多，到1983年底，全世界麋鹿已达到1320头。

1956年和1973年，北京动物园分别得到了一对和两对麋鹿，但因数量太少导致繁殖障碍，一直未能复兴其种群；1985年，由于我国和世界野生动物基金会（WWF）的努力，英国伦敦5家动物园向中国无偿提供了22头麋鹿，这种动物在时隔85年后重新回到了它们消失的地方南海子原皇家猎苑。1986年8月，林业部和世界野生生物基金会（WWF）合作从英国伦敦的七家动物园引种39头麋鹿到大丰保护区，并在麋鹿的回归引种、人工驯养繁殖和野化上取得了重大进展。多年来，经过精心观察和饲养，科技人员逐步掌握了麋鹿的发情、交配、产仔、脱角、生茸、换毛、觅食等生理行为和活动规律，以及鹿体的麻醉技术和各种疾病的有效防治措施，麋鹿数量每年以22.7%的速度迅猛递增，其繁殖速度和成活率均居世界前列，现已成为世界最大的野生麋鹿群。

除了主要保护对象麋鹿，保护区内属于国家一级保护动物的还有大天鹅、河鹿、丹顶鹤、白鹤、震旦鸦雀等19种，二级保护动物豹猫、赤腹鹰、牙獐等20多种，其中震旦鸦雀被列入世界濒危动物红皮书。另有属于中日候鸟保护协定的鸟类有95种，其他留鸟、候鸟180多种，木本植物90多种和草本植物175种，大丰麋鹿保护区为候鸟重要越冬地之一。

麋鹿

大丰麋鹿保护区的建立，不仅对麋鹿的回归引种发挥了巨大的作用，同时对我国其他珍稀濒危野生动物的人工驯养繁殖和回归自然提供了可资借鉴的经验。

3. 条子泥湿地

条子泥湿地位于黄海生态区南侧，东台市沿海的东北角，因其港汊形似条状而得名。条子泥湿地拥有太平洋西岸和亚洲大陆边缘面积最大的海岸湿地，也是世界上面积最大的连续分部泥质潮间带湿地，是全球最重要的滨海湿地生态系统之一，是东亚—澳大利西亚候鸟迁徙路线上的关键区域。条子泥湿地主要分为东台条子泥市级湿地公园12746公顷、东台条子泥湿地保护小区164.4万公顷和东台市高泥淤泥质海滩湿地保护小区27326.39公顷，占遗产地总面积的45.6%。

其中东沙浅海水域湿地保护小区位于东台海域，大丰区海域南侧、箱子泥东北侧，由66个沙洲组成，南北长约90千米，其中露滩面积1268平方千米，因其地处东台海域近百个沙洲东端而得名。西端最近处离陆域仅12千米，是沙脊群中面积最大的部分。东沙因特殊地域构成了丰富的海洋生物链，是鱼、贝类等海洋生物繁衍生长的理想场所，被誉为海上的“天然牧场”。海生生物有1200多种，其中鱼类400种，甲壳类50种，贝壳类40种，鸟类210种，爬行类4种，海生哺乳动物15种，海生植物近300种，以文蛤和泥螺最为出名。

高泥淤泥质海滩湿地保护小区位于条子泥海域东南侧，西蒋家沙北侧。高泥其实是东台海域的高泥沙洲，当地渔民习惯称之为沙洲岛。100多年前高泥海域还是深水区。东台海域是长江、黄河、太平洋三水交汇之地，长期以来，泥沙在海潮的搬运之下，逐渐形成了如今的模样。近100年以来，这里淤涨、升高，逐渐形成了沙洲。潮落以后，水深在10—20米之间。

黄河、长江等一系列大河携带入海的沉积物在特殊的水文条件下，逐渐形成了一系列泥滩、沙滩、沼泽等生境，以及罕见的地貌现象——辐射沙脊群。这里拥有全世界最特殊的海底沙脊群，南北延伸200千米，东西横跨140千米，共有70多条水下沙脊，各条沙脊高低不等，形态各异，沙脊之间有深槽相隔，深槽坡陡水深。这种独特的地貌景观，不仅具有作为候鸟栖息地的生物学价值，也因世界上独一无二的辐射状海洋地质学构造有着突出的地质学价值。

条子泥湿地作为潮间带滩涂、粉砂淤泥质海岸，周期性被潮水淹没，落潮时出露，是海岸带最具生态价值和生物多样性的地带。因特殊的地质构造，条子泥湿地孕育了数百种底栖生物，是经济生物的自然产卵场、繁殖场、索饵场和鸟类栖息地。潮滩贝类资源丰富，如泥螺、文蛤等；水边线附近虾类和小鱼丰富，是迁徙鸟类的重要食物。东台黄海湿地植被群落演替层次分明，由海向陆依次分为光滩、米草沼泽、碱蓬沼泽、獐毛草滩、白茅草滩或芦苇沼泽。

湿地维持了植物、水鸟、软体动物与鱼类等生物的多样性，为世界八大候鸟迁徙路线之一的东亚—澳大利西亚迁徙路线上超过200种、总数达数十万只的迁徙水鸟提供栖息地。遗产地区域内有鸟类405种，分为三类。迁徙鸟类：以东亚—澳大利西亚迁徙鸟类为代表，如勺嘴鹬、小青脚鹬等鸻鹬类。候鸟类：以鹤类、雁鸭类等为代表的冬候鸟，如丹顶鹤、白鹤、东方白鹳、大天鹅等珍稀鸟类；以黑嘴鸥等为代表的夏候鸟。其中，丹顶鹤最受关注。留鸟类：以震旦鸦雀、灰椋鸟、鹭类为代表。有17个物种被列入《IUCN红色名录》，其中1种极危物种：勺嘴鹬；5种濒危物种：黑脸琵鹭、东方白鹳、丹顶鹤、小青脚鹬、大滨鹬；5种易危物种：黄嘴白鹭、卷羽鹈鹕、鸿雁、寡妇鸥、黑嘴鸥。另有一些近危物种，如红腹滨鹬、半蹼鹬、黑尾塍鹬、白腰杓鹬、斑尾塍鹬、震旦鸦雀、弯嘴滨鹬、铁嘴沙鸻、蒙古沙鸻、翻石鹬等。

条子泥湿地位于东亚—澳大利西亚候鸟迁徙路线的中心，是候鸟迁徙不可替代的栖息地。这里位于我国亚热带向暖温带过渡的区域，地理区系跨古北界东北亚界和东洋界中印亚界两大区划，气候适宜鸟类栖息、停歇，有利于鸟类的生长、繁殖，成为鸟类迁徙的关键驿站。据研究，勺嘴鹬、小青脚鹬、大滨鹬等几种鸟类的

勺嘴鹬

生存非常依赖东台滨海湿地及其邻近地区。人与自然和谐相处，让这里成为黄（渤）海湿地多种濒危鸟类迁徙期最为青睐的栖息地，尤其是全球极危候鸟勺嘴鹬。勺嘴鹬是一种小型的涉禽，仅在极少数的冻土层地带上繁殖，全球估计种群数量为360—600只。条子泥湿地是其重要的觅食地、停歇地，全球超过50%勺嘴鹬会来此地觅食、换羽，停留时间长达3个月之久。

三、独特的生态系统成为鸟类的天堂

当今世界已知鸟类超过1万种，而我国已记录在册的鸟类有1445种。在江苏省分布的鸟类有448 种，其中盐城湿地珍禽国家级自然保护区目前共记载到的鸟类多达416 种，种类之多在我国境内实属罕见。

盐城市位于江苏省沿海中部，是大海中“长”出来的一块土地。黄河从南宋建炎二年（1128）年到清咸丰五年（1855）在江苏北部入海，时间长达700余年。而在江苏省的南端则是长江入海口，南北两方的丰富径流带来了大量的泥沙，形成了广阔的苏北古黄河三角洲及长江三角洲。黄河入海的大量泥沙经过潮流、波浪作用，又在三角洲两翼的海湾中形成了广阔的滨海平原，其成陆方式以沙洲并陆为主，以并陆后岸线的均匀淤长为辅。南部地区，岸外有辐射沙洲掩护，是近千年来海岸不断淤长形成的海滨平原。直到现在，盐城的部分滩涂仍然在缓慢淤长之中。

湿地作为地球上独特的生态系统，是自然界最富生物多样性的生态景观和人类最重要的生态资本之一。它虽然仅占地球表面6%，却为地球上20%的已知物种提供生态环境，尤其给人类提供了生生不息的生存和发展环境，被誉为“物种基因库”和“地球之肾”。

黄（渤）海湿地主要位于我国黄海、渤海沿岸，是丹顶鹤的重要越冬地点，同时也是珍稀动物麋鹿的主要集聚地，另外还有勺嘴鹬、震旦鸦雀等珍稀鸟类生活在这里。这片湿地包括江苏、山东、河北、辽宁四省的靠海部分，有全世界规模最大的潮间带滩涂，是2000多种动物的栖息地，生物学意义十分重大。

中国黄（渤）海候鸟栖息地，不仅对于全球生物多样性保护至关重要，而且这里也具有壮阔美丽的湿地景观。这里有世界上最多样、富饶的湿地生物栖息地和生态系统，包括规模宏大的沙丘、潟湖、岩石海岸和有濒危鸟类集中繁殖的岛礁。黄河、长江两条世界排名前十的大河，和鸭绿江、辽河、滦河、海河等大小河流一道，持续向这片海域输入巨量泥沙和营养物质，堆积而成土地肥沃的海岸。

这里是东亚—澳大利西亚候鸟迁徙路线上的关键枢纽，是备受国际关注的濒危物种的关键停歇地、越冬地及繁殖地。这些物种包括全球仅存数百只的勺嘴鹬，全球野生迁徙种群仅存1000余只的丹顶鹤，全球仅存3000余只的白鹤，以及全球几乎所有的小青脚鹬、大滨鹬和大杓鹬等。鸟类的迁徙是自然界最引人注目的一种现象。世界上每年有几十亿只候鸟在秋冬季节离开它们的繁殖地，迁往更为适宜的栖息地越冬。候鸟迁徙的路线相对固定，它们在跨越国家甚至洲际的长距离飞行中，需要很多停歇的地方，而只有湿地才能给它们提供丰富的给养，盐城湿地便成为候鸟迁徙的重要驿站。

盐城湿地被誉为“东方湿地，百河之城”以及“麋鹿的故乡，丹顶鹤的家园，中华鲟的摇篮”。盐城拥有太平洋西岸、亚洲大陆边缘最大、保存最完好的沿海滩涂湿地。同时，在海洋动

世界最大的丹顶鹤越冬地

力的作用下，现在每年还以数万亩的成陆速度向大海延伸。1983年，为世人瞩目的中国第一个海涂型自然保护区——盐城国家级珍禽自然保护区诞生，它成为稀世珍禽丹顶鹤的第二故乡。盐城滩涂湿地还拥有大丰国家级麋鹿自然保护区和岸外沙洲——东沙。这里还有中国海域独一无二、世界上罕见的大型辐射状沙脊群，其规模之大、形态之特殊，国内外罕见。这里植被覆盖率近90%，数百种植物密布沟、港、河、汊、池塘、沼泽、湖泊之中。湿地的水域生长着供鱼虾生存的植物、饵料，沙蚕就是湿地植被下富有经济价值的鱼饵，而饱餐后的鱼虾又成为鸟类的美味。

盐城湿地是中国最重要的沿海滩涂湿地生态系统和中国17个生物多样性热点地区之一。这里每年有 300 万只以上的鸟类迁徙经停或繁衍或越冬，是具有全球重要意义的由迁徙候鸟共同分享的自然遗产范例。

三、申遗的价值与意义

概括起来说，盐城湿地的重要价值有如下几点：中国首个、全球第二个潮间带湿地世界遗产；濒危物种最多的东亚—澳大利西亚候鸟迁徙路线上的关键枢纽；全球数以百万迁徙候鸟的停歇地、换羽地和越冬地；全球极度濒危鸟类勺嘴鹬90%以上种群在此栖息；拥有西太平洋最大、中国最大的沿海滩涂面积。

1. 具有全球突出普遍价值

黄渤海区域拥有世界上面积最大的连片泥沙滩涂，是亚洲最大、最重要的潮间带湿地所在地。盐城拥有太平洋西岸和亚洲大陆边缘面积最大、生态保护最好的海岸型湿地，包含陆地生态系统、淡水生态系统和海岸带及海洋生态系统动植物群落演替，是具有普遍突出价值的生物学、生态学过程的典型代表。这里是丹顶鹤最大的越冬地，是小青脚鹬、勺嘴鹬、黑脸琵鹭等全球濒危鸟类规模最大的停歇地，也是麋鹿的再野化首选地。芦苇湿地，獐茅、藨草湿地，碱蓬湿地至光滩在数十千米的尺度上，形成规模宏大的水平植被带景观。

作为东亚—澳大利西亚迁徙路线上鸻鹬类重要的停歇地、越冬地、繁殖地，中国黄（渤）海候鸟栖息地（第一期）受胁物种数达23种，几乎覆盖该迁徙路线所有的25种受胁物种；迁徙路线的16处潮间带水鸟生物多样性关键区域中，有7处位于黄（渤）海区域。其中盐城黄海湿地是面积最大、重要性最高的一块，对整个迁飞路线的贡献位列全部1030个重要候鸟栖息地的第三名。世界自然保护联盟（IUCN）认为，中国黄（渤）海候鸟栖息地（第一期）符合世界自然遗产第十条（生物多样性）标准，为数以百万计的迁徙鸟类提供了丰富的食物资源，是珍稀濒危候鸟保护不可替代的自然栖息

鸟类的乐园

地，具有全球突出普遍价值。

2. 中国的世界自然遗产从陆地走向海洋

中国黄（渤）海候鸟栖息地（第一期）是我国第54项世界遗产、第14项世界自然遗产，也是我国第一块、全球第二块潮间带湿地世界遗产，填补了我国滨海湿地类型世界自然遗产空白。

和中国其他所有17项自然遗产及复合遗产不同的是，位于盐城的中国黄（渤）海候鸟栖息地（第一期），面积为1886.43平方千米，缓冲区面积为800.56平方千米，总面积为2686.99平方千米，大部分遗产地为海域，其本次申遗成功是中国的世界自然遗产从陆地走向海洋的开始。

3. 为协调经济发展和自然遗产保护提供了创新典范

与此前中国绝大多数的世界自然遗产不同，中国黄（渤）海候鸟栖息地（第一期）遗产地和系列提名地位于人口密集、交通便利的沿海地区，遗产地和提名地周围有京津唐和长三角等巨大的都市圈。盐城市科学把握经济发展与生态保护的辩证关系，近30年来，全市年生产总值翻295倍；与此同时，境内2000多种生物得以自然繁衍。

早在20世纪80年代初，盐城即开始了由市县政府主导、社会各界参与的生态保护接力行动。盐城在沿海滩涂建立珍禽和麋鹿两个自然保护区，使这片目前世界上规模最大的潮间带滩涂得以保持完好的原始自然生态环境。在多年的沿海大开发和城市化浪潮中，盐城坚持进行严密的科学论证，实行海岸“节点开发”模式，留下了大片生态走廊，盐城市划定生态红线保护区域占国土总面积23.5%。与此同时，盐城严格坚持绿色发展，不断调整经济结构和转变经济发展方式，围绕汽车、新能源、电子信息主导产业，推动经济高质量发展，先后入选全国首批新能源示范城市、国家战略性新兴产业（海上风电）区域集聚发展试点城市。1978年全市地区生产总值只有18.6亿元，2018年达到5487.1亿元。

中国黄（渤）海候鸟栖息地（第一期）申遗成功，是践行习近平生态文明思想、贯彻绿色发展理念的硕果，折射出国际社会对中国生态文明实践的广泛认可，凸显出共谋全球生态文明建设的中国担当。此次申遗的成功，为经济发达、人口稠密的东部沿海地区自然遗产的保护与合理利用提供了创新典范。

参考文献

1.闻丞：《黄渤海候鸟栖息地：中国首个湿地遗产的价值》，《中国绿色时报》2019年7月26日第4版。

2.张伟伟：《省内首项世界自然遗产——盐城黄海湿地》，《新华日报》2019年11月1日第8版。

3.郑晋鸣：《鹤舞鹿鸣，人与自然美美与共——中国黄（渤）海候鸟栖息地（第一期）申遗成功的启示》，《光明日报》2019年7月7日第4版。

4.杨亦周：《盐城滨海湿地这样跻身“世遗”》，《人民日报海外版》2019年7月10日第3版。

（撰稿：张　卡）